국방R&D정책

Defense Research and Development Policy

| 양희승 · 조현기 |

pnc
publishing and culture
피앤씨미디어

머리말

국방과는 거리가 먼 저자가 국방기술에 대해 관심을 가지기 시작한 것은 미국 실리콘밸리에 파견을 나가면서이다. 당시 상공부(현재의 산업통상자원부) 장관자문관을 마치고 미국으로 가게 되면서, 미국 정부가 중소기업 진흥에 어떤 역할을 하는가를 살펴보고 싶은 것은 어쩌면 전문가로서는 당연히 가질 수밖에 없는 호기심이었다. 어느 기관을 자세히 살펴보아야 할지를 살펴보는 과정에서 뜻밖에도 새로운 사실을 하나 발견하게 되었다. 우리나라의 경우 중소기업의 진흥은 당시 상공부의 소관이었는데 미국의 경우는 중소기업청(SBA)도 아니었고 상무부(DOC)도 아니었다. 뜻밖에도 국방부(DOD)가 중소기업의 진흥을 위해 가장 중요한 역할을 담당하고 있었다.

우리나라 국방부나 미국 DOD가 담당하는 업무의 대부분은 보안성을 극도록 강조한다. 민간인인 저자가 그것도 외국인이 어떻게 자료에 접근할 수 있는지 알 수가 없는 상황이었다. 마침 국방 관련 컨퍼런스가 개최된다는 브로셔를 보게 되었다. 주미 상무관실에 지인들이 있어 DOD에 컨퍼런스 참가를 추천해 달라고 부탁했다. 세 달이 지나고 컨퍼런스 날짜가 다가오도록 연락이 없었다. 걱정을 하던 차에 누군가가 그건 DOD 소관이니 국방무관실을 접촉해야 하는 게 아니냐고 귀띔을 해 준다. 소개를 받아 국방무관실에 컨퍼런스 참가 추천을 요청했다. 일주일이 지나니 국방무관실로부터 한 장의 팩스가 도착했다. 미 국방부 정보국의 허가서. 그 이후로 상당수의 국방 관련 컨퍼런스에 참가할 수 있었고 3년 반의 실리콘밸리 근무를 마치고 귀국한 후에도 저자의 활동은 계속되었다. 그 결과를 정리한 것이 1997년 12월에 발간된 '미국의 국방과학기술개발사업' 보고서이다. 그러나 국방R&D정책에 본격적인 관심을 가지게 된 계기는 2017년 국가과학기술심의회에 새로이 국방전문위원회가 구성되고 초대 위원장을 맡게 되면서부터이다. 15명의 위원들과 함께 새롭게 위원회가 구성되어야 했던 이유를 찾고 그 방향을 정해야 했다. 새롭게 공부를 시작했다.

국방R&D정책에 대한 교과서를 집필하게 된 계기는 고려대학교 기술경영전문대학원에 초빙교수로 가게 되면서이다. 국방기술경영에 대한 강의 경험이 없었던 저자도 갑자기 결정된 강의 과목에 당혹할 수밖에 없었다. 국방대학교에서 국방R&D 관련 강의를 하고 있는 동료에게 부탁을 해 자료를 얻고 인터넷 서치도 하고 예전의 자료도 챙기기 시작했다. 다음에는 다른 강의과목을 배정받겠지 하는 마음을 가지고 첫 학기에 국방R&D관리를 강의했다. 학생들의 입장에서는 교과서가 없어서인지 미리 준비하고 교실에 들어올 준비를 하기가 어렵다는 생각이 들기도 했다. 여름이 끝나면서 두 번째 강의과목을 국방기술경영에서 정하란다. 일단 국방R&D정책으로 정했다. 이 과정에서 부딪힌 문제가 정책과 관리의 범위였다. 다시 예전 대학에서 가르치던 기술경영 자료들을 챙겨 보았다. 이참에 국방R&D정책과 국방R&D관리 두 개의 교과서를 작성하기로 마음을 먹었다. 「국방R&D정책」은 이 중 첫 번째 결과물이다.

이 책은 방위사업청에 근무하고 있는 조현기 과장과 공동으로 작성하였다. 국방R&D에 대한 실무 경험이 부족한 저자의 탁월한 선택이라고 생각한다. 조현기 과장은 30년 이상 육군 장교로 복무한 현역군인이다. 산업공학분야 박사학위를 보유하고 있으며 국방R&D의 다양한 분야를 직접 챙기고 실행하는 지식과 경험을 가진 몇 분 중의 한 분이다.

IPT팀장직을 수행하면서는 계약 중심의 무기체계 연구·개발 사업에 협약 방식을 최초로 적용함으로써 국방R&D에 적용 가능성을 확인해 주었다. 획득정책과장직을 수행하면서는 국방R&D 혁신 방안의 수립과 시행, 무기체계 획득체계 개선, 국방연구개발 출연기관에 대한 업무 재정립, 무기체계 품질정책 개선 등의 다양한 정책을 수립하였다. 방위사업청의 국방R&D 담당 부서장으로 2017년 처음으로 도입된 국방R&D 분야 국가과학기술심의회 심의가 안정적으로 정착할 수 있도록 국방전문위원회와 조화로운 소통을 하였다. 또한 국방R&D 혁신 방안을 법제화한 「국방과학기술혁신 촉진법」 초안을 작성하고 2018년 국회에서 공동발의하도록 적극적인 역할을 수행하였다. 현재는 방위사업청의 국방S&T 정책을 총괄하는 기술정책과장직을 수행하면서 국방과학기술 연구·개발 정책을 수립하고 대외협력, 민군기술협력사업, 국방기술관리 등 국방 획득 사업관리에 필요한 제반 기술정책과 제도를 마련하는 중요한 업무를 맡고 있다.

KIET 방위산업연구부장을 역임하신 장원준 박사와 한국국방연구원에 근무하며 고려대학교 대학원 산업경영공학과 박사과정에 재학 중인 이은아씨에게 감사드린다. 장

박사님은 국방전문위원회에 저자와 함께 활동하면서 국방R&D정책에 대한 감각을 익히게 해 주었다. 국방R&D정책에 대한 책을 저술하고 싶다는 의중을 전하면서 관련 자료를 부탁했을 때 격려와 함께 많은 자료를 보내 주었다. 이은아씨와의 인연은 고려대에서 강의를 하면서 맺어졌는데 공부한다는 겸손한 말과 함께 초안 검토를 흔쾌히 맡아 주었다. 획득단계의 배경지식은 많지 않으면서 국방 관련 업무를 수행하는 독자의 수준 입장에서 초안을 읽고 많은 부분을 수정해 줌으로써 교재로서의 격을 높여 주었다.

부디 이 책을 통해 읽을거리가 부족한 국방R&D정책 분야의 학습자들이 국방R&D와 정책의 연결점을 명확하게 이해할 수 있는 계기가 되기를 기대한다.

2020. 8.

저자를 대표하여

양 희 승

차 례

제 4 장 국방R&D정책 형성과 이해관계자 환경

제 5 장 국방기술개발

제 6 장 무기체계개발

제 7 장 국방R&D사업의 재원 확보

제 8 장 국방R&D 효율화 방안의 모색

제 1 장

무기체계와 무기체계개발

모듈 1. 국가안보와 방위력

모듈 2. 방위력 향상과 국방R&D

모듈 3. 무기체계

모듈 4. 무기체계의 개발

모듈 1 국가안보와 방위력

역사 속에서의 국가 성쇠와 국가안보

역사적으로 특정 국가의 흥망성쇠는 강한 군대를 기반으로 한 군사력 확보 여부에 달려 있었다. 강한 군사력을 가진 국가는 살아남을 수 있었고 군사력이 약한 국가는 다른 국가의 침략으로부터 자유로울 수 없었다. 이러한 점에서 '강한 군사력－국가안보'라는 등식이 성립할 수 있었다.

강한 군사력이 곧 국가안보의 전제 조건이라는 믿음은 과거뿐만 아니라 현재와 그리고 미래 모두에 적용된다는 것이 군사역사학자들의 공통된 의견이다. 고대 페르시아 전쟁의 마라톤 전투부터 제2차 세계대전의 원자폭탄 투하까지 세계사를 바꾼 25가지 전쟁을 뽑아 무기의 비밀을 파헤친 『전쟁과 무기의 세계사』는 전투 승리의 요인을 당대의 핵심적 무기 및 무기체계의 관점에서 탐색하고 있다(이내주, 2017).

전쟁에서 승리를 이끌어 내는 데 전략이 한 축이라면 다른 한 축은 강한 무기의 보유이다.[1] 그런데 무기는 늘 새롭게 변화한다. 상대방을 넘어뜨리기 위해 좀 더 나은 무기를 개발해야 할 필요가 있기 때문이다. 같은 무기로는 수적으로 우위에 있는 상대방을 이기기가 쉽지 않다. 그러나 새로운 무기가 있다면, 수적으로는 불리하더라도 군사적 우위의 확보가 가능해지기 때문에 상대방을 무너뜨릴 수가 있다. 근대화 초기의 일본에서는 조총이 칼과 활을 이겼다. 제2차 세계대전 이후 새롭게 건설된 이스라엘은 강력한 무기를 기반으로 이집트 연합군으로부터 국가를 지키고 있다.

1 1967년에 일어난 6일전쟁에서 5만 명의 정규군을 가진 이스라엘은 6일 만에 28만 명의 군인과 더 많은 무기를 가졌던 이집트, 요르단, 시리아 3국의 군대를 격파해 대승을 거두었다. 무기가 아닌 전략의 승리였다. 그러나 미국의 월남전에서의 패퇴는 강력한 무기만이 전쟁의 승리 요인이 아님을 보여준다.

▌격동의 동북아

지정학적으로 대한민국은 세계에서 유일하게 4대 열강에 둘러싸여 있다는 특징을 가진다. 동쪽으로는 일본, 서쪽으로는 중국, 북쪽으로는 러시아, 그리고 저 멀리 태평양 건너에는 미국이 위치하고 있다. 비교적 마찰이 많은 일본, 중국 그리고 러시아는 서울 기준으로 최대 1,000킬로미터 이내에 있어 상용 비행기로도 2~3시간의 거리에 있다.

우리가 살고 있는 한반도는 세계 군사대국의 견제와 대립의 현장이다. [그림 1-1]에서 볼 수 있듯이 중국, 러시아, 일본, 미국의 지속적인 군비 경쟁이 전개되고 있다. 특히 현재의 G2(Group of Two)[2]인 미국과 중국의 아시아·태평양지역에서의 영향력 확대를 위한 패권 경쟁은 이제 막 시작되었다. 어느 한 나라가 헤게모니를 가지기 전까지는

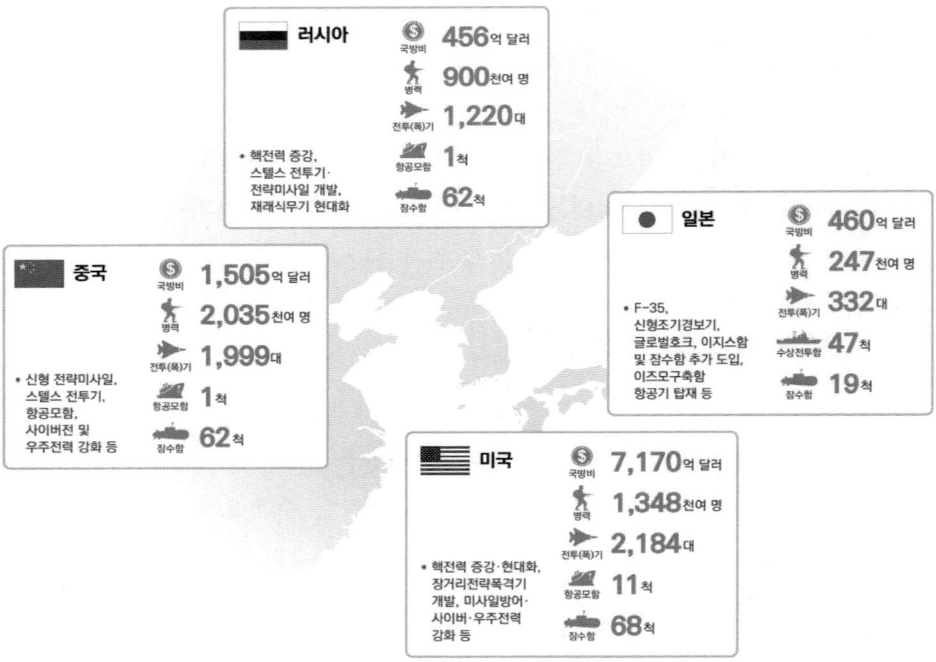

출처: 국방부, 2019.

[그림 1-1] 한반도 주변의 군사력

---

2 경제적 측면에서 세계 2위권 국가인 미국과 중화인민공화국을 이르는 말이다. 2005년 경제학자인 C. Fred Bergsten에 의해 처음 언급되었다.

군비 경쟁이 격화되었던 1960~80년대의 과거 미국·소련 간의 냉전 상태와 비슷하거나 좀 더 첨예한 대립 상태가 유지될 것으로 전망된다.

북한의 전략적 위협

한국전쟁 이후 남한·북한 간의 군비 경쟁은 현재도 진행 중이다. 한반도는 세계적으로 특정 민족 내에서 대규모 내전이 현존하는 유일한 지역이다. 간간이 양 진영의 정치 지도자들 간의 협의에 의해 한반도에 몇 번에 걸쳐 명목적인 평화 무드가 존재하기도 하였다.

2017년 5월 문재인 정부가 들어서고 2018년 4월 27일과 5월 26일 두 차례 남·북 정상회담이 개최되면서 평화 무드가 전개되고 있다. 그럼에도 불구하고 북한은 군비 확대를 위해 많은 새로운 무기를 개발하고 있음을 지속적으로 들어내어 보인다.

핵 개발과 방사능 오염, 핵 EMP에 의한 통신망 와해, SRBM/IRBM/ICBM 등 탄도미사일 개발에 의한 타격 능력 확대, 이스칸테르(Iskander)급 단거리 탄도미사일에 의한 전략 기지의 조기 무력화, SLBM 탑재 잠수함 개발을 통한 공격력 확대 등이 최근 2~3년 사이에 이루어지고 있다. 남한과 북한은 법적으로 그리고 사실적으로 지속적인 전쟁 상태에 있다는 사실을 재조명하고 있다.

주변 3국의 전략적 위협 가능성

마라도 인근에서의 일본 초계기 위협 비행, 중국 전술기 및 러시아 조기 경보기의 독도 인근 영공 침범 등 일본, 중국, 러시아와의 국제적 갈등이 증가하고 있다. 일본과 중국의 항모 건조 가속화, 극초음속 항공기 건조와 미사일의 개발 등 첨단 군사력 개발의 지속적 시도와 군비 증강이 주변 3국의 상황이다. 이 와중에 미국이 한반도에서 철수할 것이라는 예측도 나오고 있다(자이한, 2019).

2017년 트럼프 행정부가 들어서면서 미국 우선주의(America First)라는 대외정책 기조가 제시, 정립되고 있다. 이러한 국제정치학 상의 새로운 변화는 세계는 물론 한반도 주변 정세도 불안정해질 수 있는 요인으로 작용하고 있다(한국국방연구원, 2018). 중국·러시아는 물론 일본까지도 미국 우선주의 정책에 따른 위협을 최소화하기 위해 지역 내에서 발생할 수 있는 분쟁을 관리하는 정책으로 방향을 전환하고 있다. 이들 국가는 특히 한반도 지역 내에서 우발적 충돌을 방지하고 갈등을 관리하기 위해 다양한 접촉을 통한 관리 노력을 보이고 있다(이수진, 2019).

▌우리나라의 상황

앞 [그림 1-1]에서 알 수 있듯이 현재 우리나라의 군사력은 북한의 군사력에 비해 월등한 수준에 있는 것이 사실이다. 군사력 이외에도 실제 상황 발생 시 군사력을 뒷받침하는 경제력 역시 북한에 비해 훨씬 우위에 있다.

명목상이나마 위에서 언급된 남·북 정상회담 개최에 따른 한반도에서의 평화 무드의 추진과 함께, 인구 감소에 따른 출산 저하와 병역의무기간 단축에 따른 병력자원의 급격한 감소는 향후 우리나라의 군사력의 크기와 내용에 상당한 영향을 미칠 것으로 예상된다.

현재 진행 중인 전시작전 통제권의 한미연합사령관으로부터 한국 합참의장으로의 전환 시기도 우리나라의 군사력과 관련한 전략적 결정에 상당한 영향을 미친다. 전환 시기의 결정이 한반도 및 역내 안보환경, 전시작전통제권 이후 우리나라의 핵심 군사능력, 북한 핵·미사일에 대한 한국군의 필수 대응능력 등과 연계되어 있기 때문이다.

▌자주국방력 강화가 필수적 요건으로 대두

강한 군사력은 국가안보의 필요조건이다. 강한 군사력을 가지기 위해서는 첨단 무기체계의 확보가 관건이다. 무기체계가 군사작전을 실질적으로 가능케 하는 물리적 수단이라는 점에서 새로운 무기체계의 개발은 국가안보를 구현하는 국방정책의 주축이며 군사전략이기도 하다.

이제 과학과 기술이 군사력의 중심이 되고 있다. 첨단 무기체계는 미래 첨단국방기술에 기반을 두고 연구·개발되고 검증되고 양산화되어 군사력화한다. 연구·개발은 창조력을 필요로 한다. 과거 건설토목업과 턴키방식[3]의 제조업에 기반을 두고 성장했던 개발경제시대의 마음가짐과 행태로는 사람과 사물 간의 연결이 바탕인 4차 산업혁명시대에는 살아남기조차 턱없이 부족하다.

자주국방은 첨단무기의 개발, 운용과 정예화된 병력자원에 의해서 가능해진다. 구호만 가지고 자주국방이 가능할 수 있다는 주장은 어불성설이다. 방위력을 획기적으로 높이기 위한 과감한 연구·개발 투자와 첨단무기체계를 전장 환경에서 익숙하게 운용할 수 있는 병력자원이 필요하다.

해외 무기 수출 시장의 확대

무기체계개발에 대한 경제·산업적 측면에서의 파급효과가 강조되고 있다. 프라이스워터하우스쿠퍼스(PWC)는 "미국의 동맹국들이 무기체계의 국제무역에 적극적으로 참여하고 있다. 마음이 맞는 국가들끼리는 협력체제를 갖추고 자원을 공동으로 활용하고 있다. 바로 이 점이 무기체계의 무역이 국가안보정책에 있어서 필수적인 요소가 되는 이유이다. 즉, 무기체계의 무역이 가능해지면 정부는 군비 지출과 안보 간의 균형을 유지하는데 있어 보다 유연한 정책을 채택할 수 있게 된다. 무기 획득비용이 공여국에서 제공하는 다른 패키지들에 의해 상쇄될 수는 있음에도 불구하고 무기를 해외에서 구매하는 것이 자체 개발보다는 저렴할 수 있다. … 자국 내에서 개발된 무기의 해외수출시장을 성공적으로 확보만 할 수 있다면 규모의 경제를 이룩하고 단위 비용을 절감할 수 있게 된다"고 주장하고 있다.

최근에는 방위산업을 하나의 축으로는 국방력 강화의 일환으로 그리고 또 다른 축으로는 부가가치가 높고 고(高)숙련도의 노동력이 고용될 수 있는 수출산업으로 육성하려는 움직임이 방위산업 선진국을 중심으로 더욱 확대되고 있다.

다음 [그림 1-2]는 무기체계 획득이 미치는 영향을 보여주고 있다. 무기체계 증강은 국가안보를 향상시키기도 하지만, 국가위상 제고와 경제동맹관계 조성, 무기 수출 확대, 정치·경제적 압력 수단 역할 등의 긍정적인 효과가 있음을 보여준다.

---

3 턴키(turnkey) 방식은 제품을 구매자가 바로 사용할 수 있도록 생산자가 인도하는 방식으로, 디자인-빌드(design-build)라고도 한다.

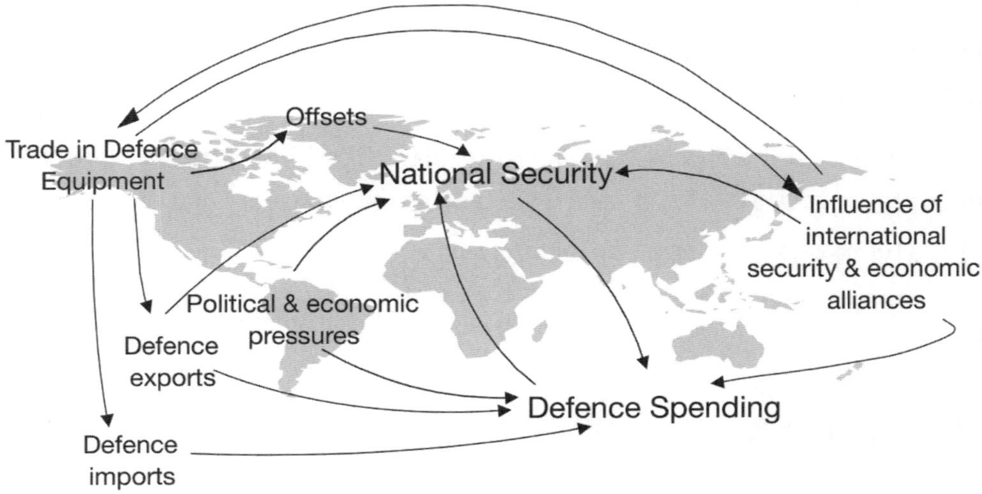

출처: PriceWaterhouseCoopers, 2005.

[그림 1-2] 국가안보와 국방 지출 간의 관계

모듈 2 방위력 향상과 국방R&D

방위력 개선의 2가지 방법

자주국방의 기반을 마련하기 위해서는 지속적인 방위력 개선이 필요하다. 방위력 개선사업은 '군사력을 개선하기 위한 무기체계의 구매 및 신규개발·성능개량 등을 포함한 연구·개발과 이에 수반되는 시설의 설치 등을 행하는 사업'으로 「방위사업법」 제3조(정의) 제1항은 정의하고 있다.

방위력 개선을 위한 방법에는 구매(buy)와 자체 개발(make)의 두 가지 방법이 가능하다. 여기서 구매란 외국에서 무기체계를 수입하는 것을 의미하며, 자체 개발이란 연구·개발을 통해서 새로운 무기체계를 직접 만들거나 기존에 구매했거나 직접 제작한 무기체계의 성능을 향상하는 것을 의미한다.

자주국방을 추진하기 위해서는 자체 개발이 이루어져야 하나?

앞 절에서 언급한 바와 같이, 무기체계의 직접 개발은 구매에 비해 많은 시간이 소요되고 비용 측면에서도 크게 경쟁력이 없는 경우가 많다. 개발이 성공한다는 보장도 없다. 그럼에도 불구하고 자주국방을 기치로 하는 군사력 향상 측면에서는 자체 개발이 강조되고 있는 것이 사실이다.

자체 개발을 하는 경우의 이점은,

- 외부에서 제공하는 기술적 방식 혹은 솔루션 대신 자체적으로 손수 맞춤한 요구사항을 파악할 수 있으며,

- 새로운 기술의 동화(同化)와 전개가 적은 비용으로 빠르게 이루어지며,
- 새로운(novel) 기술적 능력을 보유하고 그 결과 경쟁자를 능가할 수 있으며,
- 외부에 덜 의존적이며,
- 신뢰할 수 있고 안전한 기술을 확보할 수 있으며,
- 특정 무기체계를 생산할 수 있는 C4I 장비(C4I devices), 암호장비(crypto devices) 등 국가 안보와 관련된 핵심기술을 가질 수 있다는 것으로 요약할 수 있다.

▌자체 개발을 추진하지 않을 경우에 나타나는 문제점은?

사우디아라비아, 인디아, 이집트 등과 같이 필요한 군사력을 100% 해외 구매로 충당하는 것도 가능하다. 그러나 자체 개발을 추진하지 않는 경우에 나타나는 문제점도 많다.

자체 개발을 추진하지 않을 경우에 나타나는 문제점은,

- 국방과학기술에 대한 기술 종속이 심화된다. 도입된 무기체계의 자체 정비기술 개발이나 성능개량은 물론 관련 기술에 대한 해당국의 지식재산권 행사로 기술 실시도 독자적으로 할 수 없게 된다.
- 독자적인 군사작전에 필요한 무기체계 개발이 제한된다.
- 방위산업 육성이 어렵다. 다수의 중동국가들은 자본은 충분하나 설계 및 제조 기술이 미흡하여 자국 내에서의 연구개발 및 장비 생산이 불가능하며, 관련 산업 기반도 구축하지 못한다.

▌자체 개발을 하는 경우의 어려움 또는 단점은?

자체 개발이 보다 나은 방식임에도 불구하고 자체 개발의 단점도 분명하게 존재한다. 자체 개발을 하는 경우의 어려움 또는 단점은 아래와 같다.

- 실패할 가능성이 늘 존재한다. '고위험–고수익'이 항상 성립하지는 않는다.
- 비용이 많이 들고 개발 소요 기간이 길다.
- 개발에 성공하기 위해서는 최고 책임자의 격려가 필수적이다.

- 창의적이고 능력 있는 연구개발 인력이 필요하다.
- 무기체계의 복잡성과 기술적 구조는 많은 구성요소와 하위 시스템뿐만 아니라 다양한 기술적 분야의 전문가, 과학자 및 전문 지식의 상호작용이 필요하다. 따라서 필요한 무기체계가 소량인 경우 비용 대비 효과가 매우 낮을 수 있다.

자체 개발 시 고려 사항

자체 개발은 돈이 있으면 아무 국가나 할 수 있는 것이 아니다. 일정한 능력을 보유해야 가능하다. 자체 개발을 결정할 경우 고려해야 할 사항들을 정리하면 아래와 같다.

- 현재의 개발능력(과학기술과 국방기술, 산업기반, 인력 수준 등)과 개발 성공 가능성을 사전에 판단하고 필요한 경우에는 성능과 비용이라는 서르 대립되는 요소 사이의 균형(Trade-off)을 모색함으로써 개발 실패에 따른 위험을 낮춰야 한다.
- 자체 개발에 필요한 재원 규모를 예측하고 국가 재정 규모를 고려한 재원 조달의 가능성을 판단하여야 한다.
- 연구개발을 통하여 얻을 수 있는 방위산업 육성 효과를 고려하여야 한다. 여기에는 자국 내 무기체계 수요뿐만 아니라 수출 가능성도 포함되어야 하며, 방위산업 육성 효과와 연계한 정부의 직접투자 또는 공동투자 유형도 함께 검토되어야 한다.
- 특정 무기체계 개발의 기술적/경제적 타당성 판단이 필요하다.
- 이지스함의 소프트웨어(SW) 업데이트 비용과 정보 제공 의무, 미국의 피아식별장비 모드(Mode) 전환정책[4]에 따른 대규모 교체 비용 등과 같이, 무기체계를 구매하는 경우 불가피하게 따르게 되는 기술 종속뿐만 아니라 군사전략, 작전 개념 등 전반의 종속 문제를 해결할 수 있어야 한다.
- 현재 보유한 기술수준과 해당 무기체계의 소요 시기, 성능을 고려하여 초기단계부터 개발로 바로 진입할 것인지, 아니면 구매를 통한 일부 기술의 이전이나 기술협력, 진화적 개발전략의 적용 등 무기체계 획득 전략 수립이 필요하다.

---

4 미군이 피아식별장비를 신형으로 교체하는 데 따른 피아식별장비 성능개량 사업. 현재 육·해·공군에서 운용하고 있는 70여 무기체계 2,000여 장비에 대해, 피아식별장비 운용 모드(Mode-4)를 비화·항재밍 기능이 강화된 운용 모드(Mode-5)로 전환하는 것을 말한다. 비화는 도·감청 방지, 항재밍은 전파교란 방지 기능을 의미한다.

모듈 3 무기체계

무기체계의 정의와 범위

『국방과학기술용어사전』(국방기술품질원, 2011)은 무기체계란 "특정한 운용 목적을 달성하기 위한 무기를 중심으로 구성된 주요 장비 및 관련된 기(자)재, 시설, 기술, 인원 등의 유기적 조직체를 의미한다"고 기술하고 있으며, 그 예로서 방공 조직, 대잠 방어 조직 등을 들고 있다.

본서에서 다루는 무기체계는, 특정한 운용 목적을 달성하기 위한 무기를 중심으로 구성된 주요 장비 및 관련되는 기재의 총체를 일컫는 협의의 무기체계를 지칭한다. 무기체계와 대비되어 사용되는 전력지원체계는 무기체계 이외의 장비·부품·시설·소프트웨어 그 밖의 물품 등 제반 요소를 지칭한다.

「방위사업법」 제3조(정의)에서는 무기체계란 유도무기·항공기·함정 등 전장(戰場)에서 전투력을 발휘하기 위한 무기와 이를 운영하는 데 필요한 장비·부품·시설·소프트웨어 등 제반 요소를 통합한 것으로서 (1) 통신망 등 지휘통제·통신무기체계, (2) 레이더 등 감시·정찰무기체계, (3) 전차·장갑차 등 기동무기체계, (4) 전투함 등 함정무기체계, (5) 전투기 등 항공무기체계, (6) 자주포 등 화력무기체계, (7) 대공유도무기 등 방호무기체계, (8) 모의분석·모의훈련 소프트웨어, 전투력 지원을 위한 필수장비 등 그 밖의 무기체계를 포함한다고 규정하고 있다.[5]

무기체계 분류는 운용목적, 용도, 필요성 등을 고려하여 분류하게 된다. 「국방전력

---

5 그러나 2017년 4월부터는 방위력개선비 프로그램을 개편하여 예산구조를 12개 프로그램(지휘통제통신, 기동전력, 함정, 항공기, 화력화약, 감시정찰, 정밀타격/신특수무기, 국방연구개발 등)에서 8개 프로그램(지휘정찰, 기동화력, 함정, 항공기, 유도무기, 방위사업정책지원 등)으로 변경하였다.

〈표 1-1〉 8대 무기체계

무기체계	종 류
지휘통제통신	1. 지휘통제체계: 연합·합동·지상·해상·공중지휘통제체계 등 2. 통신체계: 전술통신체계, 위성통신체계, 공중중계체계 등 3. 통신장비: 유선장비, 무선장비, 그 밖의 통신장비 등
감시정찰	1. 전자전장비: 전자지원장비, 전자공격장비, 전자보호장비 등 2. 레이더장비, 전자광학장비 등 3. 수중감시장비: 음탐기, 어뢰음향대항체계, 수중감시체계 등 4. 기상감시장비: 기상위성감시장비, 기상감시레이더, 기상관측장비 등 5. 그 밖의 감시정찰장비
기 동	1. 전차, 장갑차, 전투차량 2. 기동 및 對기동지원장비: 전투공병장비, 간격극복 및 도하장비, 지뢰지대 극복장비, 對기동장비, 기동항법장비 등 3. 지상무인체계 4. 개인전투체계
함 정	1. 수상함(전투함, 기뢰전함, 상륙함, 지원함 등), 잠수함 2. 전투근무지원정: 경비정, 수송정, 보급정, 상륙지원정, 특수정 등 3. 해상전투지원장비: 함정전투체계, 함정사격통제장비, 함정피아식별장비, 함정항법장비, 침투장비, 소해장비, 구난 및 구명장비 등 4. 함정무인체계: 무인수상정, 무인잠수정 등
항공우주	1. 고정익항공기: 전투임무기, 공중기동기, 감시통제기, 훈련기, 해상초계기 등 2. 회전익항공기: 기동헬기, 공격헬기, 정찰헬기, 탐색구조헬기, 지휘헬기, 훈련헬기 등 3. 무인항공기 4. 항공전투지원장비: 항공기사격통제장비, 항공전술통제장비, 정밀폭격장비, 항공항법장비, 항공기피아식별장비 등
화 력	1. 소화기: 개인화기, 기관총 등 2. 대전차화기: 대전차로켓, 대전차유도무기, 무반동총 등 3. 화포: 박격포, 야포, 다련장·로켓, 함포 등 4. 화력지원장비: 표적탐지·화력통제레이더, 전차 및 화포용 사격통제장비 등 5. 탄약: 지상탄, 항공탄, 특수탄약, 유도탄능동유인체 등 6. 유도무기: 지상·해상·공중발사유도무기, 수중유도무기 등 7. 특수무기: 레이저무기 등
방 호	1. 방공: 대공포, 대공유도무기, 방공레이더, 방공통제장비 등 2. 화생방: 화생방보호, 화생방정찰·제독, 연막, 화생방 예방·치료 등 3. EMP 방호
기 타	국방 M&S 체계(워게임 모델, 전술훈련모의장비 등)

출처: 「국방전력발전업무훈령」 제14조.

발전업무훈령」 제14조에 의하면, 주로 (1) 군사작전에 직접 운용되거나 전투력 발휘에 직접 영향을 미치는 장비 또는 물자, (2) 무기체계의 전투력 발휘에 영향을 미치는 장비 또는 물자, (3) 전투력 발휘에 영향을 미치는 주요 전술훈련장비 및 소프트웨어, 관련 시설이 무기체계 분류에 포함된다. 각각의 무기체계에 대한 구체적인 종류는 국방전력발전업무훈령에서 규정하고 있으며 <표 1-1>에 자세히 제시하였다.

무기체계를 분류하는 주된 목적은 국방기획관리체계상의 소요기획 과정부터 획득 및 운영·유지 단계까지 무기체계의 효율적 관리를 위해서이다. 무기체계 분류가 확정되는 단계는 합동참모회의에서 무기체계 소요를 결정하는 시점부터이다. 하지만 실질적인 분류는 각 군의 소요제기 과정에서부터 적용된다고 볼 수 있다. 각 군 및 합동참모본부는 무기체계 분류 기준에 맞춰 조직을 운영하고 있으며, 방위사업청은 무기체계 분류 결과에 따라 국방중기재원 및 예산을 편성하게 된다. 물론 예산구조와 무기체계 분류가 1:1로 일치하지는 않지만, 기본적으로 무기체계 분류 결과를 활용하여 관리하고 있다.

왜 무기가 아니고 무기체계인가?

민수용 제품의 경우에 있어서도 하나의 제품을 구매하는 것은 우리가 흔히 지칭하는 특정의 제품 이외에도 브랜드, 포장, 색상, 부속품과 액세서리, 서비스 프로그램, 보증 기간과 AS(After-sales Service, 애프터서비스) 등을 포함하고 있다.

「방위사업법」 시행령 제28조(전력화지원요소의 확보 등) 제1항은 방위사업청장 및 소요와 관련된 군, 국방부 직할기관은 무기체계가 획득되어 배치됨과 동시에 운용될 수 있도록 무기체계의 전력화를 위한 다양한 형태의 요소(이를 "전력화지원요소"라 한다)를 확보하여야 한다고 규정하고 있다. 전력화지원요소들은 (1) 획득된 무기체계가 전장에서 즉시 전투력을 발휘할 수 있도록 하기 위한 부대시설, 무기체계의 상호운용에 필요한 하드웨어 및 소프트웨어 등과 군사교리(軍事敎理), 부대편성을 위한 조직·장비, 교육훈련 및 주파수, (2) 획득된 무기체계가 효율적이고 경제적으로 운용되기 위하여 필요한 수리부속품 및 사용설명서 등의 종합군수지원요소를 포함하고 있다.

하나의 무기가 적절하게 작동하기 위해서는 무기라는 장비 자체와 이를 운용하기 위한 인력의 획득과 이들에 대한 교육이 필요하다. 전장에서 무기 성능에 맞춰 전력 발휘가 되기 위해서는 평시 이를 잘 보관하고 유지하여야 한다. 여기에는 보관할 수 있는 시설이 포함되고, 전투진지와 같은 시설도 필요하다. F-35A 스텔스 전투기를 도입할 경우 스텔스 전투기를 보관할 수 있는 기준에 부합되는 격납고를 준비하는 이유도 여기에 해당된다. 또한, 무기 도입에 따른 새로운 부대 편성도 수행한다.

예를 들어, 한화디펜스의 '비호' 자주대공포와 LIG넥스원의 지대공미사일 '신궁'을 장착한 대공무기 '비호복합'을 인도네시아에 수출하는 경우, 비호 복합 104대와 함께 탄약운반차량 97대, 지휘용 차량 39대, 미사일과 탄환 각 4,928발과 17만 2,260발 등이 함께 구성된다고 한다(이근평, 2020).

해군의 이지스 구축함인 세종대왕함은 수상함이지만 이 자체가 하나의 해군부대가 된다. 따라서 해군의 새로운 함정 도입은 새로운 부대를 만드는 것과 동일하다. 이러한 이유로, 함정 건조 초기 단계부터 실제 함정을 운용하는 간부와 병사가 선발되어 함정 건조에 참여하고 있다. 건조 과정에서는 함정 운용 경험을 바탕으로 다양한 요구사항을 제시하고 반영 여부를 수시로 확인한다. 물론 시험평가 과정에서 종합적인 검증도 수행한다.

무기의 수명주기 동안 전투준비 상태를 유지하기 위해서는 구성품에 대한 보급과 정비 지원이 필요하다. 해당 무기 전용 정비 장비와 공구, 수리부속품이 필요한 경우가

[그림 1-3] 무기체계 구성요소

대부분으로, 무기 도입과 함께 정비에 필요한 제반 사항을 개발하거나 구매하여 확보하는 것은 필수적이다.

앞 [그림 1-3]은 무기체계를 구성하는 무기 이외에 다양한 형태의 제반 요소들을 제시한 것이다.

무기체계의 특징

무기체계의 사용은 짧은 시간에 교전 상대의 군사력을 제압하는 것이 지상명제이다. 따라서 무기체계가 사용되는 전장 환경은 일반 민수용 제품이 적용되는 시장 환경과는 상당히 다르다. 군에서는 사용자 또한 자신의 안위보다는 주어진 작전명령을 완수하기 위해 무기체계를 사용한다. 무기체계가 전천후 환경에서 운용 목적에 맞게 완전성을 갖기 위해서는 무기가 가져야 할 내환경성뿐만 아니라 기능·성능 발휘를 충족하기 위한 다양한 지원요소를 갖추고 있어야 한다. 무기체계가 가지는 특징을 구체적으로 살펴보면 다음과 같다.

- 극한 상황에서 운용이 가능해야 한다. 따라서 이러한 작전운용성능(Required Operational Capability: ROC)이라는 특정한 조건을 맞추기 위해서 가격보다는 성능이 우선시되며 낮은 가격 민감성을 갖는 경향을 나타낸다.
- 무기체계의 수요는 규모와 사용 측면에서 매우 한정적이다. 오로지 군에서만 사용되기 때문에 무기체계의 유일한 구매자는 정부다. 훈련에도 사용되기는 하지만 본격적인 대량의 사용은 전쟁 시에 이루어진다. 최근 무기 수출의 긍정적 측면이 강조되면서 무기체계개발 전에 이루어지는 선행연구나 사업타당성조사에서도 수출 가능성이 강조되고 있는 경향을 보인다.
- 무기체계에 대한 수요 제기(소요라고 한다)가 한정적이다. 소요 제기는 전적으로 무기체계를 사용하는 군의 관할이다. 따라서 소요 제기의 내용이 군 편제에 크게 영향을 받는 경향이 나타나기도 한다. 포병부대와 장갑차부대가 있으면 대포와 장갑차를, 비행기 편대에는 비행기를, 잠수함부대에는 잠수함을 적절하게 공급해 주어야 하기 때문이다.
- 무기체계의 종류는 매우 다양하다. 예를 들어 북한의 다양한 형태의 미사일 공격

을 타격하기 위해서 고도에 따른 다양한 성능의 요격 미사일들과 탐지시스템을 개발, 배치해야 한다. 일반적으로 탄약류 등의 소모품이나 소총과 같은 개인병사들이 다루는 무기체계, 전차와 자주포와 같은 재래식 전투에 필요한 무기체계를 제외한 대부분의 무기체계는 각 작전목적별로 소량을 생산, 배치한다.

- 하나의 무기체계를 개발, 구축하는 것은 상당한 비용이 수반된다. 따라서 통상 20년 이상 장기간 운용에 필요한 정비(창 정비 포함) 및 보급지원체계도 함께 구축된다.

모듈 4 무기체계의 개발

무기체계개발의 의미

무기체계의 개발은 단순히 특정한 무기를 개발하는 것에 그치지 않는다. 앞 절에서 논의한 바와 같이, 개발된 무기가 그 성능을 지속적으로 최적의 성능을 발휘하기 위해서는 이를 지원하는 하나의 체계가 동시에 완성되어야 하기 때문이다. 이러한 체계들이 마련될 수 있는 필요조건이 방위산업기반(defence industrial bases)이다. 특정한 무기가 개발되고(development), 운용되고(operation), 유지·보수(maintenance)되는 능력들(capabilities)이 구축되어야 한다는 것을 의미한다.

그러나 방위산업기반의 구축만으로 지속적인 무기체계개발의 완성이 가능해지는 것은 아니다. 방위산업기반이 효과적으로 작동하기 위해서는 그 외의 다른 요소들이 함께 필요하다.

통합기술관리 개념의 도입

다음 [그림 1-4]는 기업에서 운용되고 있는 새로운 제품 혹은 서비스의 개발과정에서 사용되고 있는 '통합기술관리(integrated technology management)' 체계를 보여주고 있다. 통합기술관리 개념은 지속적인 개선과 경쟁력 향상을 위한 체제와 절차를 강조하고 있다.

기업에서 통합기술관리의 개념이 탄생하게 된 계기는 급증하는 연구개발 투자를 효율적으로 관리하기 위해서였다. 수행하는 연구과제의 수가 확대되고 크기가 방대해지는 한편 다(多)학제적(multi-disciplinary) 연구가 이루어지고 다양한 연구팀이 함께 참

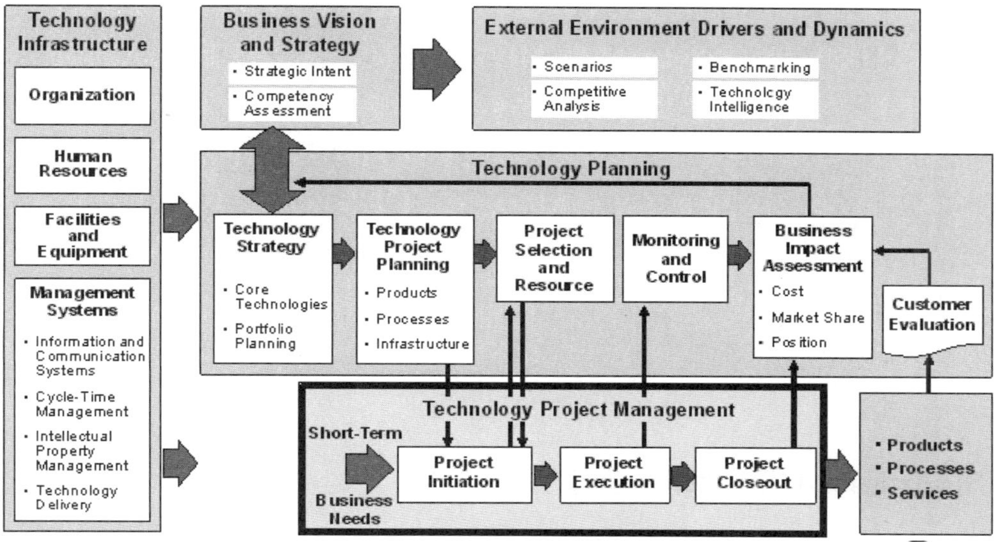

출처: 변도형 외, 2001.

[그림 1-4] 통합기술관리 체계도

여하게 되면서 보다 효율적, 효과적 관리의 필요성이 제기되었기 때문이다. 통합기술관리 개념은 (기업에서의) 기술의 역할과 그 영향을 평가하고 기술을 (기업의) 비전, 전략 및 외부환경과 연결하기 위한 총체적인 틀을 제공한다.

통합기술관리 개념은 [그림 1-4]에서 보는 바와 같이, 비전 및 전략(vision & strategy), 외부환경(external environment), 기술기능(technology function), 효과(impact)의 네 부분으로 구성되어 있다. 특히 기술기능을 구성하는 하위요소인 전략, 조직과 자원, 관리 시스템 간의 연계 및 조정을 강조하고 있다. [그림 1-4]에서 전략은 기술 기획(technology planning), 조직과 자원은 기술 기반(technology infrastructure) 상단에 있는 조직, 인적 자원, 시설·장비를, 그리고 관리 시스템은 기술 기반 하단에 있는 내용들을 가리킨다.

이러한 통합기술관리 개념을 국방에서의 무기체계개발에 적용해 보자.

외부환경의 변화는 주적과 같은 군사적 위협의 변화 등 전장 환경의 변화를 의미한다. 전장 환경에는 무기 자산의 변화를 포함한다. 비전과 전략은 미래 국방력의 향상을 위한 기본 구상과 이를 실천하기 위한 무기체계의 구성 및 규모 등을 의미한다. 국방R&D정책을 물론 포함한다. 기술기능에서의 기술 기획은 특정한 무기체계의 개발-

운용–유지·보수를 포함하는 큰 그림을 그리고 실행에 옮기는 능력을 포함한다. 물론 여기에는 개별 무기체계개발사업을 실제적으로 수행하는 능력을 의미한다. 기술기능에서의 조직은 국방R&D를 수행할 수 있는 기관의 존재 및 방위산업기반의 구축 여부를 의미하며, 기술기능에서의 자원은 기관의 임무를 수행하고 구축된 기반을 운영할 수 있는 능력 있는 인적 자원의 존재와 이에 소요되는 예산의 조달 가능성을 의미한다. 마지막으로 기술기능에서의 관리 시스템은 개별 무기체계개발사업을 실제적으로 수행하는 데 있어 필요한 정보 구축과 공유, 단계별 개발공정 관리, 지식재산권의 관리, 개발 결과의 전력화 등을 의미한다.

미싱(missing) 포인트의 존재

그러면 우리나라에서의 무기체계 개발과정에서 적용하고 있는 '통합사업관리'와 여기에서 논의하고 있는 '통합기술관리'에는 어떤 차이가 있는 것일까?

통합사업관리라고 하는 개념[6]은 「방위사업법」 제12조(통합사업관리제) 제1항에 규정되어 있다. "필요한 경우 단위사업별로 그 단위사업을 관리하는 자로 하여금 계획수립·예산편성·기종결정·협상·계약관리·품질보증관리 및 기술관리 등 각 기능별 전문인력을 통합 구성하여 그 단위사업의 모든 과정을 관리하는 통합사업관리제를 시행하도록" 규정하고 있다.

최근 국가연구개발사업을 두고 범부처적으로 '통합관리'가 논의되고 있다. 이것은 정부가 지원하는 연구개발과제의 실행과정에서 효율성 제고에 초점이 맞추어지고 있다. 정부에서 국가연구개발 혁신을 위해 필요하다고 인식하고 있는 통합관리와 여기에서 논의되고 있는 통합기술관리는 그 개념과 의미가 전혀 다르다. 전자는 정부부처별로 다르게 운용되고 있는 국가연구개발사업이 하나의 범부처 공통규범으로 통합·운영됨으로써 연구개발 과정에서 발생할 수 있는 비효율과 불필요한 부담을 제거하고 연구자의 자율적이고 책임 있는 연구 환경을 조성하기 위한 협소한 영역을 다루고 있다. 반면 여기에서 논의되고 있는 통합기술관리는 연구 투자의 효과성을 높이기 위한 본질적으로 훨씬 큰 영역, 환경 분석–전략 수립–인적·물적 자원의 확보–효율적 연구개발 수

6 「방위사업법」 제12조(통합사업관리제) 제1항의 문맥으로 볼 때 특정한 무기체계개발을 의미한다.

행 등 광의의 영역을 포괄적으로 다루고 있다.

위에서 언급한 여러 정부부처가 추진하고자 하는 통합관리의 개념보다는 방위사업청이 채용하고 있는 통합사업관리의 개념이 훨씬 범위가 넓음에도 불구하고, 그 관점이 특정 무기체계의 개발 목표가 주어진 이후의 연구개발 과정, 즉 실행과정에 국한하고 있다는 점에서 한계를 가진다. 여기에서 논의되고 있는 통합기술관리의 개념은 특정 무기체계 개발목표를 추출하기 훨씬 이전의 이슈들, 즉 군사적, 기술적 환경이 어떠하며 그래서 왜 특정한 무기체계가 개발되어야 하는지, 즉 어떻게 국방력을 향상시켜야 하는지에 대한 본질적인 질문부터 시작하고 있다는 점에서 여전히 상당한 격차를 보이고 있다.

무기체계개발의 특성

무기체계개발이 기업의 새로운 제품 혹은 서비스 개발과 가장 크게 차이가 나는 점은 가치사슬(value chain) 상의 거의 모든 영역을 정부가 부담한다는 것이다.

기업의 경우에는 특정한 산업의 원료 공급으로부터 생산과 판매 그리고 AS를 아우르는 가치사슬 중에서 일부만을 담당하며 기업 활동을 하고 있다. 예를 들면 스마트 폰 분야에서 세계 최강의 하나인 삼성전자조차 원료인 실리콘 웨이퍼부터 반도체 생산, 스마트 폰 제품 설계 및 개발, 제조, 판매 그리고 애프터서비스를 모두 담당하고 있지는 않다. 경쟁기업인 애플의 경우는 담당 영역이 삼성전자에 비해 훨씬 좁다.

그러나 무기체계개발에 있어서는 국방부와 합동참모본부 그리고 방위사업청이 가치사슬 상의 거의 모든 영역에서 일차적인 책임을 지고 사업을 추진한다. 앞에서 기술한 기술기능 중 일부분을 아웃 소싱 형태로 외부 방산기업의 도움을 받아 개발, 생산하지만 그럼에도 불구하고 방위산업기반 구축과 무기체계개발의 모든 실무적인 책임을 방위사업청이 맡고 있다. 수요자가 공급을 담당하는 산업이라는 특징을 갖는다.

이와 같이 정부 혹은 군이 유일의 수요자인 동시에 주된 공급자인 관계로 무기체계개발은 아래와 같은 특징을 갖는다.

- 합동참모본부와 군의 소요 제기(군), 수요 내용(편제)에 크게 영향을 받는다.
- 특정한 무기체계 획득과 개발에 준거가 되는 전장 환경에 대한 분석과 개발목표 설정이 합동참모본부와 군에 의해 이루어지고 그 결과 개발기획의 톱다운(Top-

down) 방식이 적용된다.

- 합동참모본부와 군에서 특정 무기체계의 보유와 운용이 피력되고 재원 확보가 가능한 경우에도 자체 개발을 하기 위해서는 국내에 적정한 과학기술과 산업의 기반이 일정 수준에서 마련되어야 한다.
- 무기체계개발에 있어서 국제제품주기(International Product Life Cycle: IPLC, 구매 → 협력개발 → 자체개발 → 독자개발) 개념[7]이 보편적으로 적용된다.
- 보안을 항상 유지해야 하는 군 운용의 특성상 개발된 기술의 대내·외 이전이 제한적이다. 물론 특허 출원 상의 취급 또한 매우 제한적이다.
- 개발 과정에서 단계별로 입증(verification[8]) 절차의 준수가 요구됨에 따라 개발부터 전력화까지 상당한 시간이 소요된다. <표 1-2>에서 볼 수 있듯이, 무기체계개발과 국가R&D 사이에는 상당한 절차상의 차이가 존재한다.

〈표 1-2〉 R&D에 대한 이해, 수용성에 대한 차이

• 절차 측면: 국방R&D > 국가R&D > 기업R&D
• 감사 측면: 국방R&D > 국가R&D > 기업R&D
• 유연성 측면: 국방 R&D < 국가R&D < 기업R&D
• 실패 용인성 측면: 국방R&D < 국가R&D < 기업R&D

국방R&D vs 국가R&D[9] vs 기업R&D

<표 1-3>은 국방R&D와 국가R&D 간의 성격적 차이를 요약해서 보여주고 있다. 특히 주목해야 할 점은 개발목표가 국방R&D의 경우 소요군인 합동참모본부와 군에서

7 국제적 제품수명주기는, Raymond Vernon이 주장한 이론으로서, 세계시장의 차원에서 새로운 제품이 개발되고 채택·확산되는 과정을 설명하고 있는데 제품시장이 세계적으로 점차 확대되어감에 따라 제품에 체화된 기술도 초기 혁신국가에서 다른 선진모방국가들로, 최종적으로는 후발 개발국가로 확산된다는 것이다. 자세한 내용은 Hill(2007), p.168 참조.

8 Validation(타당성)과 Verification(입증)의 차이: Validation은 고객의 니즈를 제대로 반영하고 있는지의 여부, 즉 "올바른 제품을 만들고 있는가?"를 다루는 반면, Verification은 정의된 니즈에 따라 제품이 설계에 맞게 만들어지고 있는지의 여부, 즉 "제품을 올바르게 만들고 있는가?"를 다룬다.

9 중앙행정기관이 법령에 근거하여 연구개발과제를 특정하여 연구개발비의 전부 또는 일부를 출연하거나 공공기금으로 지원하는 사업을 칭한다(「과학기술기본법」 제11조 및 「국가 연구개발 사업관리 등에 관한 규정」 제2조).

설정을 하는 반면, 국가R&D의 경우에는 1차적으로 개발자인 연구자가 개발목표를 설정한 후 일부에 한하여 이차적으로 시장 창출 혹은 시장성을 중심으로 개발목표가 설정된다는 것이다. 물론 기업R&D의 경우는 시장 창출 혹은 시장성을 중심으로 개발목표가 설정된다.

또 하나 다른 점은 절차에 있어서 국방R&D는 선 검증—후 개발인 반면, 국가R&D와 기업R&D는 선 개발—후 검증의 절차를 받는다는 점이다. 국가R&D와 기업R&D에 대한 개발목표에 대한 검증은 일반적으로 시장에서 이루어지는데, 특히 기업R&D의 경우 개발목표를 달성했다 하더라도 경쟁기업이 더 빨리 개발을 하거나 목표 수준이 높은 경우 상용화가 어려워 쓸모가 없어지는 경우도 발생한다.

〈표 1-3〉 국가R&D와 국방R&D 간의 성격 차이

구 분	국가 R&D	국방 R&D
목 적	미래 예측을 통해 경제성장 또는 국민 편익의 도모, 기업 성장을 위한 기술의 개발	국가 안보와 국민 재산 보호를 위해 군이 필요로 하는 무기체계 및 전략적 기술의 확보, 미래 전장을 변화시킬 수 있는 기술의 개발
개발 대상	시장이 크거나 경제성이 높은 분야를 대상	군사력 확보를 위해 꼭 필요하거나, 경제성이 없어 기업이 기피하는 첨단 국방 분야를 대상
개발 목표	시장 창출의 가능성을 입증하는 개발자 중심의 기술개발 목표의 달성	군의 요구사항을 충족하도록 사용자 중심의 기술개발을 목표
개발 방식	선 개발 후 검증	선 검증 후 개발
개발 리스크	높음	매우 높음
수 요	시장 수요가 불확실	일정 물량의 군 수요를 보장
소요 재원	정부 단독, 정부와 기업 간 공동 투자	대부분 정부 예산
보안 수준	높음	매우 높음
상용화 여부	시장의 요구에 따라 상용화 여부가 결정	무기체계 적용을 통한 실용화를 전제로 개발
연구 성과 소유	주관 연구기관	정부 또는 ADD

출처: 국회예산정책처, 2015 내용을 재정리.

이와 같은 국가R&D와 국방R&D의 성격적 차이는 결국 연구개발 과정에서 필수적으로 요구되는 관리 방식에 있어서 차이를 가져온다. 물론 국가R&D와 국방R&D 모두 R&D라는 점에서 (1) 연구개발이 효율적, 체계적으로 추진되도록 계획, 조직, 통제 및 조치하는 제반 활동이어야 하며, (2) R&D의 성격상 불확실성과 구조화가 안 되어 있기 때문에, 시스템화 및 구조화가 되어 있는 관리체계가 요구되며, (3) R&D 활동이 그 자체의 목표를 가진 고립된 현상이 아니라, 오히려 더 큰 조직에서 하나의 요소로서, 그 자체가 하나의 산업 내의 요소로서, 우리 사회의 전반적인 경제 인프라에 내재되어 있는 큰 그림에 대한 이해가 선행되어야 한다는 것은 모두 같을 수밖에 없다.

국방R&D는 그 특성상, 공공 부문에서 이루어짐에도 불구하고 국가R&D와 달리, 보직의 잦은 변경에 따라 프로젝트 기획부터 양산·전력화까지 특정 개인 혹은 책임자가 개발 전 과정에 대해 책임을 지고 수행할 수 있는 체제가 완비되어 있지 못하다. 이에 따라 자신이 맡은 단계에서의 책임과 권한에 집중하면서 전체를 보는 안목이 결여되는 경향이 높다.

국방R&D의 경우 R&D 기획에 해당하는 무기체계 소요 제기와 결정은 조직 특성상 군이 담당하고 있는데 이들의 경우 대부분 1~2년 정도의 보직 순기를 갖고 있다. 방위사업청 통합사업관리팀(Integrated Project Team: IPT) 보직은 3년 이상 장기 보직을 원칙으로 적용하고 있지만, 실제 개발을 담당하고 있는 기업체나 국방과학연구소[10]에 비해 상대적으로 짧은 보직 순기를 갖고 있다. 따라서 보직 변경에 따라 해당 무기체계에 대한 R&D 수행 지침이 변경되는 경우도 발생한다. 국방R&D는 추진 과정에서 발생하는 다양한 이력을 관리하는 것이 매우 중요한데 이를 관리할 수 있는 여건을 만들 수 없다. 각각의 조직 최상위 의사결정자가 교체될 때는 이보다 더 큰 정책 수준의 변경도 발생하기도 한다.

R&D의 성격이 달라짐에 따라 R&D에 대한 관리도 달라진다. 다음 <표 1-4>는 국방R&D와 국가R&D, 그리고 기업R&D의 관리상의 특성을 비교하고 있다. 주목할 것은 R&D라는 성격상 많은 부분에서는 동일한 것도 있지만 상이한 것도 상당히 있다는 것이다. 출연연구기관이나 기업의 경우 R&D 사업이나 과제의 제안자가 R&D 활동도 수행하는 경우가 대부분이지만, 무기체계개발의 경우 소요와 개발 그리고 양산 간에는 엄연히 담당 주체가 정해져 있고 해당 주체의 권한 영역이기 때문에 협업이 어렵거나, 협

10 국방과학연구소(Agency for Defense Development: ADD)에 대해서는 제4장에서 자세히 다룬다.

업이 이루어지더라고 관계 법령에 따라 협업이 이루어지게 되어 많은 시간이 소요된다.

무기체계 작전운용성능(ROC) 수정이 필요한 경우를 예로 들어보자. ROC 결정과 수정에 대한 책임 및 권한이 합동참모본부에 있음에도 불구하고 대부분의 경우 ROC 수정 소요는 합동참모본부가 아닌 R&D를 수행하는 연구개발 주관기관이나 R&D 관리 기관인 방위사업청 IPT에서 시작한다. 이러한 ROC 수정 상의 일어날 수 있는 갭 내지는 불일치를 해결하기 위해서는 '법과 규정에 의한 그러나 업무 범위 외의' 기관 간의

〈표 1-4〉 국방R&D와 국가R&D의 관리상의 특성 비교

<table>
<tr><th>구 분</th><th>국가R&D 관리</th><th>기업R&D 관리</th><th>국방R&D 관리</th></tr>
<tr><td>같은 점</td><td colspan="3">• 연구개발이 효율적, 체계적으로 추진되도록 계획, 조직, 통제 및 조치하는 제반 활동임.
• R&D의 활동은 불확실성과 구조화가 안 되어 있기 때문에, 시스템화 및 구조화가 되어 있는 관리체계가 요구됨.
• R&D는 그 자체의 목표를 가진 고립된 현상이 아니라, 오히려 더 큰 조직에서 하나의 요소로서, 그 자체가 하나의 산업 내의 요소로서, 우리 사회의 전반적인 경제 인프라에 내재 → 큰 그림의 관리가 필요함.</td></tr>
<tr><td>다른 점</td><td>• 공공의 이익 추구와 국가 차원 관리로 각 분야별로 크고 작은 마찰이 있음.</td><td>• 최고경영자가 주도적으로 Plan－Do－See의 과정에 개입하며 순수 이익을 추구하는 집단으로 External Environment Drivers and Dynamics에 민감하게 대응함.
• 각 분야별 PM이 있겠지만 동일화된 목표 추구로 사업의 신속한 go/no go 판단이 이뤄짐.</td><td>• Technology Planing & Portfolio Analysis에서 합동참모본부가 주요 기능을 해주고 책임자로서의 관리를 해주어야 하나 능력 부족, 책임을 맡기 싫어하며, 사업 진행 후 책임자는 관계인이 아닌 상태가 되어 있어 지속적 R&D managing이 힘듦.
• Vision and Strategy에서 무기 시스템 도입의 큰 틀을 가지고 대입해야 하고 육·해·공군의 비율 조절이 필요로 하나 각 군별 자군 이기주의로 인하여 기본 틀에서 벗어난 관리적 도입은 힘듦.</td></tr>
</table>

긴밀한 협업이 필수적이다. 그러나 실질적인 협업이 어려움을 겪기 때문에 '방위사업협의회'[11]와 같은 회의체를 많이 활용하면서 기술 검토, 법무 검토 등의 다양한 수단을 최대한 활용하여 책임에 따르는 위험요소를 완화하고 있다. 국방R&D가 목적 측면에서는 성과물을 바로 활용한다는 측면에서 성과가 높을 수 있지만, R&D 수행 효율성 측면에서는 국가R&D나 기업R&D보다 상대적으로 낮을 수밖에 없는 이유이다.

11 국방개혁2.0 '방위사업혁신'의 성과로 구성된 협의체로 원칙적으로 분기별 1회 개최된다. 국방부 차관과 방위사업청장이 공동위원장을 맡고 위원으로는 국방부 전력자원관리실장, 합동참모본부 전략기획본부장, 방위사업청 사업본부장, 각 군의 참모차장, 해병대 부사령관, 그 밖에 위원장이 지정한 사람이 참석하여 방위사업 수행 과정에서 발생하는 다양한 현안을 해결하는 방위사업에 관한 최상위 협의체이다.

제 2 장

국방연구개발

모듈 1. 국방R&D

모듈 2. 국방R&D 관리의 일반모형 및 원칙

모듈 3. 국방R&D 왜 필요한가?

모듈 4. 국방R&D 사업

모듈 5. 국방R&D 수준의 과거와 미래

모듈 1 국방R&D

국방R&D의 정의와 범위

연구개발(Research & Development: R&D)에 대한 국제규범인 OECD의 FRASCATI Manual(2015)에서는 연구개발(R&D)을 지식의 집적(인류, 문화, 사회에 대한 지식을 포함함)을 향상시키기 위한, 그리고 지식을 통한 새로운 응용을 창출하기 위한 창의적이고 체계적인 작업을 의미하는 것으로 정의하고 있다. 이에 따라. 연구개발 활동은 새롭고(novel), 창의적이고(creative), 불확실하고(uncertain), 체계적이고(systematic), 이전 가능하거나 재현 가능해야(transferable and/or reproducible) 한다고 기술하고 있다. 다만, 정보조사, 실험, 품질관리, 분석 등 과학기술 활동 중에서 R&D를 최우선적으로 고려하여 추진되지 않는 경우는 R&D에서 제외한다고 규정하고 있다.

R&D 관리(management)는 목표로 하는 결과를 달성하기 위해 특정의 연구개발을 효율적, 체계적으로 추진되도록 계획, 조직, 통제 및 조치하는 제반 활동을 의미한다.

R&D의 일부를 형성하고 있는 국방R&D에 대하여 「방위사업법」 제18조(연구개발)에서는 방위력개선을 위한 수행 방법의 하나로 R&D를 열거하고 있을 뿐 명확하게 정의를 규정하고 있지 않다. "방위력개선은 군사력을 개선하기 위한 무기체계의 구매(국내 양산, 상용품 구매, 국외구매 등 포함) 및 연구개발(신규개발, 성능개량 등 포함)과 이에 수반되는 시설의 설치 등을 행하는 사업이며, 신규개발의 의미에는 「방위사업법」 제18조에 따라 무기체계 연구개발과 이에 소요되는 핵심기술 연구개발을 포함"한다고 규정하고 있다.

이를 근거로 방위사업청에서는 국방R&D를 "무기체계 획득방법의 하나로 국내에서 보유하지 못한 기술을 단독 또는 외국과 협력하여 공동으로 연구하고 연구된 기술을 실용화하여 필요한 무기체계를 생산, 획득하는 방법"이라고 규정하고 있다.

위 정의에 따르면, 국방R&D의 범위는 연구, 실용화, 생산을 포함하는 것임을 알 수 있다. 다만 여기에서의 생산은 시험 생산인지 아니면 본격적인 양산을 의미하는 지는 분명하지 않다. 다만 관행적으로 방위사업청에서는 시험 생산은 개발의 범주에 포함된다고 보고 있으며, 생산은 전력화를 위한 양산을 의미하는 것으로 보고 있다.

미 국방부(US DOD)에서는 국방R&D를 "잠재적인 적(potential foreign adversaries)에 대응하기 위하여, 전략적 기술우위(strategic technological advantages)를 유지하기 위한 목적으로 국방기술을 연구하거나 이를 통해 무기체계를 개발하는 모든 행위"로 규정하고 있다.

국방R&D의 구분

FRASCATI Manual에서는 R&D를 기초연구(basic research), 응용연구(applied research), 그리고 개발(development)의 세 가지로 분류하고 있다. 그러나 국방R&D에 있어서는 다른 분류체계를 사용한다. 예를 들어 미국을 비롯한 대부분의 서방국가에서는 국방R&D를 무기체계 연구개발에 필요한 기술을 다양한 방식으로 개발, 확보하는 과학기술 사업(이하 '국방S&T'라고 칭한다)과 소요 결정 무기체계에 대해 선행연구를 거쳐 연구개발을 수행하는 무기체계 획득사업(acquisition)으로 나누고[1] 있다.

국방S&T는 기초연구, 응용연구, 첨단기술 개발(advanced technology development)의 세 가지로, 무기체계 획득은 첨단부품 및 프로토타입[2] 개발(advance component development &

1 R&D 분류에 대한 이해를 돕기 위해서 아래의 예산, 국방, 과학기술 측면에서의 분류 방식을 비교하는 그림을 제시한다. 응용연구 단계 이후의 분류가 실증적인 것이 눈에 띈다.

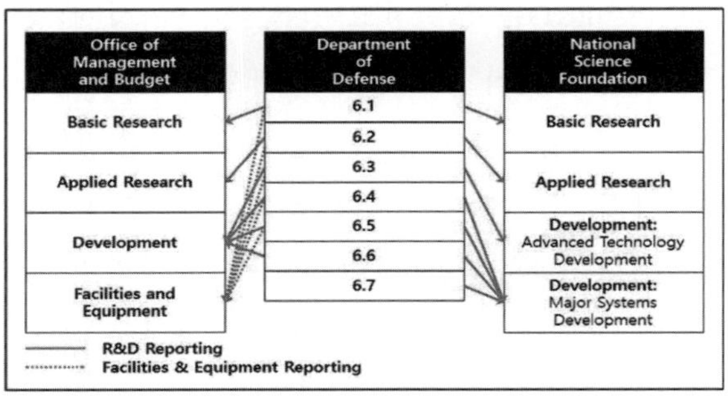

2 본격적인 상품화에 앞서 성능을 검증·개선하기 위해 핵심 기능만 넣어 제작한 기본 모델 또는 시제품을 의미한다.

prototype), 시스템 개발 및 실증(system development & demonstration), 연구개발시험평가 운영지원(RDT&E management support), 운영 시스템 개발(operational system development)의

〈표 2-1〉 국방R&D의 분류: 미국

활동 내역		내 용
과학기술 예산	기초연구(6.1)	장기적인 관점에서 국가안보에 필요한 기본 지식을 확보하기 위한 과학적 학습과 실험. 미래의 군사적 응용 및 활용에 대한 확신이 없는 상태
	응용연구(6.2)	기초연구의 결과를 확장하거나 응용하기 위한 연구로서 제시된 기술적 해결책의 군 소요에의 적용 가능성, 타당성과 실용성을 예비적으로 검토하기 위해 추진되는 시험실 수준에서의 연구
	첨단기술 개발(6.3)	부품, 하위체계 또는 무기체계의 기술적 타당성, 운용성, 생산 가능성을 검토하기 위해 필요한 개념 및 기술적 실증을 목표로 추진. 실증은 개발되는 기술의 군사적 효용과 비용 절감의 가능성을 평가. 이 범주의 프로젝트는 과학기술의 영역에서 5년 이내에 획득절차로의 이행을 목표로 추진. 야전시험을 위한 특정 체계의 하드웨어 개발을 포함하며, TRL 4, 5 혹은 6이 목표 수준
획득3 예산	첨단부품 및 시제품 개발(6.4)	특정 무기체계의 관점에서 실제 전장 환경 하에서의 기술, 운용 모델, 시제품에 대한 평가. 무기체계 구현에 필요한 부품과 하위체계의 적정성을 입증하는 데에 초점을 맞추어 진행. 체계개발의 초기 단계로서 TRL 6 또는 7에 도달을 목표로 시제품을 제작하여 설계 입증시험을 실시
	체계 개발 및 시연 (6.5)	본격적인 생산 이전에 성능요구를 충족시키기 위한 엔지니어링과 제조 개발 활동. 결과물인 시제품의 성능이 목표에 근접하여야 하며, 야전에서의 운용 평가가 실시가 전제. 체계개발의 본 단계로서 운용성, 기술 특성 상 양산제품과 동일한 모델을 설계하고 제작한 후 성능시험을 실시
	연구개발시험평가 운영지원(6.6)	6.1~6.5의 연구·개발·시험·평가 활동에 필요한 시설과 운용의 최적화를 위한 시험장 및 시험 시설 등의 현대화
	운영체계 개발(6.7)	전력화되었거나 예정인 무기체계의 성능 향상

출처: Sagent, 2016.

3 미국의 경우 우리나라와 달리 무기체계의 거의 대부분을 자체적으로 개발하며 일부 부품 또는 무기에 한해서 해외에서 구매하고 있어 획득의 의미가 우리나라와 다르다.

네 가지로 세(細)분류하고 있다. 통상적으로 위의 일곱 가지 세 분류의 정식 명칭보다는 6.1, 6.2, …, 6.7이라는 약칭을 사용하는 경향이 있다.

미국의 무기체계를 모방하고 있는 우리나라의 경우도 미 국방부의 분류 방법을 준용하고 있다.

국방기술 수준의 분류

1989년 미국 NASA에서 우주산업에서의 기술투자 위험도 관리를 목적으로 기술성숙도수준(Technology Readiness Level: TRL) 개념을 도입하였다. TRL은 R&D 과정에서 명확하게 단계별 목표를 설정하고 핵심요소기술의 성숙도에 대한 객관성 있고 일관성 있는 정량적인 평가가 이루어지게 하는 지표로 유용하다. 현재는 국방분야는 물론 민간분야까지 널리 활용되고 있다.[4]

- 1, 2 단계는 기초연구 단계이다.

  1단계(기본원리 발견)에서는 기초이론이 정립된다. 연구팀에 의해 기술 로드맵(Technology Road Map: TRM)이 구현된다.

  2단계(기술개념과 적용분야의 확립)에서는 기술개발의 개념이 정립되거나 아이디어에 대한 특허가 출원된다. 제품개발팀에서 기능적 요구 사양(Functional Requirement Spec.: FRS)이 작성된다.

- 3, 4 단계는 실험 단계이다.

  3단계(분석과 실험을 통한 기술개념 검증)에서는 실험실 환경에서 실험 또는 전산 시뮬레이션을 통해 기본 성능이 검증되거나 개발하려는 부품 또는 시스템의 기본 설계도면을 확보한다. 제품개발팀에서 설계가 이루어진다.

  4단계(연구실 환경에서의 운용 모형 개발)에서는 시험샘플을 제작하여 핵심성능에 대한 평가가 완료된다. 3단계에서 도출된 다양한 결과 중에서 최적의 결과를 선택하며, 컴퓨터 모사가 가능한 경우 최적화를 완료한다. 제품개발팀에서 워킹 샘플이 만들어진다.

---

4 TRL 활용에 대한 예시는 김동규 외(2011) pp.25~40을 참조.

- 5, 6 단계는 시제품 단계이다.

  5단계(유사 환경에서의 실용 모형 검증)에서는 확정된 소재/부품/시스템의 실험실 수준에서의 시제품이 제작되고 성능 평가가 이루어진다. 경제성을 고려하지 않고 기술의 핵심성능으로만 볼 때, 실제로 판매가 될 수 있는 정도로 목표 성능을 달성한다. 개발 대상의 생산을 고려하여 설계를 하지만 실제 제작하는 시제품의 숫자는 1~수개이다. 제품개발팀에서 프로토타입이 만들어지거나 부품 확인이 이루어진다.

  6단계(유사 환경에서의 프로토타입 개발)에서는 파일럿 규모(복수 개~양산 규모의 1/10 정도)에서 시제품이 제작되고 적용환경에 유사한 모의 현장테스트를 실시하여 목표 성능을 만족시키는가의 여부에 대한 평가가 이루어진다. 제품개발팀에서 공학적인 파일럿 생산(Engineering Pilot Production: EPP) 또는 시스템 확인이 이루어진다.

- 7, 8 단계는 실용화 단계이다.

  7단계(실제 환경에서 시제품 생산)에서는 실제 환경에서 성능(신뢰성 포함) 검증이 이루어진다. 공장의 생산기술팀과 제품개발팀에 의해 공장에서 초도 물량 생산(Line Pilot Production: LPP), 제품성능 입증, 현장시험이 이루어진다.

  8단계(제품 시험평가 및 신뢰성 검증)에서는 표준화 및 각종 인가가 취득된다.

- 마지막 9단계는 사업화 단계이다.

  9단계(제품생산)에서는 본격적인 양산이 이루어지며 6－시그마 등 품질관리가 중요해진다. 생산기술팀과 생산팀에 의해 생산, 인력, 자금 계획이 이루어진다.

TRL은 해당 기술이 실제로 응용되어 쓰일 수 있기까지 어느 정도 준비가 되었는지를 확인하는 정량적인 수준을 가리킨다. 예를 들어, TRL 4는 실험실 환경에서 구성품 또는 실험용 조립품 수준의 성능 입증 수준이며, TRL 6은 유사 운용환경에서 체계/부체계 모델 또는 시제품 성능시험이 가능한 수준임을 의미한다. 다음 <표 2－2>는 다양한 산업에서의 TRL 단계별 활동의 의미를 보여주고 있다.

국방R&D의 기술개발에서도 이와 유사하게 TRL 1～2인 경우는 기초연구를 수행하고, TRL 3～6인 경우는 응용연구, TRL 7～8이 되면 시험개발을 수행한다.[5] 또한, 무기체

5 방위사업청 예규 「핵심기술 연구개발 업무처리 지침」에서는 1. 기초연구는 '핵심기술 연구개발을 위하여 필요한 가설, 이론 또는 현상이나 관찰 가능한 사실에 관한 새로운 지식을 얻기 위하여 수행하는 이론적 또는 실험적 연구활동,' 2. 응용연구는 '기초연구 결과를 군사적 문제의 해결책으로 전환하기 위하여 실험적 환경 하에서 기술의 타당성과 실용성을 입증하는 연구단계,' 3. 시험개발은 '핵심기술 개발의 최종단계로서

계 개발의 경우에는 TRL 4 이상이 되어야 탐색개발단계에 진입할 수 있고, TRL 6이상이 되어야 체계개발단계에 진입할 수 있다.[6]

〈표 2-2〉 TRL 단계별 활동의 의미

구 분	TRL 단계	기본정의	산업분야별 정의			기술개발단계 범위
			금속/세라믹/섬유/화학	기계/전기/전자	식품/의약품/화장품	
기초연구단계	1	기초이론/실험	–	–	–	기초과학
	2	실용목적의 아이디어, 특허 등 개념정립	–	–	–	원천기술개발
실험단계	3	실험실 규모의 기본성능 검증	다양한 소재 합성 및 배합	모델링/설계기술 확보	다양한 소재 실험	부품기술개발
	4	실험실 규모의 부품/시스템 성능평가	최적의 소재합성 및 배합비 구성	실용화를 위한 핵심요소기술확보	핵심기능 소재 선별	Lab－scale 기술개발
시작품단계	5	확정된 부품/시스템의 시작품 제작	공정 최적화 조건	제작기술, 시스템 통합기술 확보	분리 및 수율 향상	Pilot－scale 기술개발
	6	시작품 성능평가	시작품 성능평가	시작품 성능평가	전임상시험, 독성/안정성평가	필드데트스 기술개발 (실증)
제품화단계	7	시제품의 신뢰성 평가	신뢰성 평가	시작품의 신뢰성 평가	임상시험	Prototype 시범사업 (시범화)
	8	시제품의 인증 및 표준화	KS, ISO 인증	한국선급인증, KS, ISO 인증	식약청 허가	시범사업의 마지막 단계 (인증/표준화)
사업화단계	9	사업화				현실적용단계 (사업화)

출처: 인터넷(https://neverlike.tistory.com/11) 검색, 2020. 4. 21.

무기체계의 주요 기능을 담당하는 핵심기술을 실험하는 시제품을 제작하여 이를 기존 무기체계에 적용 가능성과 미래 무기체계에 응용 가능성을 입증하는 단계'로 정의하고 있다.

6 「방위사업법」 시행규칙 제10조에서는 '탐색개발단계는 무기체계의 핵심부분에 대한 기술을 개발(기술 검증을 위한 시제품 제작을 포함한다)하고, 기술의 완성도 및 적용 가능성을 확인하여 체계개발단계로 진행할 수 있는지를 판단하는 단계'이며, '체계개발단계는 무기체계를 설계하고, 그에 따른 시제품을 생산하여 시험평가를 거쳐 양산에 필요한 국방규격을 완성하는 단계'로 정의하고 있다.

모듈 2 국방R&D 관리의 일반모형 및 원칙

▌국방기술 관리과정(DOD Technology Management Process): 미국[7]

미국 DOD는 소관 연구·개발·시험·평가(RDT&E) 예산을 활용하여 기술 및 무기체계 개발 활동을 지원하고 있다. [그림 2-1]은 미국의 경우 DOD를 위시한 국방R&D 커뮤니티가 어떻게 기술에 투자하며, 어떻게 개발하며, 그 결과를 어떻게 최종 소비자에게 이전하는가에 대한 윤곽을 보여주고 있다.

DOD의 국방기술 관리과정은 기술 투자, 기술 개발 그리고 무기체계 개발의 3단계로 나누어진다. 첫 번째 기술 투자 단계에서는 외부의 위협, 성능 요구도(capacity needs),

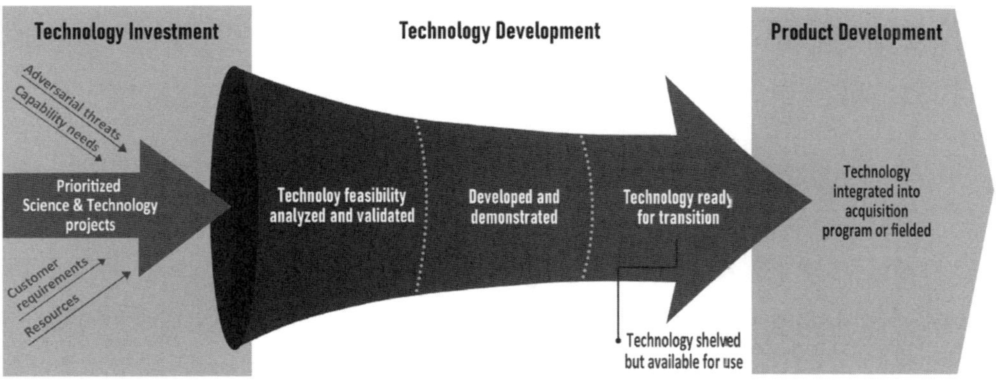

출처 : GAO, 2017b.

[그림 2-1] DOD 기술관리 과정

7 자세한 내용에 대해서는 GAO(2017a) 및 GAO(2017b)를 참조.

소요군의 작전운용성능요구(customer requirement), 가용 재원을 감안하여 우선순위에 따라 과학기술 수준에서의 개발을 시작하게 된다. 다음으로 기술 개발 단계에서는 개발된 기술을 고도화하고 시스템 개발을 시작한다. 기술의 타당성을 분석과 입증(validation), 개발과 실증(demonstration), 그리고 실용화를 위한 기술이전 준비(technology ready for transition)의 세 가지 과정을 거치게 된다. 일반적으로 기술 투자 및 기술 개발의 두 단계는 대학 또는 기업연구소의 기술 관리자(S&T community)가 담당하여 진행한다.

무기체계개발 단계에서는 DOD의 체계 프로그램 관리자(acquisition community)가 책임을 맡아 본격적으로 무기체계개발을 시작한다. 그러나 기술개발과 무기체계개발의 두 단계 사이에는 실험실 환경 하에서 성공적으로 개발된 기술이 무기체계로의 효과적인 이전이 어려운 캐즘 현상[8]이 종종 발생하기도 한다. 실험실 수준에서 개발된 기술의 실용성이 입증되지 못하여 획득 사업이 조기 종료 되거나 개발자 스스로 추가 자금을 마련하여 시스템을 개발하는 경우도 발생한다. 비용 상승, 일정 지연, 성능 미달성 등의 현상이 나타나기도 한다.

효율적인 기술관리 과정의 요건

위에서 언급된 기술관리 과정이 효과적, 효율적으로 이루어지는 시스템을 구축하기 위해서는 다음의 몇 가지 요건이 충족될 필요가 있다. 이러한 요건들이 결핍된 상태에서 한두 가지의 무기체계가 성공적으로 진행되었다 하더라도 기술관리 시스템이 구축되었다고 칭하기는 어렵다. 실패가 곧 뒤따르기 때문이다.

- 개방성(Openness): 보안을 중요시하는 군 체제에서는 개방성이라는 담론 자체를 금기시하는 경향이 있다. 그러나 창의성을 중요시하는 R&D 분야에서 폐쇄성이 개방성을 능가할 수 없다는 것은 주지의 사실이다. 국방R&D 또한 예외가 아니다. 국방R&D에서의 개방성을 논의함에 있어서는 보안을 희생하면서 개방을 추구하자는 주장은 그 설득력을 잃는다. 보안이 유지되는 범위 안에서, 구체적으로는 개방의 기술적 실효가 보안을 위한 폐쇄에 비해 상당한 수준에서 높게 나타날 경

8 캐즘(chasm)은 신제품의 수요가 소수의 혁신적 혹은 선각자적 소비자에 의해 지배되는 초기시장으로부터 실용주의자에 의해 지배되는 주류시장으로 이행하는 단계에 존재하고 있는 큰 단절 - 영업 부진 또는 수요 침체를 의미한다. Moore(1991)을 참고.

우에, 꼭 필요한 영역과 단계에 한해서 국방R&D의 개방성이 논의되어야 한다.

국방R&D에서 개방성은 두 가지 측면에서 다루어진다. 하나는 위 기술관리 과정에서의 단계 간의 개방이다. R&D에 있어서 보다 나은 제품을 만들고 개발 기간을 단축하고 비용을 최소화하기 위해서는 R&D－생산의 인터페이스는 매우 중요한 것으로 보고되고 있다. 위에서 언급한 기술 투자－기술 개발－무기체계 개발이 성공적으로 진행되기 위해서는 각각의 단계에서 전·후 단계 간의 연계가 효율적으로 이루어져야 할 필요가 있다. 단계간의 연계가 제대로 이루어지지 않을 경우 시간과 비용이 증가하고 성과는 낮아지는 결과를 가져온다는 많은 연구결과들이 있다.

다른 하나는 국가R&D 혹은 기업R&D와 같은 외부 집단에 대한 개방이다. 국방R&D－국가R&D－기업R&D 간의 협력이 중요해지는 이유는 지난 30년 동안 최고의 수준을 자랑하던 국방R&D의 기술적 수준이 어떤 과학기술 분야에서는 국가R&D 혹은 기업R&D의 수준에 비해 상당히 낙후되고 있으며 그 격차가 점점 더 벌어지고 있기 때문이다. 특히 전략적 자산을 포함하여 최근 나타나고 있는 드론이나 로봇과 같은 소형 무기체계의 개발에 있어 첨단 ICT 기술의 포함 비율이 80% 이상까지 증가하고 있다. 무기체계에 새로운 소재의 적용이 급격하게 늘어남에 따라 국가R&D 혹은 기업R&D와의 협력은 이제 필수불가결하게 되었다.

• 의사소통체계(Communication frameworks): 앞에서 언급된 개방성이 그 효과를 보기 위해서는 효율적인 의사소통체계가 구축되어야 한다. 의사소통체계란 제1장 [그림 1－4]에 제시된 통합기술관리 체계의 각 요소를 수행하는 과정에서 책임 수행기관이 (1) 내부 인력의 전문 지식·능력을 최대한 활용하여 목표하는 결과를 얻기 위해 내부 인력 간의 정보 교환, 지시－명령이 효과적으로 이루어지게 하기 위한 방식과 규정, (2) 목표를 달성하거나 보다 나은 성과를 위해 추가적으로 필요로 하는 각종 정보·능력을 확보하기 위하여 해당 정보·능력을 보유한 기관(부서를 포함)이나 전문가와 효율적으로 협력하기 위해 만드는 방식과 규정을 의미한다. 의사소통 방식에는 공식적, 비공식적 방법이 있다.

국방R&D와 관련하여 효과적이고 효율적인 의사소통체계가 구축되어야 하는 영역은 매우 광범위하다. 개발되어야 할 무기체계의 우선순위 설정, 무기체계개발 전 과정에서 필요한 방위사업청 IPT－ADD－방산기업, 그리고 탐색 및 체계개발 단계에서의 합동참모본부－소요군의 참여, 국방기술개발사업의 기획과 추진 과정에서의 방위사업청－ADD/민군협력진흥원－대학 및 각종 출연기관 그리고 산업통상자원부, 과학기술정보통신부와의 협력 등, 다양한 주체와 수준에서의 다양한 방식과 절차에 의한 의사소통이 경쟁과 협력의 기치 아래 원활하게 이루어지도록 해야 한다. 필요하면 인력의 교류도 적극적으로 검토될 필요가 있다.

- 기술 문지기(Technical gate－keeping): 효과적인 의사소통체계의 구축 중심에 놓여 있는 곳이 기술 문지기이다. 기술 문지기란 필요한 과학기술 정보를 적시에 수집하여 국방R&D가 구체적인 사업으로 추진될 때 정확한 방향으로 진행되도록 지원하는 역할을 하는 것을 말한다. 기술 문지기는 새로운 S&T 사업이나 무기체계 개발사업의 초기 개발 과정에서 윤활유의 역할을 담당하고 있다. 일반적으로 기술 문지기는 해당 사업에 참여하고 있는 과학자, 기술자보다는 전문적 지식·능력은 부족하지만 관련 분야의 많은 사람들과 다양한 의사소통 채널을 가지고 있어 협력의 촉진제 역할을 하는 특징이 있다.

국방R&D를 수행하는 과정에서 기술관리가 지속적으로 성공적으로 이루어지기 위한 몇 가지 선결조건이 있다. 기술투자의 기회/가능성 여부를 파악하는 데 전제가 되는 기술 파악 수단인 기술인지능력(technological awareness capacity), 효과적인 기술 학습을 위해 필요한 조직, 인센티브, 과정 등의 흡수능력(absorptive capacity), 전문지식을 형성하고 상호교환을 원활하게 해주는 신뢰 있는 환경을 가능하게 하는 신뢰능력(transactional capacity), 그리고 무기체계개발의 전 과정에서 나타나는 위험의 파악과 재평가가 가능하게 하는 기술관리 능력(technology management capacity)이다.

모듈 3 국방R&D 왜 필요한가?

▌국방R&D가 갖는 의미

제1장에서 언급하였다시피, 국방R&D는 국가안보 및 군 전투력 유지·개선을 위한 수단으로서 무기체계 적용을 목표로 추진되고 있다는 측면에서 방위력개선사업의 핵심 수단이다.

국방R&D를 포함하는 방위력개선사업의 시작은 군의 무기체계 요구과정인 소요제기와 합동참모본부의 소요결정으로부터 시작된다. 소요가 결정되면 방위력개선사업을 담당하는 방위사업청은 선행연구 과정을 거쳐 국내 기술의 보유 여부와 TRL, 군이 필요로 하는 기간 내에 관련 기술을 개발하여 적용할 수 있는지 여부 등에 대한 전문적인 조사와 분석[9]을 실시하게 된다.

국방R&D는 그 특성상 군이 특정 목적의 첨단기술로 무장하는 것을 추구한다. 국방R&D는 수요독점적 소비자이면서 동시에 시장 형성자인 군의 요구에 절대적으로 대응하여야 한다. 그러면서도 국방R&D는 국가R&D 시스템의 하위 요소이기도 하다(Daffix 외, 2009).

한 국가가 독자적인 국방R&D를 추진할 수 있다는 점은 아래의 내용을 시사하고 있다.

첫째, 앞 장에서도 언급했듯이, 자주국방의 구현과 이를 실현하기 위한 방위력 향상은 특정 국가의 독자적인 군사작전을 구현하게 하는 핵심적인 물리적 수단을 갖게 해주는 국가의 원천행위의 하나이다. 그 원천행위의 중요 요소들 중의 핵심인 국방R&D

9 선행연구 단계에서 전문적인 조사·분석 업무는 「방위사업법」 시행령 제37조 제1항에 따라 국방기술품질원에서 2017년부터 수행 중이다.

는 군사작전의 자주권을 부여하고 궁극적으로는 자주독립국가로서의 지위를 군사적으로 보장받게 해준다.

둘째, 국방R&D를 수행하는 것은 많은 인적, 물적 자원을 필요로 할 뿐 아니라 축적된 방위산업기반과 상당한 수준의 과학기술을 요구한다. Hagelin은 "국방R&D는 새로운 무기 플랫폼의 창조에 있어서 가장 비용이 많이 드는 기본적인 단계이다. 국방R&D 없이 '군사행동(military affairs)에서의 혁명'이라고 하는 발전되고 새로운 군사 시스템을 갖기는 어렵다"라고 주장하고 있다(Hagelin, 2004).

셋째, 국방R&D가 가능하다는 의미는 고도의 수준을 갖는 하나의 산업, 즉 방위산업이 특정 국가에 존재한다는 것을 가리킨다. 국방R&D를 실질적인 무기체계로 구현해 주는 방위산업은 거의 모든 분야의 과학과 기술을 최고의 수준에서 구현할 수 있을 때 그 존재가 가능해지기 때문이다. 21세기에 들어오면서, 비록 국지전이지만 이라크전 등 몇 번의 전쟁을 치르면서 이미 통신, 정보, 센서, 재료 등 최첨단 분야에서의 민·군 간의 경계가 사라져 버렸다. 방위산업이 모든 산업의 꽃이라고 불리는 이유이기도 하다.

국방R&D에 기반을 둔 방위산업은 해외 수출시장을 확대해 준다. 세계 평화를 외치고 있는 와중에도 무기체계에 대한 수요가 증가하고 있다. 생산뿐만 아니라 국제교역도 증가하고 있다. 보다 저렴하고 성능이 좋은 무기체계의 수요가 선진국과 후진국 중간에 있는 국가들에서 빠르게 증가하고 있다.

넷째, 첨단 무기체계 개발은 인적 요소의 투입이 많다는 점에서 부가가치도 높고 고용도 크게 확대된다. 첨단무기체계일수록 수작업이 많고 고도의 훈련된 전문인력의 참여율이 높기 때문이다. 한국형 전투기(KFX) 사업을 예로 들면 2019년 기준 약 6,800개의 일자리가 새로 만들어지고 기업, 연구소, 대학 등 약 112개 기관이 사업에 참여하고 있다(정현용, 2019). 이 외에도 운용과 훈련, 유지·보수와 소프트웨어의 업그레이드 등을 통해 지속적인 수입원이 유지된다. 예를 들면, 이지스함에 장착된 위상배열레이더의 소프트웨어 업데이트는 매년 200억 원의 비용이 소요된다.

다섯째, 무엇보다도 국방R&D는 국가 이미지를 높여준다. 국력을 나타내기 때문이다. 세계적으로 과학기술에 기반하여 다양하고 체계적이고 효과적인 무기체계의 개발이 가능한 능력과 자원을 보유하고 군사적으로 유용한 과학기술 능력을 활용하여 해외에 수출할 수 있는 구조를 보유한 국가는 아주 소수에 그치기 때문이다.

여섯째, 독자적인 국방R&D 능력이 방위산업 진흥으로 연결되고 이는 방산외교의

〈표 2-3〉 우리나라 주요 방산수출국가(2013~2018)

연 도	제품명	국가명	수출액(억 $)	연 도	제품명	국가명	수출액(억 $)
2013	군수지원함	노르웨이	2.3	2015	T－50	태국	1.1
	해안경비정	페루	0.7	2016	장갑차	필리핀	0.5
	호위함	태국	4.7		KA－1	세네갈	0.4
2014	FA－50	필리핀	4.2	2017	K－9자주포	핀란드	1.5
	K－9자주포	폴란드	3.1		K－9자주포	인도	3.2
	초계함	말레이시아	12.0	2018	K－9자주포	에스토니아	0.5

출처 : 산업연구원, 2019.

주요한 수단으로 작용하고 있다. 2019년 기준 국방부와 방위사업청은 40개국과 방산군수협력 관련 양해각서(MOU) 또는 조약을 체결하여 각종 방산정보 교환은 물론 국방분야에 대한 협력을 증진시키고 있다(방위사업청, 2019b). 이러한 협력은 ＜표 2－2＞에서 보는 바와 같이 주로 중·후발국을 중심으로 활발하게 이루어지고 있다. 이들 국가의 대부분은 재정 여건상 서방의 첨단·고성능의 무기체계를 구매하지 못하지만, 우리나라 방산제품은 우수한 국방R&D 역량을 바탕으로 상대적으로 높은 구매력을 제공해 줄 수 있기 때문이다. 반면에 선진국과는 상호간 부족기술을 보완하는 형태의 방산협력을 추진함으로써 우리의 국방R&D 역량을 한층 높이는 데 기여하고 있다.

국방R&D를 활용한 방산수출은 민수산업 분야의 수출과는 성격이 완전히 다르다. 방산물자를 교역하기 위해서는 수년간 국방 차원에서의 교류가 유지되어야 하며, 같은 무기체계를 활용한다는 차원에서 상호 안보동맹 수준의 결속력을 갖는다는 의미를 가지고 있다.

일곱째, 국방R&D는 무기체계의 안정적인 운영·유지를 보장함은 물론 군사 대비태세를 강화하는 데 기여한다. 무기체계를 해외로부터 구매할 경우 우리가 필요한 수리부속품을 원활하게 획득하지 못하는 경우가 종종 발생하게 된다. 이는 수리부속품을 제작하는 기업이 없거나, 부품 단종이 주된 원인이 된다. 하지만 국방R&D 능력이 있는 경우 기업이 특정 무기체계를 제작하여 공급하더라도 전시 등 유사시를 대비하여 일정 수준의 생산능력을 유지하고, 부품에 대한 공급 책임을 가지고 있다. 이것은 「방위사업법」 제34조 및 제35조에 의해 방산물자 및 방산업체를 지정하여 운영하는 이유이기도

하다. 또한, 무기체계에 대한 지속적인 성능 개량도 가능하다. 원천기술을 보유하고 있기 때문에 이미 운용하고 있는 무기체계라 할지라도 언제든지 성능 개량을 할 수 있는 것이다.

모듈 4 국방R&D 사업

국방R&D 사업의 정의와 범위

방위사업은 방위력 개선, 방위산업 육성 및 군수품 조달을 포함한다. 방위사업의 한축인 방위력 개선은 군사력을 개선하기 위한 무기체계의 해외 구매, 신규개발/성능개량 등을 포함한 연구개발, 그리고 위 두 가지 사항에 수반되는 시설의 설치를 포함하고 있어 방위사업 수행의 가장 핵심이 되는 영역을 형성하고 있다.[10]

방위력개선사업은 크게 무기체계 및 핵심기술 연구개발사업과 무기체계 구매사업으로 구분할 수 있다. 연구개발사업은 외국정부나 외국업체의 자본 참여 여부에 따라 국내연구개발사업과 국제공동연구개발사업으로 구분하며, 국내연구개발사업은 투자비 주체에 따라 정부가 전액 투자할 경우에는 정부투자연구개발사업, 정부와 업체가 일정 비율을 분담하는 경우에는 공동투자연구개발사업, 업체가 전액 투자하는 경우에는 업체투자연구개발사업으로 구분된다. 무기체계 구매사업의 경우에는 구매 형태에 따라 국내구매사업과 국외구매사업, 임차사업으로 구분한다.

방위사업청에서는 다음 [그림 2-2]와 같이 국방R&D의 분류를 개발대상에 따라 무기체계 R&D와 전용기술 R&D, 국방기술 R&D로 나눈다. 무기체계 R&D는 체계개발과 성능개량 R&D의 두 종류로 구분한다. 전용기술 R&D는 비닉사업[11]이다. 국방기술 R&D는 사업형태에 따라 기초연구(개별기초, 특화연구실, 특화연구센타), 핵심기술(센서 등 8대 분

10 '국방획득'이라는 용어는 율곡사업, 전력증강사업 등의 추진 과정에서 단순히 필요한 무기체계를 구매 또는 개발하는 행위로만 사용되었으나, 시대가 변화되면서 소요, 예산, 획득이라는 3대 요소가 연계되고 통합되는 형태로 정의되어 왔으며, 현대의 국방획득은 방위산업 육성이라는 분야까지 포괄하여 사용되고 있다.

11 R&D 특성상 비밀유지를 목적으로 추진할 경우 ADD에서 주관하여 기획과 실행을 전담하는 연구개발사업이다.

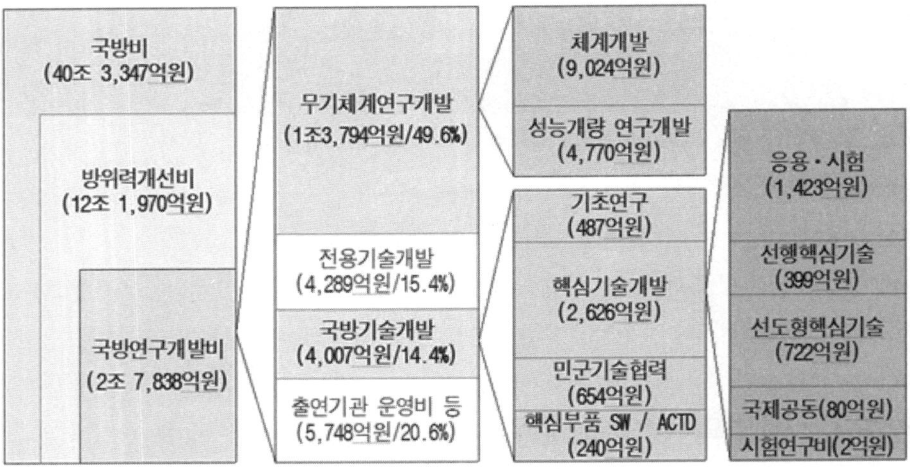

[그림 2-2] 국방R&D의 분류(2018년 기준)

야 무기체계 연계형, 선도형 핵심기술 개발,[12] 선행핵심기술,[13] 핵심 소프트웨어, 국제공동기술개발), 신개념 기술시범(Advanced Concept Technology Demonstration: ACTD), 민군기술협력, 핵심부품 국산화 사업 등으로 구분하고 있다. 국방기술 R&D는 기초연구 분야와 핵심기술 개발, 민군기술협력, 핵심부품 및 소프트웨어 개발 등으로 구분되어 추진된다.

▌방위력개선사업 추진 원칙

「방위사업법」 제11조(방위력개선사업의 추진 원칙)는 방위력개선사업의 추진 원칙을 규정하고 있다.

---

12 방위사업청 예규 「핵심기술 연구개발 업무처리 지침」 제97조에 따라 선도형 핵심기술이란 "민간의 우수기술, 산업경쟁력을 국방연구개발에 활용하여 미래 무기체계에 적용될 신기술 및 새로운 무기체계 개발에 필요한 핵심기술을 신속하게 확보하기 위해 추진되는 사업"으로 주로 산·학·연 주관으로 수행된다.

13 방위사업청 예규 「핵심기술 연구개발 업무처리 지침」 용어의 정의에 따라 선행핵심기술이란 "전장 운영 개념을 혁신할 수 있는 도전적 창의적 국방과학 원천기술 확보를 위해 ADD의 첨단기술 개발능력을 활용하고 지속적으로 투자하기 위해 추진되는 개별과제 및 단위사업을 통칭"하며, 주로 ADD 주관으로 수행된다.

1. 국방과학기술 발전을 통한 자주국방의 달성을 위한 무기체계의 연구개발 및 국산화 추진

우리나라는 국방획득에 관한 다양한 정책을 추진해 왔지만 2006년 이전까지는 국방과학기술에 대한 정책서를 마련하지 못하였다. 최초의 정책서는 「방위사업법」 시행령 제34조(국방과학기술진흥에 관한 정책 및 계획의 수립)에 근거하여 5년 단위로 발간하는 『국방과학기술진흥정책서』이다. 이러한 문서 발간을 통하여 우리나라의 국방과학기술에 대한 향후 15년간 추진 정책을 천명함으로써 중기 및 장기 무기체계 개발에 필요한 기술개발 로드맵을 제시하고 무기체계 연구개발과 국산화 추진에 대한 원칙을 실무적으로 구현할 수 있게 되었다.

2. 각 군이 요구하는 최적의 성능을 가진 무기체계를 적기에 획득함으로써 전투력 발휘 극대화 추진

방위력개선사업의 궁극적 목적은 군의 소요기획 과정에서 결정한 무기체계를 군이 요구하는 기능과 성능을 보유한 가운데 필요한 시기에 배치하도록 하여, 군의 군사전략 구현에 필요한 수단을 필요한 시기에 사용할 수 있도록 하는 것이다. 무기체계 국내 연구개발 원칙을 지키면서 적기에 획득하는 것은 현실적으로 매우 어려운 과제이다. 특히 무기체계 연구개발은 국방기술 개발의 실용화와 동일한 개념이기 때문에 일정 수준의 실패를 전제하여야 한다. 이 원칙은 자체 개발 시에 ROC에 미달하는 경우 국내 개발을 포기하고 해외 구매로 전환하게 하는 구실을 제공하는 빌미로 작용되는 문제점을 갖고 있다.[14] 물론 자체 개발에서의 실패 가능성을 최소화하기 위해 15년 이상의 기획프로세스를 적용하고 매년 Zero-base에 의한 계획프로세서를 적용하는 국방기획관리제도를 적용하고 있지만 그럼에도 불구하고 논란의 소지가 있음은 분명하다.

3. 무기체계의 효율적인 운영을 위한 안정적인 종합군수지원책의 강구

제1장에서 언급한 것처럼 무기가 아닌 무기체계로서 운용하기 위해서는 장비 운용과 유지·보수에 필요한 제반 요소를 개발 초기 단계부터 구상하여 확보하여야 한다. 과거에는 기계식 중심의 무기체계이기 때문에 종합군수지원 요소가 단순기능 관리 중심으로 검토되었다. 하지만, 현대와 미래의 무기체계는 상호운용성이 중요시되는 고도

14 최근 감사원은 ADD에서 개발한 무인항공기 시제품이 성능 미달이라는 의견을 제시하면서 시제품은 교육훈련용으로 사용하고 실전용은 해외에서 구매하도록 권고하고 있다. 박재훈(2019) 참고.

의 체계성·복잡성·고가성의 특징을 지니고 있어 종합군수지원 요소가 무기 그 자체와 함께 하나의 복합체계로서 기능을 발휘하지 않는 한 최상의 무기체계로서 성능 발휘가 불가능하다.[15] 즉, 개발 초기단계부터 무기체계 운영 개념에 기초한 치밀한 종합군수지원 요소 획득 계획이 필요하다. 여기에는 신뢰성공학, 동시공학, 체계공학, 인간공학 등 다양한 공학 지식이 필요하다. 무기체계 수명주기 동안 어떻게 운영할 것인지에 대한 군사적 지식도 함께 필요하다.

4. 방위력개선사업을 추진하는 전 과정의 투명성 및 전문성 확보

방위력개선사업의 투명성 문제는 2006년 방위사업청 출범의 궁극적인 계기가 되었으며, 「방위사업법」에도 4대 기본이념[16] 중 하나로 포함된 부분이기도 하다. 또한, 제도적 장치로 방위력개선사업과 관련된 주요 정책 결정 및 집행과 관련하여 이에 참여한 담당자와 부서장 등의 소속과 직급, 성명, 관련 의견, 회의나 공청회 과정에서 나타난 토의내용 및 결정사항 등에 대해서는 해당 사항을 기록하여 보존하도록 하는 정책실명제를 정부 최초로 도입하였다. 방위력개선사업에 대한 의사결정 과정과 관련 내용은 「공공기관의 정보 공개에 관한 법률」에 따라 정보를 공개하도록 하였으며, 일정 사업비 이상의 방위력개선사업에 대해서는 국회 국방위원회에 평가 결과 및 정책반영 결과를 제출하도록 하였다. 이 외에도 청렴서약제[17]와 옴부즈만제도[18] 도입, 각종 의사결정 과정에 민간 전문가를 참여하도록 하는 사항도 「방위사업법」에 명시함으로써 과거의 폐쇄적 의사결정 체계를 개방적 의사결정 체계로 전환하여 운영하고 있다. 방위력개선사업의 전문성 확보를 위해서는 보직자격제를 두어 전문성이 필요하다고 인정되는 직위에는 이에 상응한 자격을 갖춘 자가 임명되도록 하였다.

---

15 방위사업청, 『종합군수지원요소 개발 실무지침서』.

16 「방위사업법」 제2조(기본이념) "이 법은 국가의 안전보장을 위하여 방위사업에 대한 제도와 능력을 확충하고, 방위사업의 투명성, 전문성 및 효율성을 증진하여 방위산업의 경쟁력을 강화함으로써 자주국방 태세를 구축하고 경제성장 잠재력을 확충함을 기본이념으로 한다."

17 청렴계약제라고도 불리며, 1990년대 중반에 국제투명성기구(TI)에 의해 개발된 제도로서 물품구매나 용역, 조달이나 공사계약, 각종 인허가, 정부재산의 매각과 민영화 등 입찰과 관련하여 기관과 업체 사이에서 뇌물이나 향응 등을 요구하거나 주거나 받거나 하지 않을 것과 경쟁에 참여하는 업체들 상호간에도 담합하지 않을 것을 상호간에 서약하는 제도로서 국내에서는 1999년 처음 도입되었다.

18 행정기능의 확대·강화로 행정에 대한 입법부 및 사법부의 통제가 실효를 거둘 수 없게 되자 이에 대한 보완책으로서, 국회를 통해 임명된 조사관(ombudsman)이 공무원의 권력남용 등을 조사·감시하는 행정통제 제도이다.

5. 국가과학기술과 국방과학기술의 상호 유기적인 보완 및 발전 추진

우리나라 국가연구개발 혁신역량은 세계 상위권 수준이며, GDP 대비 예산 투입 비율도 세계 최고 수준으로 평가받고 있다. 특히 기초연구 분야는 지속적인 증가 추세에 있는데, 정부연구개발예산 중 기초연구비 비중이 2010년 대비 2017년 기준 약 10% 수준으로 증가하였다. 또한, 연구인력이나 논문, 특허성과 등에서도 우수한 연구개발 혁신역량을 보유한 것으로 평가되고 있다. 이러한 혁신역량을 국방력으로 연결시킬 필요가 있다. 국방과학기술이 국가과학기술의 한 분야이기 때문에 국방과 비국방 간 상호 유기적인 협업과 보완·발전시킨다면 과학기술 전반의 혁신역량을 크게 높일 수 있다.

6. 연구개발의 효율성을 높이기 위한 국제적인 협조체계 구축

대부분의 민수산업 분야는 소재·부품으로부터 완성제품에 이르기까지 어느 한 국가 내에서 독자적으로 수행할 수 없는 구조로 구성되어 있어, 각 국가가 가지고 있는 강점에 따라 서로 분업화·협업화되어 있는 생태계로 형성되어 있다. 규모의 경제가 형성되고 상품성을 보장받는 경우에도 민수산업 분야는 국제적인 분업과 협업 구조가 필요하듯이 방위산업 분야의 경우에도 산업구조가 대부분 소량·다품종으로 형성되어 있기 때문에 국제적인 협조체계 구축은 필수적이다. 물론 각 국가의 안보상황과 군사전략에 따라 무기체계의 수요와 요구 시기 간에는 차이가 있다. 하지만 기술영역에서 접근할 경우 충분히 협력할 수 있는 여지가 있다. 특히 관심국가 간 상호 기술적 강점을 바탕으로 상호 보완적 관계에서의 국제 공동연구가 추진될 경우 미래의 잠재적 방산협력의 기반이 된다.

국방R&D 투자와 사용

[그림 2-3]은 국방R&D 투자와 관련한 돈의 흐름을 프랑스의 예를 통해 보여주고 있다. 국방R&D 투자는 정부와 방산기업이 하고 있으며 투자된 돈은 정부 부문의 연구개발기관과 민간 부문의 연구개발 및 양산화에 투입된다. 이 과정에서 일부의 돈은 해외 부문에 기술 도입 혹은 부품 구입 등을 위해 사용된다. 다만 우리나라의 경우, 민간 부문의 투자가 정부 부문의 연구개발기관에 투입되고 있지 않으며, 또한 정부 부문 투

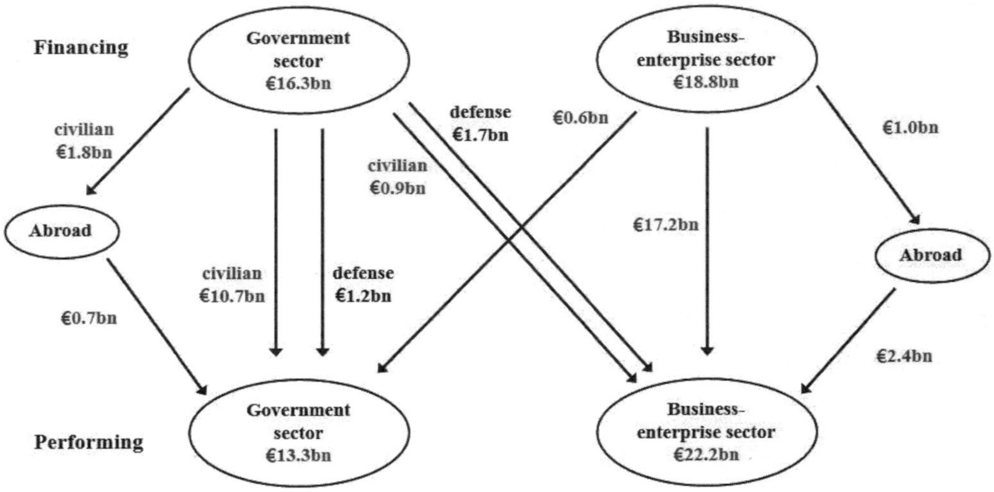

출처: Daffix and Jacquin, 2009: p.16.

[그림 2-3] 국방R&D 투자와 돈의 흐름: 프랑스 사례

자의 대부분은 정부 부문의 연구개발기관에 유입된다.

▌국방R&D 투자 현황

국방R&D는 정부 3대 연구개발 투자영역에 해당된다. 국방R&D의 주무 정부부처인 방위사업청의 연구개발 투자는 2019년 기준으로 3.2조 원(15.3%)이다. 전통적으로 정부 연구개발 투자의 중심에 있는 과학기술정보통신부의 7.0조 원(33.9%)과 산업통상자원부 3.2조 원(15.7%)을 포함하여 방위사업청의 연구개발 예산 규모는 상위 3개 부처에 속해 있다.

〈표 2-4〉 연도별 국방R&D 예산 및 국방비 대비 비중(단위 : 억 원, %)

구 분	2015년	2016년	2017년	2018년	2019년
국방비	374,560	387,995	403,347	431,581	466,971
국방R&D	24,355	25,571	27,838	29,017	32,285
R&D/국방비	6.5	6.6	6.9	6.7	6.9

출처: 한국과학기술기획평가원, 2016, 2017, 2018; 방위사업 통계연보, 2019.

국방R&D 투자는 지속적으로 증가하고 있다. 최근 5년간(2015~19년) 국방R&D 예산은 연평균 7.3% 증가하였으며 국방비의 6% 후반 수준을 유지하고 있다. 2020년도에도 국방R&D 투자규모는 3조 9천억 원 수준으로 증가하였다.

국방R&D의 핵심이라고 하는 무기체계개발 예산은 2015~19년 기간 중 연평균 8.7% 증가하였으며 국방R&D 예산의 약 50%를 차지하고 있다. 무기체계개발 예산의 규모는 대형 무기체계개발사업의 진행상황에 따라 크게 변동되는 특징을 갖는다. 현재는 한국형 헬기 개발사업 등의 종료로 인해 일시적으로 예산 규모가 감소한 상태이지만 다른 대규모 무기체계개발사업이 본격적으로 진행되면 투자 규모와 국방R&D 중에서 차지하는 비율이 커질 것이다.

국방R&D의 다른 한 축인 국방S&T의 예산은 같은 기간 중 연평균 3.2% 증가하여 무기체계개발 예산의 연평균 증가율에 비해 저조한 상태이다. 그러나 국방부는 2018년부터 민군기술협력(전력지원체계 개발)을 위한 연구개발사업에 투자(36억 원)를 시작하였다. 앞으로도 국방R&D의 중요성이 국방 예산에 적극적으로 반영되면서 국방S&T에 대한 투자 규모는 획기적으로 증가될 것으로 전망된다.

〈표 2-5〉 국방S&T의 사업별 예산 규모(단위: 억 원, %)

구 분	2015년	2016년	2017년	2018년	2019년
국방S&T	8,345	8,152	8,296	9,108	9,454
기초연구	514	492	487	443	412
(비중)	(6.2)	(6.0)	(5.9)	(4.9)	(4.4)
(증가율)	(0.1)	(△4.3)	(△0.9)	(△9.1)	(△0.5)
핵심기술	2,682	2,677	2,625	2,705	3,027
(비중)	(32.1)	(32.8)	(31.6)	(29.7)	(32.0)
(증가율)	(△5.0)	(△0.2)	(△1.9)	(3.0)	(2.3)
민·군협력	660	677	654	667	671
(비중)	(7.9)	(8.3)	(7.9)	(7.3)	(7.1)
(증가율)	(11.9)	(2.6)	(△3.3)	(2.2)	(△0.2)
기타	4,490	4,306	4,529	5,293	5,345
(비중)	(53.8)	(52.8)	(54.6)	(58.1)	(56.5)

기타: 전용기술개발, ACTD, 핵심SW, 핵심부품국산화(2013~14년 핵심SW는 핵심기술에 포함).

▌국방R&D 3대 요소(설계, 제조, 검증)의 균형이 필요

전반적으로 국방R&D 투자의 확대에 따라 우리나라의 국방과학기술 수준도 상승하였다. 2012년 10위 수준에서 2015년과 2018년은 9위 수준으로 국방과학기술 선진권에 진입하였다.

그러나 국방R&D에는 작지 않은 불균형적 관계가 존재하고 있다. 설계와 제조 능력은 어느 정도 수준에 다다랐으나 검증 능력과 관련된 기술개발이나 기반 인프라 투자, 인력 양성은 상당히 미흡한 수준에 있기 때문이다. 부품과 소재 분야에 대한 투자도 미흡한 상황이다.

기술수준 분야별로도 차이가 뚜렷하다. 국방기술품질원에서 2018년 발간한 『국방과학기술조사서』에 의하면 무기체계 8대 분야 중 기동(8위), 화력(7위), 함정(8위) 분야의 국방과학기술은 상당 부분 독일이나 영국과 같은 유럽의 군사 강국 수준에 근접하는 정도로 부상하였다. 특히 지휘통제·통신(8위) 분야의 향상은 두드러진다. 그러나 항공우주(10위)·감시정찰(11위) 분야는 절대 수준에서 국방 선진국에 비해 뒤처져 있는 상황

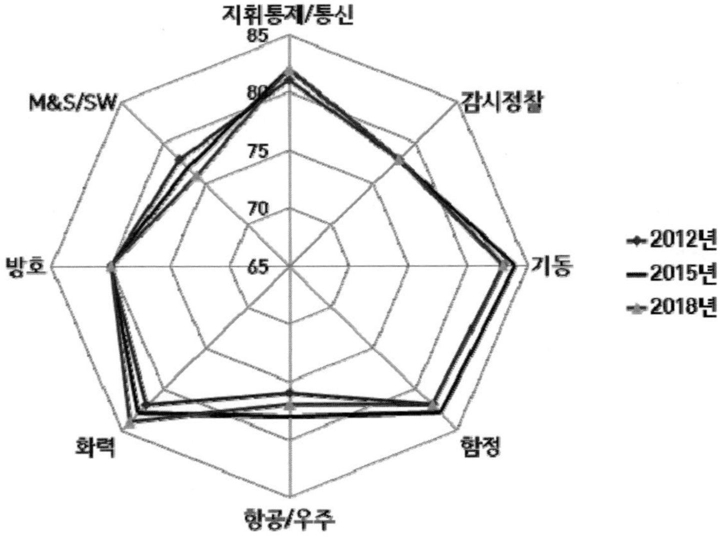

출처: 국방기술품질원, 2018.

[그림 2-4] 우리나라 무기체계별 국방과학기술 수준

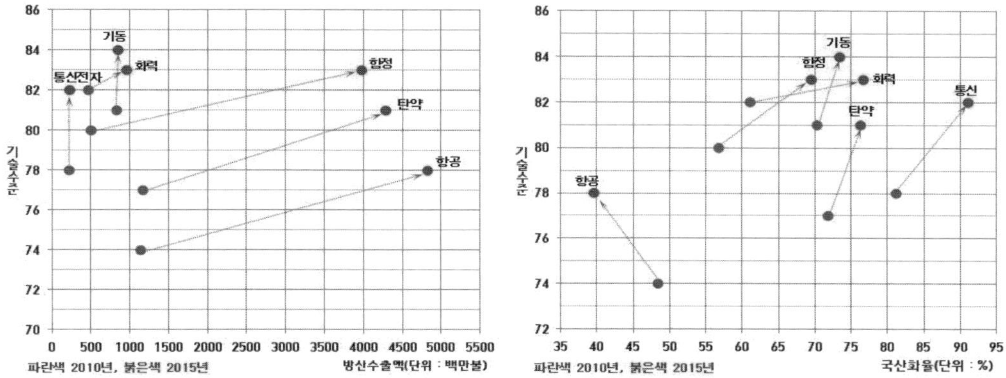

※ 방산수출액, 국산화율은 연도별 방위산업 통계연보를 참고하였으며 2010년 방산수출액은 2006~10 누계, 2015년 방산수출액은 2011~15 누계.

출처: 방위사업청 2017년 국가과학기술심의회 운영위원회 보고 문건.

[그림 2-5] 국방과학기술 수준과 방산수출액 및 국산화율 상관관계

이며 방호(9위)와 M&S/SW(9위) 분야 또한 아직 미흡하다.

전반적으로 우리나라의 국방과학기술 수준은 향상되었으나 항공과 같이 국산화율이 감소한 분야에 대해서는 지속적이고 과감한 R&D 투자를 통해 그 수준의 획기적인 향상이 이루어지고 이것이 생산 기반 역량으로 확산될 수 있는 정책이 필요하다. 국방과학기술의 수준과 방산수출액 및 국산화율이 상당한 수준에서 정(+)의 상관관계를 가지고 전반적으로 국방과학기술 수준의 상승이 방산 수출 증대를 견인하고 있기 때문이다.

모듈 5 국방R&D 수준의 과거와 미래

과거: 내용과 효과, 성공과 실패

우리나라의 국방R&D는 김신조 일당의 침투, 미 제7사단 철수, 닉슨 독트린 발표 등으로 인한 자주국방의 필요성 제기에 따라 1970년에 ADD가 설치되고 번개사업(주로 기본 병기의 국산화)을 추진하면서 시작하였다.

1970년대의 기반 조성기에는 미국이나 독일의 무기를 역설계하거나 모방하여 개발하는 형태로 국방R&D가 추진(1차 율곡사업)되었다. ADD에서 설계 및 개발을 주관하고 방산업체에서 생산하는 방식이 주류를 이루었다. 방위산업을 합리적으로 지도·육성하고 조정함으로써 효율적인 방위산업의 진흥·발전과 방위산업물자의 조달에 기여하기

[그림 2-6] 시대별 국방R&D 성과

위해 「방위산업에 관한 특별조치법」이 1983년 제정되었다. 이후 2006년 1월 「방위사업법」이 제정됨에 따라 이 법률은 폐지되었다.

1980년대에 들어서면서 방위산업의 발전성과가 중화학공업과 기계산업의 발전으로 전이되는 계기가 마련된다. 본격적으로 국방R&D의 기반이 확충되지만, 핵심전력 조기 전력화를 위해 해외 구매 위주로 무기 도입(2차, 3차 율곡사업)이 본격적으로 추진됨에 따라 국내에서의 자체 개발은 상대적으로 위축되었다.

1990년대에는 유도무기 등 정밀무기를 독자적으로 개발하는 방향으로 국방R&D가 추진되었다. 기존 무기체계의 성능 개량이나 탄약, 소총 등 일부 재래식 무기체계는 방산업체 주관으로 연구개발이 시작되기도 하였다. 자체적으로 개발·생산한 재래식 무기체계를 중심으로 해외시장 개척을 시도하였으나 이를 지원할 수 있는 전담조직이 없고 지원 예산도 적어 큰 성과를 보지는 못하였다.

민수산업과 군수산업 간의 협력을 촉진하기 위해 수리온 사업을 통해 초보적인 수준의 민군협력사업을 시작하였다. 1998년에는 「민군겸용기술사업촉진법」을 제정하였으나 예산은 각 부처에서 기존에 편성한 기금에서 지원할 수 있도록 하는 임의 규정 형태로만 반영되어 기업 지원의 한계를 가질 수밖에 없었다. 무기체계 획득에 있어 국내 연구개발 우선 원칙을 강화하기 위하여 「방위사업법」을 제정하여 법적 근거를 만들어

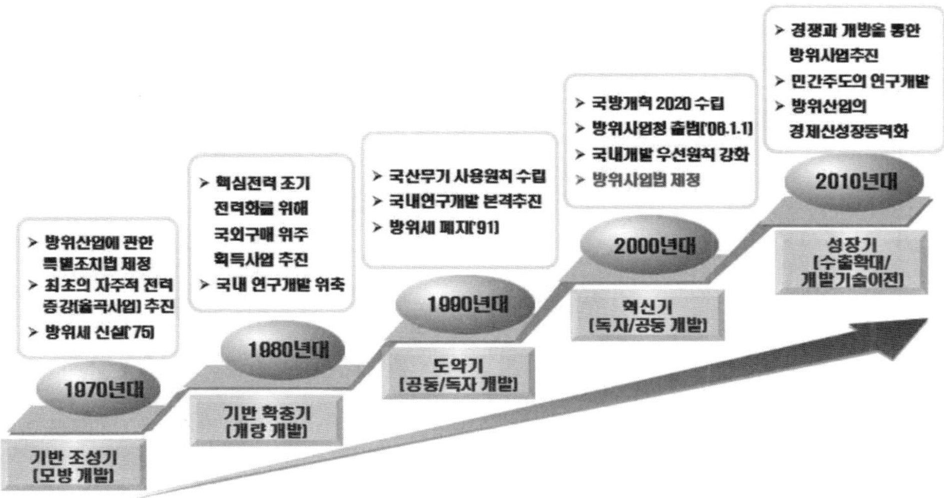

[그림 2-7] 국방R&D의 전개 과정

방위력개선사업을 추진하였다.

방위사업청이 출범하면서 천궁, 해궁 등 정밀무기를 본격적으로 독자개발하였다. ADD 주관 연구개발 형태에서 민간이 주도하는 업체주관 연구개발로 확대하기 위한 제도 개선이 추진되었다. 이와 함께 ADD는 전략/비닉 무기개발 및 핵심기술개발에 집중하는 것으로 국방R&D정책 방향을 정립하였다.

〈표 2-6〉 국방R&D의 발전 단계

구 분		2003년~2007년	2008년~2012년	2013년~2017년
투자 규모/ 중점	규모	12,584억 원(2006년)	23,210억 원(2012년)	27,838억 원(2017년)
	비중	4.7%(국방비 대비)	7.0%(국방비 대비)	6.9%(국방비 대비)
	주요 특징	• 기술개발 확대 • 플랫폼 체계투자 증대	• 업체주관 확대 • 대형 사업의 추진	• 창조적 국방R&D • 도약적 대북 우위 확보
주요 무기체계 개발 사업	기동전력		흑표	
	화력탄약		차기다련장	
	지휘통제/ 통신		MS－EO_IR 사업 MCRC 노후 교체	지상전술C4I체계2차(성능개량) 군위성통신체계－II(진행) MS－SAR 2차(진행)
	감시정찰/ 정보전자	군 위성통신체계 (아나시스)		전술정찰정보 수집체계 전술정보통신체계(진행) 701사업 군단정찰용 UAV－II(진행)
	항공		한국형기동헬기 FA－50 개조 개발	MUAV(진행) 소형무장헬기 대형공격헬기 보라매사업
	함정		울산－Ⅰ급 전투체계	장보고－Ⅲ 전투체계(진행) 장보고－Ⅲ 소나체계(진행) 항만감시체계(진행) 장보고－Ⅰ(성능개량)
	정밀타격		철매－Ⅱ	철매－Ⅱ(성능개량) 해궁 장거리지대공유도무기(진행) 보병용중거리유도무기

※ 주요 대형사업: 해당 기간 내 1,000억 원 이상 투자한 무기체계개발사업.

무기체계의 자체 개발을 위한 단순 협력 방식에서 탈피하여 국제공동연구개발, 다수 국가를 대상으로 하는 방산군수공동협의체 구성, 군사협력과 연계한 방산협력 등의 형태로 다양한 형태의 국제협력을 추진하였다. 방위사업청 출범 이후의 국방R&D를 시기적으로 구분하면 획득의 자립화, 국방의 산업화, 창조적 국방의 단계를 지나 현재는 국방R&D 혁신을 통한 제2의 도약을 시작한 단계이다.

2003~07년의 획득의 자립화 단계에서는 국방R&D 투자 확대와 플랫폼의 국내 획득 확대로 특징지워진다. 다음으로 2008~12년의 국방의 산업화 단계에서는 방산업체 주관 사업의 확대와 대형 무기체계개발 사업이 본격적으로 추진되었다. 2013~17년의 창조적 국방 단계에서는 창조국방 R&D의 추진과 도약적인 대북 우위 전력의 확보가 핵심이다. 2018년부터는 국방개혁 2.0과 4차 산업혁명에 대비하여 혁신성장을 견인할 수 있도록 도전·창의·개방·융합의 국방R&D를 추진함으로써 신기술이 신무기체계를 창출하고 다양한 R&D 플레이어가 국방 분야에서 활동할 수 있는 환경을 조성하고 있다.

국방R&D의 획기적인 발전에 따라 방위산업의 해외 수출도 2002년 1억 4,400만 달러 수준에서 2014년 36억 1,200만 달러 수준으로 증가하였다. 이 과정에서 [그림 2-8]에 보는 것과 같이 상당한 수준의 첨단무기들이 해외에 수출되는 기술력과 협상력을 가지게 되었다.[19]

이름	K-9	T-50	KT-1	K-2	1400톤급 잠수함
종류	자주포	훈련기	훈련기	전차	잠수함
구매국	터키, 인도, 핀란드, 폴란드, 노르웨이, 에스토니아	이라크, 태국, 인도네시아, 필리핀	터키, 세네갈, 페루 인도네시아	터키	인도네시아

[그림 2-8] 해외에 수출된 무기

19 한국의 방위산업은 휴전 국가라 국군이 실제로 운영하는 무기이고, 자동차·조선·정보기술 분야가 강하다는 장점을 갖고 있다. 방산업체들이 연 15조 원 규모의 내수시장에 매출의 85%를 의존하는 것이 문제다. 초기 자본이 많이 드는데 내수만으로는 대량 생산이 어렵고, 결국 단가가 높아져 영업이익이 줄어드는 악순환에 빠져 있다. 완제품 대신 핵심 부품 위주로 개발해 수출이 80% 이상을 차지하는 이스라엘 방식을 참고할 필요가 있다. 김홍준(2019) 참고.

국방R&D의 문제점들

상당한 수준으로 단기간에 발전했음에도 불구하고 우리나라가 미래에 필요로 하는 방위력을 보유하고 해외 무기시장에서 어느 정도 수준의 지위를 획득하기에는 앞에서 언급한 국방R&D 3대 요소인 설계, 제조, 검증이 불균형이라는 점 이외에도 상당한 문제점들을 우리나라 국방R&D는 가지고 있다.

소요제기의 다양성 부족(첨단 과학기술 기반의 혁신적 무기체계개발의 부재와 100% 군의 소요제기에 의해 개발을 선호, 완제품의 선호와 핵심부품 개발의 등한시), 국내 수요의 불충분(방산기업은 연 15조 원 규모의 내수 시장에 매출의 85%를 의존)과 방산기업의 소극적인 R&D, 국방R&D의 이해관계자인 국방부－합동참모본부－방위사업청－ADD/기품원－방산기업의 수직적인 문화의 팽배, 감사원과 검찰 등 일부 정부기관의 방위산업에 대한 부정적 시각, 미국의 기술 공여와 우리나라에서의 전략 무기체계 개발에 대한 부정적 시각 등 많은 문제들은 우리나라가 국방R&D 강국이 되기 위한 선결과제들이다.

국방R&D에 있어서 무엇보다도 심각한 문제점은 R&D에 대한 이해 수준이 크게 개선되지 않고 있다는 것이다. 아직도 R&D라는 것을 공장을 건설해서 물건을 만드는 것으로 이해하고 있는 담당자들이 많다는 것을 부인하기 어렵다. 과거의 개발단계에서 우리나라는 우호적인 분위기에서 해외의 설비와 기술을 도입하여 공장을 건설하고 제품을 생산하였다. 해외 수출을 통해 경제력을 높이기도 하였다. 그러나 완제품 생산에 주력하면서 핵심부품의 개발은 등한시하였음을 부인하기 어렵다. 그동안의 경제발전이 성공한 듯하면서도 취약점을 가지는 이유이다. 그 원인은 창의적인 제품을 우리의 손으로 힘들여 만들지 않고 쉽게 남의 것을 모방하여 만들어 내는 비창의적인 습관이 온몸에 배었기 때문이다.

그동안의 방위력개선사업이 성공한 듯하면서도 그 기반이 그리 튼튼하지 않은 이유도 같은 맥락에서 이해해야 한다. 과연 최첨단 분야에서의 R&D나 국방R&D에서도 개발단계에서 성공했던 현상이 다시 벌어지게 할 수 있겠는가에 대한 성찰이 필요하다. "무기체계의 개발은 고속도로를 달리는 것이 아니라 정글을 맨몸으로 헤쳐 나가는 것이다"라는 인식을 갖지 않는다면 미래에 필요한 혁신적 무기체계의 개발은 요원할 가능성이 많다.

미래에의 도전 – 해볼 만하다!

우리나라의 국방R&D가 많은 문제점들을 가지고 있음에도 불구하고 몇 가지 조건이 충족될 수 있다면 그 미래는 매우 밝다. 국방R&D에서도 제4차 산업혁명이라는 새로운 패러다임이 나타나고 있고 우리나라에서의 국방R&D 변화[20]에 대한 인식이 높아지기 시작했기 때문이다.

제4차 산업혁명이라는 담론이 제기되면서 세계적으로 과학기술과 산업 그리고 사회 전반에 큰 변화의 물결이 나타나고 있다. 과학기술에 있어서는 ICT 분야의 DNA인 데이터, 네트워크, 알고리즘, 아키텍처가 전 산업분야의 DNA와 융합하면서 그 발전이 과거와는 전혀 다른 속도와 규모와 범위의 수준에서 진행되고 있다.

과학기술에서의 속도가 빨라지고 다양성이 전방위적으로 확대되면서 전장 양상 또한 획기적으로 변화하고 있다. 미래전에서는 전장공간의 확대, 전투수단의 다양성, 전투형태의 정보화가 이루어진다. 지상, 해양 및 공중 중심의 전통적 전장 공간 외에 사이버 및 우주라는 새로운 전장 영역이 추가된다. 전투수단으로서는 장거리 정밀타격과 무인무기체계의 중요성이 두드러지고 EMP(Electromagnetic Pulse, 전자기펄스), 레이저, 피아식별형 생화학무기 등 새로운 무기가 속속 도입된다. 모든 전투현장과 지휘체계는 네트워크로 연결되어 정보·상황을 공유할 수 있게 되어 보유한 전투능력을 보다 효율적·효과적으로 활용할 수 있어 실시간 상황, 전략목표에 부합하는 운영능력 중심의 전투가치가 이루어진다(황승구, 2017).[21]

북한과의 관계 변화 모색, 동북아지역에서의 지정학적 중요성의 재 대두 등은 우리나라의 군사력에 대한 입장을 변화시키고 있다. 이에 따라 과거 북한 위주의 주적 개념에서 벗어나 중국과 러시아 그리고 일본 등 한반도를 둘러싼 주변국으로까지 전장이 확대될 가능성이 높다. 뿐만 아니라 앞으로는 다극화된 안보 환경에서의 군사적 위협뿐만 아니라 비자발적이기는 하지만 국제테러조직이나 해적 등과 같은 국가이익을 위협하거나 국민의 생명을 위협하는 비군사적·초국가적 안보 위협까지 고려해야 할 가능성도

20 이러한 변화는 두 가지로 나타났다. 하나는 2017년부터 국가연구개발심의회 체제에 국방R&D가 포함되었으며(「방위사업법」 제30조 국방과학기술진흥에 관한 정책의 수립 및 집행), 또 다른 하나는 기획재정부 예산실 조직에 국방예산과 외에 방위력개선사업을 전담하는 조직으로 방위사업예산과가 설치되었다.

21 여기에서 운영 중심 전투란 정보수집 및 분석, 작전 수립, 실행의 순차적 과정을 전제로 하는 과거의 '계획 중심' 전투형태를 벗어나 실시간 전장데이터 수집, AI 기반분석 등을 활용해 유연한 전투를 수행하는 것을 의미한다.

전장공간 측면	전투수단 측면	전투형태 측면
사이버 공간의 활용	장거리 정밀 타격의 중요성 증대	네트워크 중심의 전투
우주 공간의 활용	무인체계의 활용도 증가	운영 중심의 전투
전장 공간의 광역화	신개념 무기체계의 활용도 증가	전략적 중심 타격 스마트 전투

출처: 황승구, 2017.

[그림 2-9] 제4차 산업혁명 시대의 전장 양상

배제할 수 없게 되고 있다.

우리나라는 지난 30년 동안의 경제발전 과정에서 철강, 조선, 기계 등 비교적 튼튼한 중공업 기반을 마련한 바 있다. 또한 지난 20년 동안 우리가 이룩한 전자 및 통신에서의 발전도 괄목할 수준에 있다. 이러한 두 가지의 기반은 향후 무기체계가 중후장대와 경(輕)·박(薄)·단(短)·소(小)의 양 방향으로 펼쳐질 것으로 예상되는 방위산업 기반의 구축에 상당히 큰 원동력이 되고 있다. 적어도 방위력개선을 위한 무기체계개발의 필요조건인 중공업과 ICT라는 두 날개를 모두 보유하고 있기 때문이다. 여기에 새롭게 전개되기 시작한 제4차 산업혁명의 헤게모니는 새로운 방식, 새로운 절차를 어느 국가가 먼저 도입하는가에 달려 있어 후발자로서의 핸디캡이 상당 부분 해소될 수 있게 한다.[22] 따라서 위에서 언급한 국방R&D의 문제점들을 개선하고 기술적으로 부족한 소재 및 소프트웨어의 기반과 전문가 인력을 확충하면서 파괴적 혁신(destructive innovation)을 위한 창의적인 연구개발 환경을 국방R&D 수행기관과 방산업체의 연구자들에게 조성해 준다면 우리나라 국방R&D의 미래는 밝다고 할 수 있다.

국방부와 방위사업청은 지난 2018년 9월 '국방산업진흥회의'를 개최하여 국방산업 구조에 대한 전반적인 정책방향을 설정하였다. 또한, 국방산업의 핵심은 국방R&D 혁신이며 우리나라 혁신성장의 원동력이라는 것을 천명하면서(국방부-방위사업청, 2018), 특

22 제4차 산업혁명은 미래에 대한 예측(prediction of the future)이 아니라 새로운 목표를 설정하고 성취하기 위한 행동(call to action)이라는 점에 주목할 필요가 있다. 그 행동은 보다 나은 경제·사회 발전을 위해 강력하지만 협력적이며 지속 가능하도록 과학기술을 개발하고 확산하고 관리하는 미래 전망이어야 한다. Schwab 인터넷 자료 참조.

히 제4차 산업혁명이 갖는 4가지 특징인 융합을 기반으로 초연결(hyper-connection)과 초지능(hyper-intelligence), 초혁신(hyper-innovation)을 통하여 전장공간은 물론 전투수단, 전투형태를 근본적으로 변화시키기 위한 국방R&D를 추진하기로 하였다. 2018년 시범사업을 시작으로 2019년 본격적인 사업으로 추진 중인 미래도전기술개발제도[23]는 대표적인 개방적·혁신적·도전적·파괴적 R&D로 꼽을 수 있다.

23 기존의 국방R&D는 「방위사업법」 제15조와 제18조에 의하여 무기체계 소요를 기반으로 수행한 반면, 미래도전기술개발 제도는 제4차 산업혁명 기반 신기술이 무기체계 소요를 선도할 수 있다는 취지에서 소요에 기반하지 않고도 국방R&D를 수행할 수 있도록 마련한 제도이다.

제 3 장

국방R&D정책의 형성

모듈 1. 국방R&D정책의 필요성

모듈 2. 국방R&D정책의 결정 요인

모듈 3. 국방R&D정책의 범위

모듈 4. 국방R&D정책의 구성과 체계

모듈 1 국방R&D정책의 필요성

국방R&D정책의 필요성과 그 의미

정책(public/government policy)이란 국가 또는 집단이 공공문제를 해결하고자 정부에 의해 결정, 실행되는 행동방침(일의 방향, 기조)을 의미한다. 정책은 법률·정책·사업 시행(투·융자를 포함)·출연금·보조금의 지급·정부방침·정책지침과 같이 여러 형태로 표현된다.[1] 정부가 정책을 구현하면서 사용 가능한 수단으로는 조직, 인력, 제도(법제 등), 재원 등이 있다.

시대와 장소를 불문하고 국가 안보의 일차적 책임자는 군이다. 군은 병력과 병력이 운용하는 무기체계를 통하여 국가 안보를 위한 활동을 한다. 국방 획득은 군대가 첨단 기술로 무장되도록 장비를 갖추어 주는 행위이다. 국방R&D는 해외 도입이 아닌 자체적으로 무기체계를 개발, 공급하는 특수한 목적을 지칭한다. 국방R&D(자체 개발, 자체 생산 능력을 포함)는 직접 구매와 해외 수출 승인 등 독점적 구매를 통해 방위산업과 관련 분야의 시장을 조성하는 정부의 요구조건을 충족시키는 역할을 한다. 시장 실패의 조정자로서가 아닌 시장 조성자로서 정부는 국방R&D정책을 형성하고 실행하는 유일의 개체이다.

방위사업청이 발행한 『방위사업개론』에는 국방R&D정책에 대한 정의를 명백하게 규정하고 있지는 않지만, 국방R&D정책이란 국가목표 달성을 위한 국가안보정책－국방정책－방위력개선의 상위정책 구현을 위한 지침으로서 분야별 하위정책이 구성되고 방위력개선을 위한 수단으로서 기능을 수행하는 것으로 추론할 수 있다. 국방R&D정책은

1 [네이버 지식백과] 정책 [政策, policy, Politik] (이종수, 행정학사전, 2009. 1. 15.)을 수정.

국가목표 달성을 위한 기술과 과학의 틀에 해당되는 국가안보전략의 하위 체계인 군사전략과 군사력 건설방향을 구현하고 상위정책인 국방정책의 정책목표 달성을 위해 마련되었으며, 독립된 정책이 아니라 국가안보와 연계되는 틀 속에서의 하위정책임을 명확히 하고 있다(방위사업청, 2008).

그러나 방위력 개선을 위한 연구개발과 무기체계개발의 방향, 크기, 내용 그리고 방식을 제공하는 역할을 하는 국방R&D정책이 국방정책의 중요한 하위요소임에도 불구하고 경우에 따라서는 국방R&D의 산출물에 의해 상위정책인 국방정책에 크게 영향을 주기도 한다. 원자폭탄, U2 고고도 정찰기, 핵잠수함, 스텔스 전폭기, 레이저 미사일 요격기 그리고 최근의 로봇, 드론 등이 기존의 전투 방식을 완전히 뒤집어 놓은 것들이다. 기술의 발전이 다양성과 속도성을 더해 가면서 과거에 상상 속에서만 존재하였던 새로운 무기체계가 출현함에 따라 국방정책 또한 새로운 방향으로의 전개가 가능해지고 있다. 즉 산업계에서 지배하던 기업전략과 R&D전략이 상하관계에서 상호관계로 변화한 것과 마찬가지로, 국방분야에서도 국방정책과 국방R&D정책의 관계가 기존의 엄격한 상하관계에서 상호관계가 상당부분 혼재하는 방향으로 진화하고 있다.

국방R&D에 정부 개입의 필요성

그러면 방위력개선사업의 일환인 국방R&D, 즉 핵심기술과 무기체계 개발에 왜 정부의 개입이 필요한가?

본질적으로 국방R&D정책은 아래와 같은 목표를 수행하기 위해 존재하고 있다.

1. 국가의 안보상황을 고려한 군사적 독립성의 확보
2. 전략적 군사 기술의 해외 이전 통제가 심화됨에 따른 자체 개발능력의 보유
3. 무기 공급국의 잠재적 적국에의 무기 공급을 통한 정치적 압력의 가능성에 대비
4. 특정한 전장 환경과 병력의 체형에 맞게 제작, 상호 운용성의 독립성 보장 등을 통하여 독자적인 군사작전체계의 수립

국방R&D에 대한 정부 개입의 필요성은 수요의 특수성에서도 찾아볼 수 있다.

첫째, 국방R&D의 개발 계획과 최종 산출물인 무기체계의 구매자는 정부라고 하는 독점적 수요자이다.

둘째, 무기체계는 극한 상황에서의 운용이 가능하도록 설계되고 개발되기 때문에 이 정도 성능 수준의 제품에 대한 수요는 민간부문에 거의 존재하지 않는다. 대부분 '비용+α'의 계약 조건 하에서 방산기업이 정부와의 계약에 의해 개발, 생산되기 때문에 가격 민감성이 매우 낮고 비용－효과 분석의 의미가 그리 크지 않다.

셋째, 소량 다품종의 성격을 가지기 때문에 해외 수출이 어려울 경우 수요가 제한적이다.

넷째, 통상 20년 이상 장기간 운용에 필요한 정비(창 정비를 포함) 및 보급지원체계도 함께 구축이 필요하여 대규모의 투자가 필요한 경우가 많다. 따라서 대부분의 국가에서 정부가 100% 운용하거나 정부가 주도하고 방산기업이 지원하는 형태의 협업체제가 이루어지면서 국방R&D가 이루어지고 있다는 점에서 국방R&D정책은 꼭 필요한 정부의 업무이다.

<표 3－1>은 국방 선진국인 미국과 이스라엘에서의 국방R&D 동향을 보여 주고 있다. 표에서 알 수 있듯이, 무기체계개발이 기술개발부터 시험평가에 이르기까지 정부

〈표 3-1〉 주요국 국방R&D의 민간투자 동향

• 해외 주요국들은 체계개발을 업체 주도로 수행 중

〈국방R&D 연구개발 수행 주체 비교〉

구 분	미 국	이스라엘	한 국
기술개발 (S&T)	정부주도	업체주도	정부주도
체계개발 (R&D)	업체주도	업체주도	정부주도
시험평가 (T&E)	정부주도	정부주도	정부주도

• 미국은 IR&D 정책을 통해 업체의 연구개발 수행을 유도: DOD로부터 연구개발비를 지원받지만 통제를 받지 않고 업체 자체적으로 수행되는 R&D(연구개발 → 획득사업 참여 → 연구개발 품목 납품 → 경비회수)

• 이스라엘 정부는 성공률 25% 미만의 사업에만 예산 투자. 성공률이 25% 이상일 경우 방산업체가 주도하여 추가 개발을 통해 사업화를 유도

출처: 장원준 외, 2016: pp.124~125 및 pp.174~175.

주도로 이루어지고 있는 우리나라와 달리, 이스라엘은 거의 전 과정이 업체 주도로 이루어지고 있다. 미국의 경우는 체계개발은 업체 주도, 기술개발과 시험평가는 정부 주도로 추진하고 있다.

모듈 2 국방R&D정책의 결정 요인

▌국방R&D정책의 결정 요인

과거의 「국방획득관리규정」이나 현재의 「방위사업관리규정」에서는 무기체계 획득상의 고려사항으로 일차적으로는 군사전략적, 경제적, 기술적 판단을 그리고 이차적으로는 최적의 성능, 최소의 비용, 최적의 일정으로 제시하고 있다.

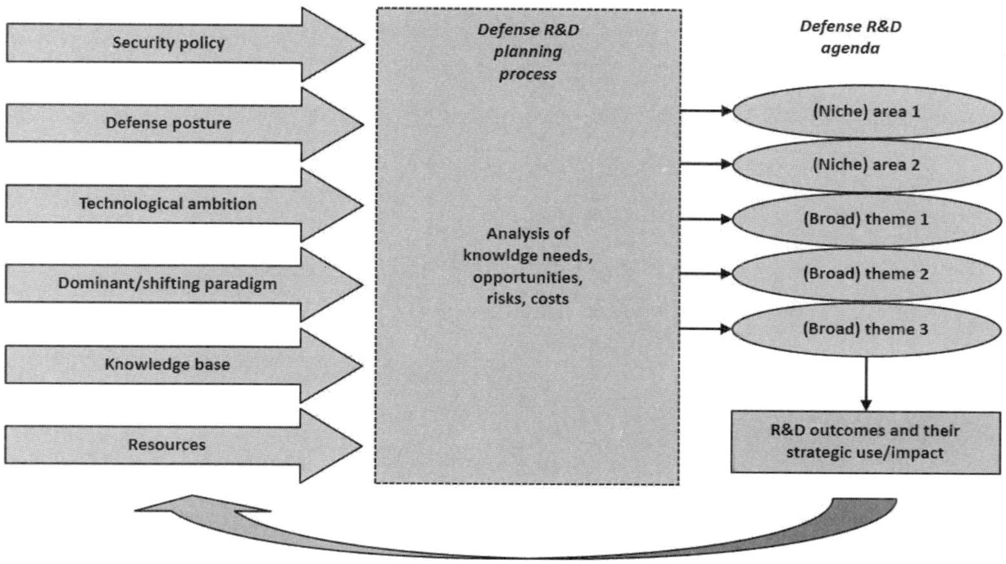

출처: Jermalavičius, 2009: p.20.

[그림 3-1] 국방R&D정책 형성의 결정 요인

일반적으로 국가안보정책의 내용, 군사적 입장(posture), 기술적 측면에서의 군사적 성취 야망, 군사력의 패러다임 변화, 과학기술적·산업적 기반의 수준, 동원 가능한 재원의 정도 등은 국방정책과 국방R&D정책의 형성과정에 영향을 미친다. 이 외에도 국방R&D정책의 형성과정에는 필요 기술과 지식의 내용, 개발 기회의 가능성, 실패의 위험도, 소요 비용 등을 분석·검토하는 절차가 포함되어 있다.

국방R&D정책의 최종적인 산물은 국방R&D의 대상과 재원의 배분이다. 특정한 무기체계의 개발 또는 이를 뒷받침하는 첨단 핵심기술(SW를 포함)이 그 구체적인 내용이 된다. 정책이 형성된 후에는 다양한 형태와 종류의 무기체계와 핵심기술의 개발이 추진되는데, 무기체계와 핵심기술의 개발을 원활하게 하기 위한 제반 절차와 규정도 국방R&D정책의 중요한 내용이 된다.

국방R&D의 국가R&D 및 기업R&D와의 연계 및 협력 필요성

국방R&D와 국가R&D 및 기업R&D(해외 협력 포함)의 연계와 협력의 중요성이 부각되고 있다. 국방R&D와 관련한 절차와 규정은 연계와 협력에 상당한 영향을 미친다. 예를 들면 군에 의한 무기체계 소요 결정구조, 연구개발에 계약 방식 적용, 지식재산권의 국가 단독소유 구조 등이 연계와 협력에 영향을 미친다. 이에 따라 최근 연계와 협력에 걸림돌이 되고 있는 소요결정, 약정방식의 전환, 지식재산권 등 국방R&D정책의 일부가 친 국방R&D적 방향으로 수정이 모색되고 있다.

과학기술의 급속한 발전, 국제정치적 측면에서의 첨단과학기술의 중요성 점증, 경제사회적 측면에서의 제4차 산업혁명 태동 등 과학기술과 관련한 새로운 패러다임의 탄생이 이루어지고 있는 상황 하에서, 기업R&D 및 국가R&D 간의 연계 가능성과 외부효과를 고려한다면, 국방R&D의 국가R&D 시스템에서의 위치와 역할은 매우 중요한 의미를 갖는다. 국방R&D와 국가R&D 그리고 기업R&D의 연계와 협력이 부각된 이유는 두 가지로 나누어진다.

첫째, 국방R&D가 가지고 있는 인적, 물적 자원 동원의 제한성(resource affordability)이다. 정부가 가지는 자원의 제한성은 종종 무기체계개발에 있어서 성능 수준의 향상과 개발 기간의 단축을 어렵게 한다. 미국의 경우 이미 1990년대 초부터 군비 축소에 따라

'JSF 프로그램'[2]과 민군겸용기술개발사업을 추진한 바 있다.

둘째, 국방R&D는 곧 무기체계와 핵심기술의 첨단화를 지향하는 것인데 국방R&D 수행기관들이 몇몇 특정 분야에서 민간 부문에 비해 과학기술력[3] 수준이 낮게 평가되기 때문이다. 지난 1980년대 중반 이후 대학과 기업 R&D의 급속한 양적, 질적 팽창에 과학적, 기술적 개발 능력의 격차가 특히 전자, 정보 및 소재 분야에서 두드러지게 나타나기 시작하였다. 중동전을 제외하고는 전면적인 대전이 발생하지 않았기 때문에 기존에 과학기술의 발전을 이끌었던 국방부문에서 선도적인 위치와 혁신적인 역할의 필요성이 낮아졌기 때문이다.

국방R&D와 국가R&D 그리고 기업R&D의 연계와 협력이 매우 중요한 것임에도 불구하고 우리나라의 경우 보안상의 이유를 강조해 오면서 국방R&D－국가R&D 간의 연계와 협력은 일천한 수준에 머무르고 있다. 특히 국방R&D－기업R&D 간의 연계와 협력은 기업이 대부분의 경우 용역업체 혹은 하청업체라는 한계를 가지면서 '갑과 을'의 관계에서 이루어지고 있다.

최근 국방개혁 및 국방R&D 개혁이 추진되면서 적어도 국방R&D－국가R&D 간의 연계와 협력 가능성은 상당히 커지고 있다. 그럼에도 불구하고 국방R&D－기업R&D 간의 연계와 협력은 기업에게 자체적으로 무기체계개발이 가능하도록 하는 정부 조치가 이루어지지 않을 경우 그 가능성은 크지 않다고 하겠다.

---

2 JSF는 해군, 공군, 해병대 및 서방 동맹국이 함께 사용할 수 있는 차세대 전투기를 개발, 생산하기 위한 국제협력기술개발사업이다. F－35A, F－35B, F－35C가 그 결과물이다.

3 클린턴 정부는 예산 범위 내에서 신기술전략을 개발하여 국가 및 경제안보에 영향을 미치는 주요 변화에 효과적으로 대처할 것을 국방부에 제안하였다. 민군겸용기술전략은 윌리암 페리 국방장관과 존 더치 국방차관에 의해 수립되었는데, 3가지 원칙을 바탕으로 하고 있다. (1) 민간기술기반의 핵심요소들의 군사적 활용 촉진, (2) 군수용 기술의 산업계 이전 촉진과 군수용 생산기반과 상업적 생산기반의 통합 지원, (3) 기존 군사시스템과 상용기술의 접목에 대한 촉진. 자세한 내용은 양희승·김진(1997), pp.116~125 참고.

〈표 3-2〉 국방R&D와 국가R&D 간 연계·협력 사례

사업명	참여부처	사업규모	활용분야
무인 수상정(USV) 기술개발	해양수산부(200.0억 원) 방위사업청(201.0억 원)	401.0억 원 (2011～19)	민) 자율운항관제 및 선박 충돌회피 군) 임무모듈형 플렛폼 설계 및 원격 통제
착용형 상하지 근력증강로봇 기술개발	방위사업청(200.0억 원) 소방방재청(24.6억 원)	224.6억 원 (2015～20)	민) 근력지원, 소방·구조 군) 중량물 취급부대
다매체 다중경로 적응적 네트워크 기술개발	과기정통부(112.5억 원) 방위사업청(68.6억 원)	181.1억 원 (2017～20)	민) 통신사업망 고도화 군) 전략통신 및 M－IoT망 고도화 및 최적화
연직바람 관측장비 융합기술개발	기상청(51.0억 원) 방위사업청(10.0억 원)	61.0억 원 (2017～21)	민) 공항난류 측정, 실시간 고층바람 감시 군) 전투기 이·착륙 관측
인장강도 6.4GPa 탄성계수 259GPa급 탄소섬유 개발	산업자원부(98.0억 원) 방위사업청(2.5억 원)	100.5억 원 (2017~22)	민) 항공기 및 인공위성 군) 유도무기, 전투기 등 초경량 고강도 구조체
무인항공기용 완제 터보팬 엔진 개발	방위사업청(645.0억 원) 산업자원부(371.0억 원)	1,016억 원 (2019~24)	민) 경량 초내열 합금소재 군) 터보팬 엔진 시제 개발 및 시험평가
공중 네트워크 구축을 위한 다중빔 안테나 소요기술 개발	방위사업청(150.0억 원) 과기정통부(95.0억 원)	245.0억 원 (2019~22)	민) 빔포밍 RF칩 핵심부품 군) 다중빔 안테나 기술

출처: 과학기술정보통신부·산업통상자원부·방위사업청, 2018년 민·군 부처연계협력기술개발 현황 공동 보도자료, 2018. 7. 11.

모듈 3 국방R&D정책의 범위

국방R&D정책의 담론

국방R&D정책이 다루어야 할 내용들은 아래와 같은 국방R&D정책의 담론과 직·간접으로 연관이 되는 내용들이 포함된다.

- 우리나라가 국방R&D(활동)를 수행해야 하는가? 그 이유는 무엇인가? 국방R&D의 국가안보 정책과 관리에서의 역할은 무엇인가? 차세대 군단급 무인기 시제기 1대가 시험비행 도중 추락한데 대하여 감사원이 해외 구매를 권고한 것이나, ADD 연구원 배상의 사례 등은 이 문제에 대한 국가적 합의를 요구하고 있다.
- 국방R&D 기능의 성격과 범위는 무엇이 되어야 할 것인가? 어떠한 종류의 국방R&D 활동이 얼마만큼 추구되어야 할 것인가? 제1장 4절에서 논의한 바 있는 통합기술관리 시스템의 각 요소들이 철저하게 작동되고 있는가에 대한 검토가 이루어져야 한다. 구체적으로는 미래 국방력의 향상을 위한 기본 구상과 이를 실천하기 위한 무기체계의 구성 및 규모 등을 포함하는 비전과 전략, 기술기능에서의 기술 기획, 조직, 자원 및 관리 시스템의 최적화를 포함한다.
- 기술 혁신의 일반적 틀과 국방R&D의 틀 안에서 국방R&D의 기능들이 어떻게 관리되어야 할 것인가 등이다. 제5장 3절에서 논의될 파괴적 개발을 위한 핵심기술개발의 필요성과 그러한 조직, 환경의 조성에 관한 정책 변화를 위함이다.

앞의 제2절에서 국방R&D정책의 최종적인 산물은 국방R&D의 대상과 재원의 배분이며, 특정한 무기체계의 개발 또는 이를 뒷받침하는 첨단 핵심기술(SW를 포함)이 구체적으로 제시되어야 한다고 기술한 바 있다. 그러면 구체적으로 무기체계개발과 관련한

주요 이슈는 무엇일까? 일반적으로 무기체계개발사업의 수행방안을 수립할 때 고려해야 할 내용은,

- 지정학적, 국제정치적 도전과 야망
- 재원의 가용 정도
- 핵심기술 및 체계의 확보 시급성
- 핵심기술의 TRL 정도
- 국가안보에 견주어 본 핵심기술의 중요성과 취약성
- 현존 체계의 기술적 성숙 정도
- 자체 개발에 따라 가질 수 있는 핵심기술의 잠재적 가치
- 핵심기술과 무기체계의 복잡성
- 개발 및 추가적 개량 가능성 등 이다.

또한, 자체 개발을 추진하기 위해서는 과학기술적 능력과 기반이 필요한데, 이 경우 필요한 능력은,

- 기술 인지 능력: R&D 투자의 기회를 파악할 수 있는 효과적인 기술 탐색의 수단
- 흡수 능력: 효과적으로 기술 학습이 가능하도록 하는 기관, 인센티브 및 절차
- 실행 능력: 지식 형성과 소통을 촉진하는 신뢰할 수 있는 업무 처리 능력
- 기술관리 능력: 체계개발주기 상의 다양한 단계에서의 리스크를 파악하고 조정할 수 있는 능력 등이다.

여기에 더하여, 자체 개발을 통한 기술의 획득 시 고려할 요인들은,

- 무기체계의 범위
- 방산업계의 인적, 기술적 능력과 기반 정도
- 예산 수준
- 프로젝트의 기술적, 경제적 타당성
- 실패에 따른 정치적 리스크
- 잠재적 이해관계자와의 기술적·소통상의 능력 등이 포함된다.

▌국방R&D정책의 범위

[그림 3-2a]와 [그림 3-2b]는 국방R&D정책의 내용을 설정하는 데 많은 도움을 준다. 즉, [그림 3-2a]는 국가R&D의 내용을 정책 기획-연구사업 기획-연구평가로 나누고 있다. 국방R&D의 경우, 연구평가는 전력화에 있기 때문에 별도의 연구평가가 사후적으로 이루어지는 것이 아니라 개발과정에서 시험평가의 형태로 이루어진다. 따라서 국방R&D정책의 내용은 정책기획과 연구사업 기획의 영역이며 그 하위요소들이 구체적으로 실행되어야 하는 내용이 된다. [그림 3-2b]는 국방R&D정책 형성의 최종 산물을 표시한다.

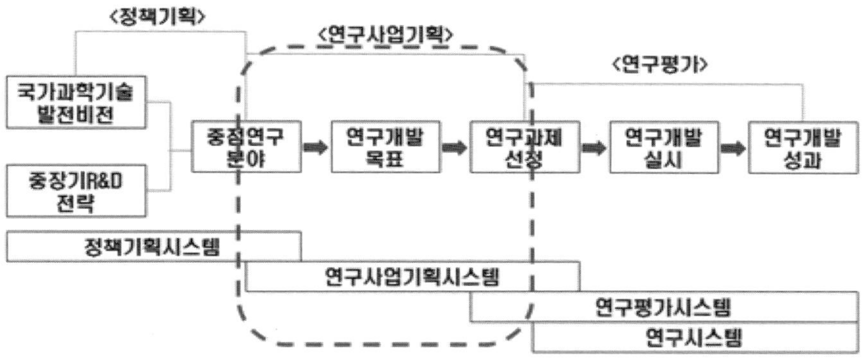

출처: 김갑수, 2002: p.12.

[그림 3-2a] 국가R&D정책 형성 절차

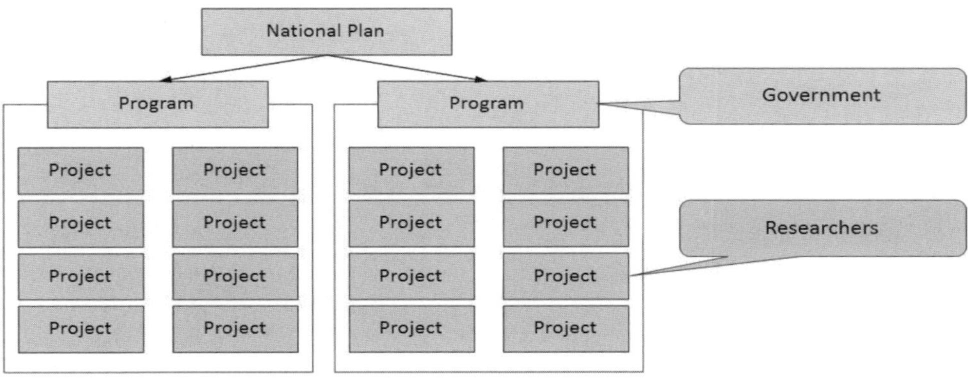

[그림 3-2b] 국가R&D정책 형성의 산출물

[그림 3-3]은 정부 지원에 의한 R&D 사업이 정책과 사업 그리고 과제의 수준에서 어떻게 진행되고 있는지를 요약해서 보여 준다. 그림을 통하여 R&D정책이 다루는 범위가 일차적으로 국가계획(중장기계획 포함)을 작성하고 이를 달성하기 위한 예산투자 방향의 결정과 예산의 배정, 개발 결과에 대한 성과 평가와 개발 결과의 경제적 활용을 위한 것들이 포함되는 것을 알 수 있다. 또한 R&D 사업과 그를 구성하는 R&D 과제들이 순조롭게 진행되어 목표한 바를 달성할 수 있도록 R&D 수행과정의 효율화를 위한 각종 제도와 규정의 정립, 지원 시스템의 구축 등이 2차적인 범위가 된다.

[그림 3-3]을 바탕으로 국방R&D정책의 범위를 살펴보면, 먼저 정부는 우리나라의 군사력을 적정수준으로 유지 및 발전하는 데 필요한 방위력의 수준과 방향을 정립한다. 다음은 이를 충족하기 위한 무기체계를 개발, 생산하기 위하여 국방부 및 방위사업청, 합동참모본부를 중심으로 방위력개선사업을 통하여 실행에 필요한 행동방침(일의 방향, 기조)을 제시한다. 이러한 행동방침에는 국방S&T 및 무기체계개발사업의 선정-실행-양산-전력화의 전 과정에 대한 기본 규정을 포함한다고 할 수 있다. 또한 국방R&D 활동 전반에 걸쳐 방위산업과 관련한 국방과학기술 중 국가안보 등을 위하여 보호되어야 하는 기술에 대해서는 보호 조치가 포함된다.

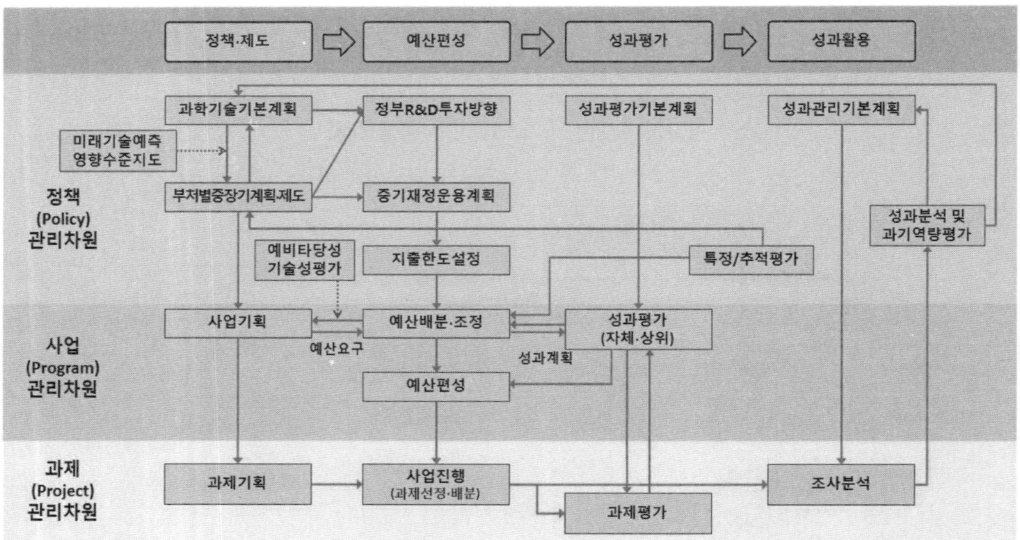

출처: 한국과학기술기획평가원 발표자료.

[그림 3-3] 국가R&D 사업 추진 흐름도

구체적으로는, 국방기본정책서와 국방정보판단서를 기반으로 우리나라를 둘러싸고 있는 작전 환경에 대한 예측과 합동군사전략목표기획서를 통한 적정 수준의 군사력 확충을 위한 중·장기기획을 수행한다. 이를 참조하여 ① 무기체계 개발목표를 포함하는 국방R&D 기본계획의 작성과 획득해야 하는 핵심기술의 파악(주로 「방위사업법」 제30조에 근거한 국방과학기술진흥정책서를 통해 나타난다), ② 개발되어야 하는 무기체계사업의 결정(주로 「방위사업법」 제9조에 의한 방위사업추진위원회를 통해 나타난다), ③ 국방R&D 기본계획에 따른 매년도 국방R&D 실행계획의 수립 및 실천(주로 국방과학기술진흥실행계획을 통해서 나타난다), ④ 핵심적으로 개발해야 하는 기술의 획득 계획의 작성(주로 핵심기술기획서를 통해 나타난다), ⑤ 방위력 개선을 위한 R&D 사업의 구체적인 사업 선정과 사업 수행 상의 일반적인 사항의 규정(주로 「방위사업법」과 「방위사업관리규정」을 통해 나타난다), ⑥ R&D 사업의 수행과정에서 관리자, 개발자, 생산자가 준수해야 하는 절차와 규범의 제정(주로 「방위사업관리규정」과 「국방전력발전업무훈령」을 통해 나타난다) 등을 포함하고 있다. 여기에는 창조성과 협동성을 해치지 않는 범위 내에서 기술보호에 대한 가이드라인(주로 「방위산업기술보호법」과 「방위산업기술보호지침」을 통해 나타난다)이 포함된다.

국방R&D정책의 구체적 내용

국방R&D정책에 포함되어야 하는 구체적인 내용은 첫째, 전장 환경의 변화 내용, 변화의 동인, 변화에 따른 역학 관계에 대한 파악이다. 이러한 내용은 주로 청와대 국가안보실, 국가정보원, 국방부(정보기관 포함), 합동참모본부, 각 군 본부에서 담당할 기능이다. 그 결과는 주로 국방정보판단서 및 국방기본정책서, 국방개혁기본계획에 나타난다.

둘째, 미래 군사전략과 중·장기 군사력 건설 방향 및 소요의 수립이다. 주로 국방부(정보기관 포함)와 합동참모본부, 각 군 본부가 협력하는 가운데 작성되며, 구체적으로는 주로 국방기획지침과 합동군사전략서, 합동군사전략목표기획서에 반영된다.

앞의 2가지 사항은 국방R&D 기능과 간접적인 연계를 가진다.

셋째, 국방R&D를 기획하고 관리 및 수행할 기관의 설립이다. 방위사업청, ADD, 국방기술품질원 등의 기능과 업무를 구체화하는 것이다. 이미 방위사업청, ADD, 국방기술품질원 등은 설립되어 있다. 이들 기관들이 제대로 기능을 발휘하게 하기 위한 제반 제도와 규정을 환경변화에 따라 지속적으로 향상시키고 첨단화하는 일이 필요하다.

넷째, 위 기관들에서 필요로 하는 적재적소의 전문인력을 보유하고 지속적으로 그들의 개발능력을 계발하고 향상시키는 것이다.

다섯째, ADD와 같은 연구개발기관이나 개발된 기술, 시제품, 각종 시험·입증·평가에 필요한 시설과 장비 등 국방R&D 기반을 체계적으로 구축하고 지속적으로 향상시키는 것이다.

여섯째, 국방R&D의 기획－연구개발－시험평가－양산 준비에 이르는 전체 과정을 아우르는 관리 시스템을 구축하는 것이다.

일곱째, 개발되어야 하는 무기체계의 선정, 보유하고 있는 무기체계에 대한 성능 평가와 성능개량, 개발되어야 하는 핵심기술의 파악 등에 관한 기술 기획을 구조화하는 것이다.

여덟째, 선정된 무기체계의 개발, 성능 향상 사업을 수행하는 것이다.

앞의 6가지 사항은 국방R&D 기능의 주요한 요소들이다.

아홉째, 위에서 언급한 국방R&D 기능을 수행하는 데 소요되는 예산을 확보하는 것이다. 중장기 재정계획을 세우고 각 연도에 필요한 예산을 작성하여 예산부처(기획재정부 예산실)와 국가과학기술자문회의 검토를 거친다.

앞의 7가지 사항은 방위사업청을 중심으로 소요군, 합동참모본부, 국방부, ADD, 국방기술품질원 등이 참여한다.

다양한 기관들이 다양한 활동을 다년도에 걸쳐 수행하는 과정에서 중요한 점은 통합기술관리 시스템의 구축과 효과적인 운용이다.

그럼에도 불구하고 통합기술관리 시스템의 도입에는 두 가지 큰 걸림돌이 있다. 첫째는, 우리나라의 경우 정책 형성(doing the right thing)보다는 실행(doing the thing right)에 주안점을 두고 있다는 점이다. 국방R&D정책 형성의 최종 산출물이 개발되어야 할 무기체계 및 핵심기술의 선정과 이에 필요한 예산과 인력의 확보임에도 불구하고 각 군 또는 각 부대 차원이 아닌 국가안보 관점의 합동군사전략 구현 차원에서 이루어지고 있는가에 대한 면밀한 검토가 충분히 이루어지지 않고 있다. 둘째는, 무기체계 및 핵심기술의 개발 기회부터 실행에 이르기까지의 전 과정에서 정부측 담당자의 빈번한 교체가 이루어지고 있어 통합기술관리가 기획과 실행 과정에서 실효를 가져오기 어렵다는 점이다. 인력 운영방식을 개편하기가 매우 어렵다는 사실을 고려해 볼 때, 빈번한 담당자 교체가 가져오는 문제점을 보완·상쇄할 수 있는 통합기술관리 시스템을 도입하려는 노력이 필요하다. 또한, 통합기술관리 전문가의 양성이 지속적으로 이루어져야 할 것이다.

모듈 4 국방R&D정책의 구성과 체계

[그림 3-4]는 기획문서로 총칭되는 국방과학기술진흥정책서, 국방과학기술진흥실행계획 등 국방R&D와 관련한 정책들과 국방 관련 정책들과의 연관 관계를 보여 주고 있다. 이를 살펴보면 국방R&D의 기본계획인 국방과학기술진흥정책서는 국방기본정책서에 기반을 두고 있으며 「과학기술기본법」에 근거한 과학기술기본계획과 국방개혁기

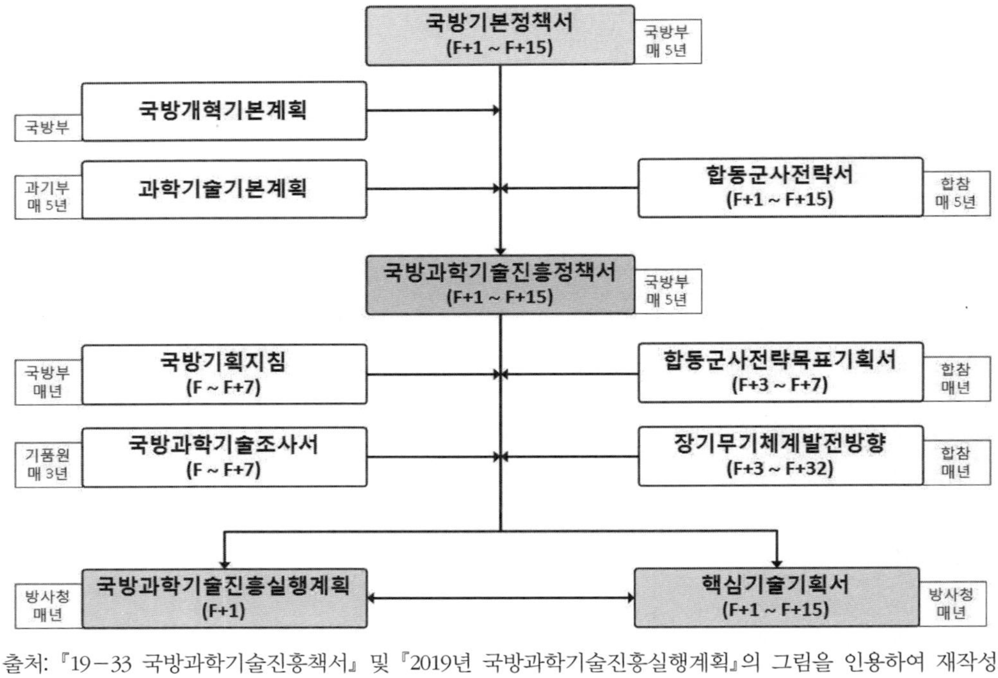

출처: 『19-33 국방과학기술진흥책서』 및 『2019년 국방과학기술진흥실행계획』의 그림을 인용하여 재작성.

[그림 3-4] 국방R&D정책과 관련한 문서 간의 위치와 관계

본계획을 참조하고 있다. 국방R&D의 실행계획인 국방과학기술진흥실행계획과 핵심기술기획서는 국방부가 작성하는 국방과학기술진흥정책서와 합동참모본부가 작성하는 합동군사전략목표기획서에 기반을 두고 작성되고 있는 것을 알 수 있다.

국방기본정책서

국방부(정책기획관)에서 작성하며, 대통령의 안보전략 및 국방지침을 반영하여 국방정책과 기획, 계획의 기본 방향을 제시하는 국방기획관리체계상 최상위 문서이다.

국방기본정책서는 국가안보전략지침과 국방정보판단서를 기초로 F+1~F+15년을 대상으로 하지만 대통령 임기 5년을 주기로 작성한다. 군 통수권자인 대통령의 임기 동

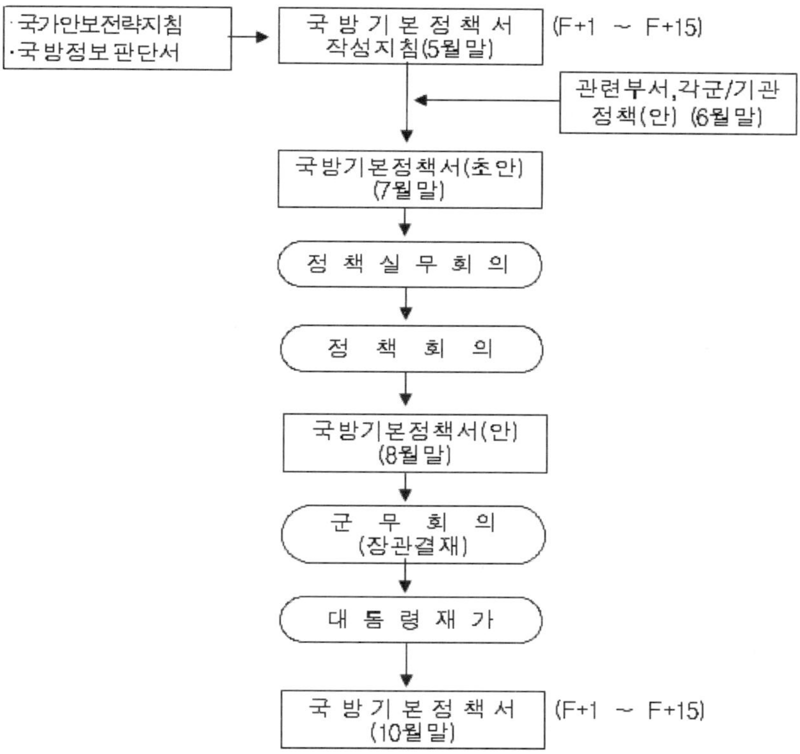

출처 : 국방부 「국방기획관리기본훈령」 제9조 제2호.

[그림 3-5] 국방기본정책서 작성 절차

안 모든 국방계획과 집행에 대한 기본지침을 제공하기 위함이다.

국방기본정책서의 주요 내용은, 향후 15년 동안 전개될 안보환경과 국방여건에 대한 평가를 기초로 북한을 포함하는 적대국의 현존하는 위협과 미래의 불확실한 안보환경에 동시에 대비하면서 국방정책 기조, 한미동맹 및 대외군사협력, 군 구조 및 부대편성, 방위력개선, 국방정보화, 국방인력 정예화, 국방운영체계 합리화, 국방재원, 법령정비 등 국방의 전 분야에 대한 지침을 포함한다.

▌국방개혁기본계획

국방부(국방개혁실)는 대통령 임기 5년 단위의 국방개혁추진계획을 수립·시행하되, 매 5년의 중간 및 기간 만료시점에 한미동맹 발전, 남북군사관계 변화추이 등 국내외

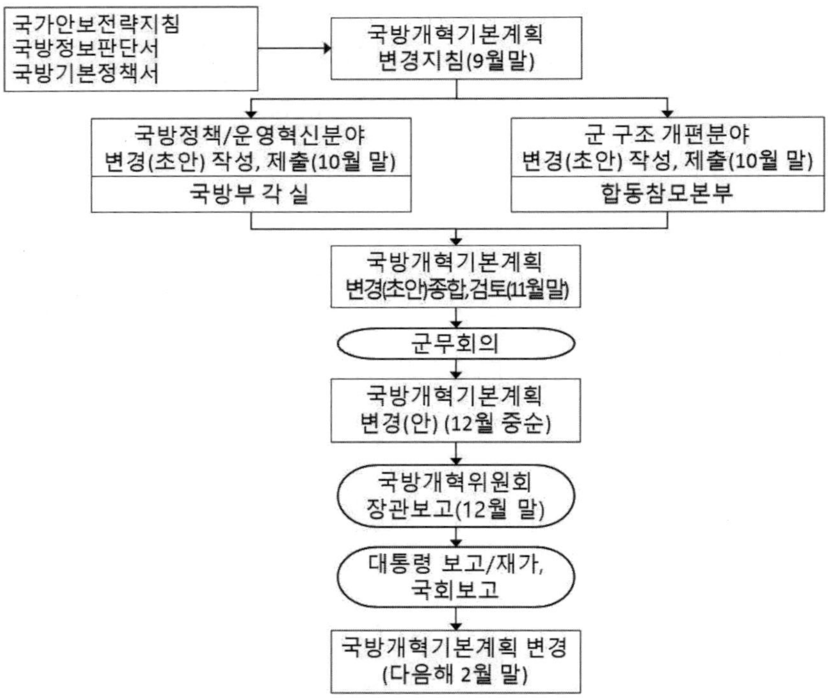

출처: 국방부「국방기획관리기본훈령」 제9조 제3호.

[그림 3-6] 국방개혁기본계획 작성 절차

안보정세 및 국방개혁 추진 실적을 분석·평가하여 그 결과를 국방개혁기본계획에 반영한다. 국방개혁기본계획에는 국방운영체제의 혁신, 군구조 개편 및 병영문화의 개선 등에 관한 내용을 포함한다.

▍합동군사전략서(JMS)

합동참모본부(전략기획본부)는 매 5년 주기로 국가안보전략지침, 국방정보판단서, 국방기본정책서 및 국방개혁기본계획 등을 기초로 F+1~F+15년 기간 동안의 군사전략 목표 및 개념, 군사력 건설방향 등이 제시된 합동군사전략서를 작성한다.

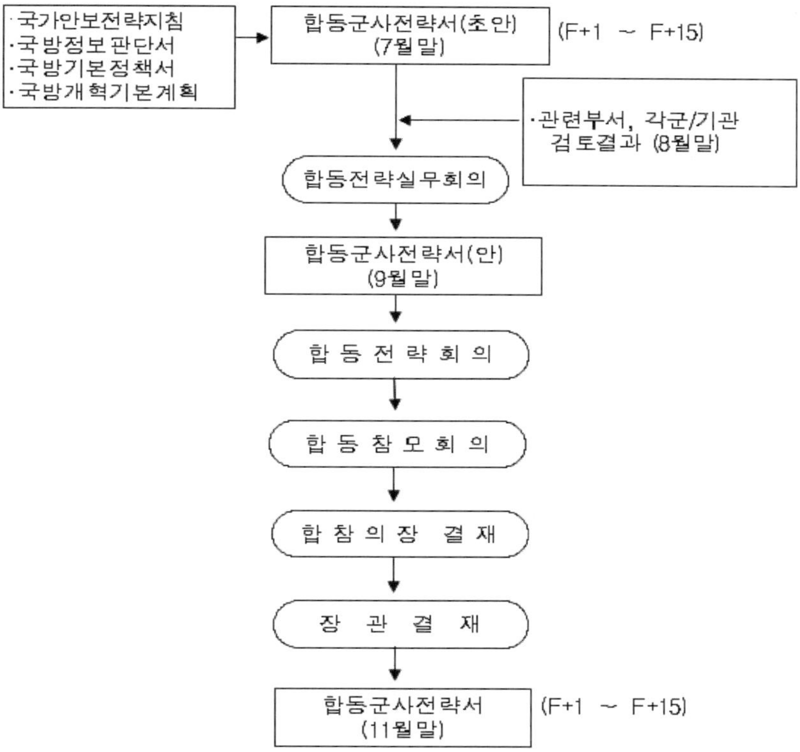

출처 : 국방부 「국방기획관리기본훈령」 제9조 제4호.

[그림 3-7] 합동군사전략서 작성 절차

국가 및 국방목표 달성을 위한 군사전략 목표, 군사전략 개념 및 군사력 건설방향이 제시된 문서로서 합동군사전략목표기획서, 국방기획지침 작성에 지침을 제공한다.

합동군사전략목표기획서(JSOP)

합동군사전략목표기획서는 합동참모본부(전략기획본부)에서 작성하며, 중·장기 군사력 건설 소요 및 전력증강의 우선순위를 제시한다. 국방R&D 계획 및 국방 중기계획 수립에 필요한 근거를 제공한다. 국방목표 달성과 군사전략 수행을 위한 중장기 군사력 건설 소요, 부대 기획 소요 및 전력증강 우선순위를 제시한다.

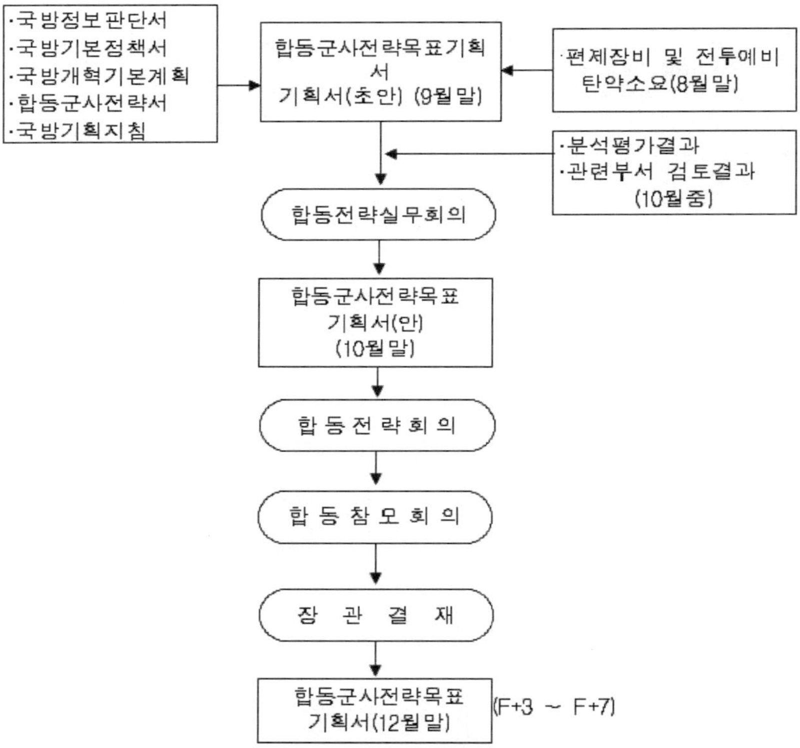

출처 : 국방부「국방기획관리기본훈령」제9조 제6호.

[그림 3-8] 합동군사전략목표기획서 작성 절차

합동군사전략목표기획서는 합동참모회의 심의·의결 후 국방부 장관 결재를 받아 발간되는데, 국방정보판단서, 국방기본정책서, 합동군사전략서, 합동전장 운영 개념 등을 기초로 중기(F+3~F+7년)와 장기(F+8~F+17년)로 구분하여 작성되는 기획문서이다. 장기의 경우 전·후기로 구분하여 작성된다.

국방중기계획서 및 국방과학기술진흥실행계획 작성의 근거를 제공하는 합동군사전략목표기획서는 국내외 전략 환경 평가, 중장기 군사력 건설 방향, 군사력 건설 소요 및 전력화 우선순위, 기 전력화 장비의 도태계획을 포함하고 있다. 합동군사전략목표기획서의 별책으로 매년 12월 말까지 기 결정된 중장기 전력 소요를 수록한 합동무기체계기획서가 발간된다.

국방과학기술진흥정책서

국방과학기술진흥정책서는 「방위사업법」 제30조에 따라 국방부가 국방과학기술 진흥에 관한 중·장기 정책을 수립한 법정 문서이다. 국가안보전략지침과 국방기본정책서에서 명시된 내용에 따라 과학기술기본계획에 기초를 두고, 합동군사전략서 및 합동군사전략목표기획서를 참고하여 작성되는 정책문서이기도 하다. 국방과학기술진흥실행계획 및 핵심기술기획서 작성을 위한 지침을 제공한다. 미래 국방혁신에 필요한 국방과학기술 발전과 국가과학기술과의 상호 유기적 보완·발전을 위한 국방부 장관의 정책 추진 방침을 제시하기 때문에 대통령령이 정하는 사항에 대하여는 「과학기술기본법」 제9조의 규정에 의한 국가과학기술자문위원회(심의회의) 심의를 거친다.

국방과학기술진흥정책서에 중점적으로 포함되는 내용은, 대내·외 안보위협, 국방개혁 및 전시작전통제권 전환 등 군사혁신 요구와 관련하여 국방과학기술 정책의 추진 방향과 전략을 설정하는 것과 방위사업개혁 차원에서 추진 중인 국방R&D체계의 개편, 4차 산업혁명 등 기술·사회적 변화에 능동적으로 대응하는 국방과학기술정책을 수립하는 것이다. 물론 이 과정에서 무기체계 분야별 국방과학기술 발전추세와 국방과학기술 전략 아이템의 세부적인 내용이 검토되기도 한다.

국방과학기술진흥정책서 작성에 영향을 주는 국방부 및 합동참모본부의 정책문서의 내용과 작성 절차는 [그림 3-9]에 제시되어 있다.

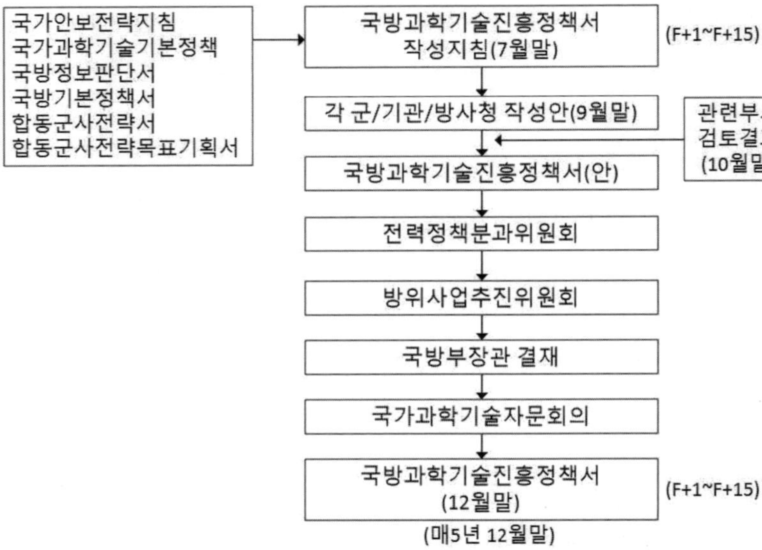

[그림 3-9] 국방과학기술진흥정책서 작성 절차

▌국방과학기술진흥실행계획

방위사업청은「방위사업법」제30조 및 동법 시행령 제34조에 따라, 위의 국방과학기술진흥정책서에서 제시된 국방과학기술 진흥정책 구현을 위해 국방과학기술진흥실행계획(전년도의 추진 실적과 당해년도의 시행 계획)을 매년 수립하고 시행한다.[4]

국방과학기술진흥실행계획의 역할은 중장기 무기체계 소요와 미래 무기체계 발전

---

4 국방과학기술진흥실행계획의 내실화 및 문서의 실효성 강화를 위해 작성체계를 2016년 3월 개편하였다. 즉, 작성 대상기간을 15년에서 1년으로 축소하고, 정책적인 부분에 집중하기 위해 기술로드맵 및 핵심기술기획서를 실행계획으로부터 분리하였다. 또한 매년 초 별도로 작성하던 '핵심기술기획 추진계획'은 실행계획 내용에 포함하였다.

<변경 전>

[본문] 실행계획	정책추진 계획 및 연구개발로드맵 (F+1−15년)
[부록] 핵심기술기획서	핵심기술 과제카드

(3급 비밀)

<변경 후>

실행계획	F년도 정책추진 성과 F+1년도 정책추진 계획

(일반본)

기획서	연구개발 로드맵 및 핵심기술 과제카드 (F+1~15년)

(3급 비밀)

추세를 고려하여 무기체계 연구개발 로드맵을 수립하고, 무기체계별 소요 기술 분석 및 확보방안을 제시함과 동시에 국방과학기술진흥 기반 조성을 위한 발전방향을 제시하는 것이다. 구체적으로는, 국방과학기술의 확보계획 및 개발방안, 국방과학기술에 관한 정책의 추진계획, 국방과학기술의 선진화 및 국제화 추진계획, 국가과학기술과 국방과학기술의 상호 유기적인 보완·발전추진 계획, 국방과학기술진흥을 위한 연구개발투자, 국방과학기술의 개발을 위한 시설 및 장비 등 국방과학기술기반 확충, 국방과학기술 인력의 양성 및 처우개선 등이다(「방위사업법」 시행령 제34조 제3항).

국방과학기술진흥실행계획은 방위사업추진위원회 심의·조정 후 국가과학기술자문회의 운영위원회 심의·의결을 통해 발간된다.

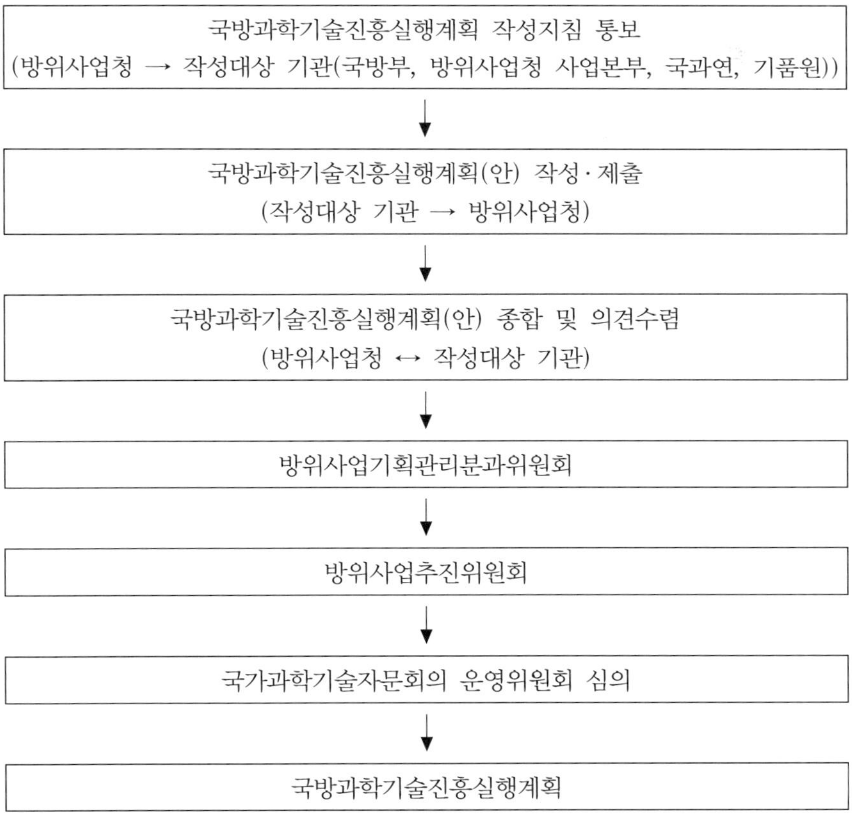

출처: 『2019년 국방과학기술진흥실행계획』, p.2.

[그림 3-10] 국방과학기술진흥실행계획 작성 절차

▌핵심기술기획서

핵심기술기획서는 국방과학기술진흥정책서의 국방과학기술 발전 전략 및 합동군사전략목표기획서와 부록인 장기 무기체계 발전방향에 근거하여 국방과학기술 전략 목표와 방향, 국방과학기술진흥실행계획의 핵심기술기획 추진계획과 연계하여 향후 국방과학기술 분야에서 중점적으로 개발, 확보해야 할 핵심기술 대상을 파악하고 이를 효과적으로 확보하기 위한 방안을 제시한다. 방위사업청이 국방기술품질원의 지원을 받아 매년 작성한다.

핵심기술기획서에는 선(先) 기술개발 후(後) 체계개발의 국방기본정책에 따라 미래 소요가 예상되거나 소요 결정된 무기체계의 개발에 필요한 핵심기술을 식별하고 이를 확보하기 위한 중·장기 핵심기술 로드맵을 제시하는 내용이 포함된다. 핵심기술기획서는 핵심기술 개발을 위한 국방중기계획 수립의 근거를 제공하기도 하는데, 국방 관련 기관들이 제기하는 핵심기술 소요를 기반으로 매년 소요 결정된 핵심기술과제를 반영하여 과제카드 형태로 제공한다.

핵심기술기획서의 대상기간은 15년이며, 「방위사업법」 제18조(연구개발) 및 동법 시행규칙 제10조(연구개발의 절차 등), 「방위사업관리규정」 제94조(핵심기술기획서 등의 작성)

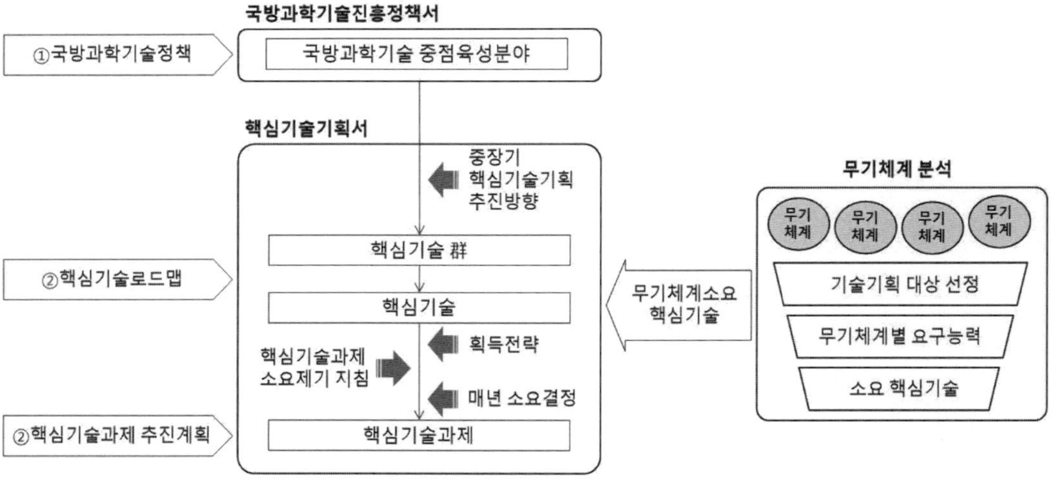

출처: 방위사업교육센터 2017년 기술관리 실무과정 강의자료.

[그림 3-11] 핵심기술기획서 작성 절차

에 근거하여 매년 작성된다. 방위사업기획관리분과위원회의 심의·조정을 거쳐 방위사업청장 결재로 확정·발간된다.

앞의 [그림 3-11]은 핵심기술기획서 작성의 흐름을 보여준다. 핵심기술기획서의 부록에는 미래에 필요한 무기체계개발을 위해 우리가 확보해야 할 핵심기술군 및 핵심기술의 명세가 포함되고 이에 따른 핵심기술과제가 제시된다.

국방중기계획서

핵심기술기획서, 합동군사전략목표기획서, 국방기본정책서(국방기획지침) 등에서 설정된 군사력 소요와 국방정책을 구현하기 위하여 대상기간(F+2년~F+6년) 동안 소요되는 국방 재원을 판단하고, 이를 기초로 방위력개선사업 및 전력운영유지사업 소요를 종합적으로 검토·조정하여 각 연도별·사업별·계획 구조별·기능별로 가용 재원을 배분한 계획서이다. 국방부가 작성하며, 대상기간 중의 모든 국방 활동의 모체가 된다(「국방전력발전업무훈령」 제46조). 국방중기계획서는 국방 예산 편성의 근거를 제공한다.

국방중기계획서는 전력운영유지 분야와 부대계획 분야, 기금 및 특별회계 분야, 방위력개선 분야로 구성된다. 국방R&D에 해당되는 내용은 방위력개선 분야에 포함된다. 방위력개선 분야는 국방부의 국방중기계획 작성 지침을 기초로 방위사업청에서 국방중기계획요구서를 작성하여 국방부로 제출한다. 방위력개선 분야에서 포함되는 사업은 중기계획에 기 반영된 사업, 장기 전력소요에서 중기 전력소요로 전환된 사업, 중기 전환은 되지 않았으나 장기간 연구개발이 필요한 사업, 국방과학기술진흥실행계획에 중기신규전력소요로 반영된 핵심기술, 그 밖에 정책적으로 결정된 사업 등이다.

국방중기계획서 발간 절차는 크게 2가지의 구분된 과정을 거치게 된다. 방위력개선 분야는 방위사업추진위원회의 심의·조정과 군무회의에 보고를 실시하고, 방위력개선 분야를 제외한 국방중기계획 분야는 국방부 정책회의와 군무회의 심의를 거치게 되며, 전력운영유지 분야와 부대계획 분야, 기금 및 특별회계 분야, 방위력개선 분야를 포함한 완성된 국방중기계획서는 국방부 장관 결재와 대통령 재가를 받은 후 12월말 확정·발간된다. 다음 [그림 3-12]는 국방중기계획서 작성 절차를 제시하고 있다.

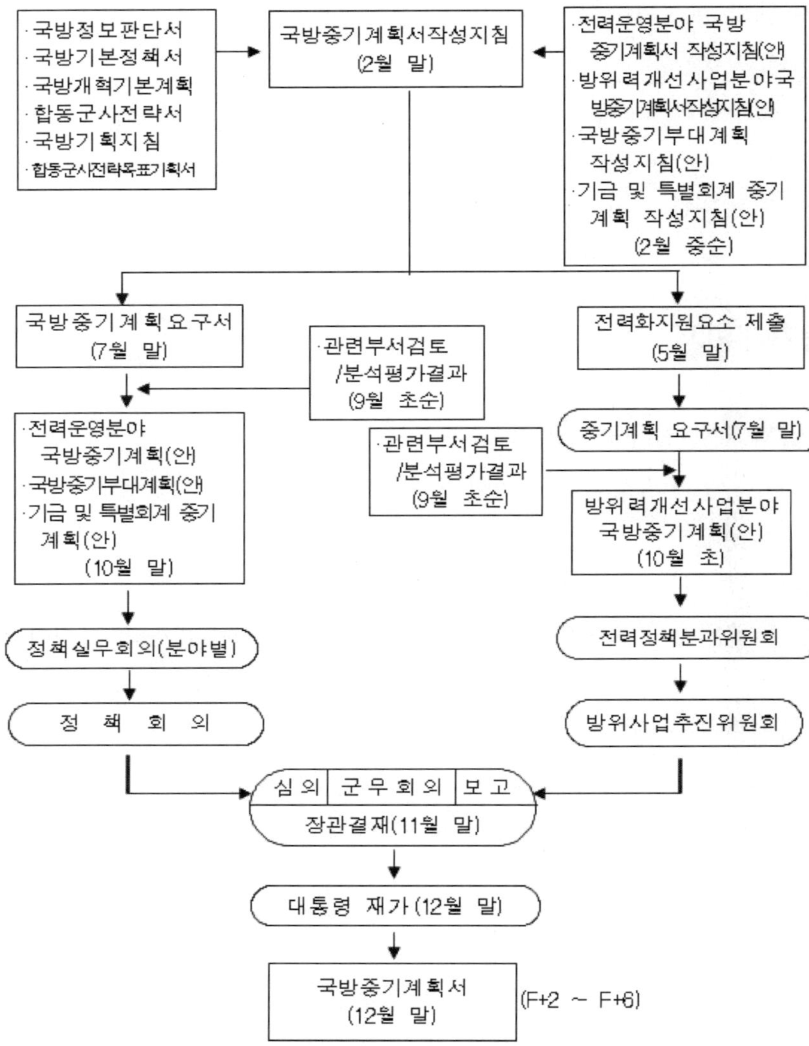

출처: 국방부 「국방기획관리기본훈령」 제14조 제1호.

[그림 3-12] 국방중기계획서 작성 절차

제 4 장

국방R&D정책 형성과 이해관계자 환경

모듈 1 이해관계자 역할과 연관 관계

국방R&D정책 형성과 실행의 참여자

국방R&D정책은 국가안보정책－국방정책－방위력개선정책에 뒤따르는 하위요소이다. 여기에서 하위요소라 함은 국가안보정책, 국방정책, 방위력개선정책이 늘 정해진 후에 국방R&D정책이 작성될 수 있다는 의미는 아니다. 국방R&D의 결과가 국가안보정책, 국방정책, 방위력개선정책의 작성에 영향을 미치기도 한다.[1] 획기적, 파괴적 기술의 출현과 이를 적용한 무기체계가 개발되는 경우 순식간에 국가안보정책, 국방정책, 방위력개선정책이 변할 수도 있다.

국방R&D정책이 형성되기까지 그리고 국방R&D정책이 실행되는 과정에는 수많은 기관과 인력이 참여하고 있다. 기관 차원에서는 국회, 청와대 국가안보실, 국가정보원, 국방부 및 직할기관, 합동참모본부, 각 군, 방위사업청, ADD, 국방기술품질원, 국방연구원(KIDA), 방산업체, 대학 및 출연연구기관 등이 참여한다. 여기에 미국을 위시한 우방국 정부와 해외 방산업체들의 참여가 직·간접적으로 이루어진다. 인력 차원에서는 기획자, 정부의 R&D 관련 부처 공무원, 현역 군인, 연구자, 교수, 국회의원 등이 참여한다.

국방R&D정책에 참여하는 집단을 정책의 형성과 실행으로 나누고 실행을 다시 무기개발체계와 국방S&T로 나누어 볼 수 있다. 정책 형성에는 간접적으로 청와대 국가안보실, 국가정보원, 국방부 정보기관, KIDA가 그리고 직접적으로는 국방부(전력정책관), 합동참모본부(전략기획본부장), 각 군, 방위사업청, ADD, 국방기술품질원이 참여한다. 국방S&T의 실행에 있어서는 방위사업청, ADD, 국방기술품질원, 방위산업체 및 대학, 출연연

1 이러한 현상은 기업에서 나타나기도 한다. 기업전략－사업부전략－제품전략－기술전략의 과거의 패러다임이 바뀌어 첨단 산업의 경우 이제는 기술전략이 곧 기업전략이 되어 버린 영역이 많이 나타나고 있다.

구기관이 참여한다. 무기체계개발에는 국방부, 합동참모본부, 각 군, 방위사업청, ADD, 국방기술품질원, 방위산업체, 대학 및 출연연구기관, 해외 정부·방위산업체가 참여한다.

▌이해관계자 간의 연관관계, 상호 작용

제3장에서 기술되었다시피 기본적으로 직제에 의해 움직이는 군에서의 정책 형성은 하향식 전달체계를 가진다. 물론 이 과정에서 필요한 수준의 양방향 소통이 이루어질 수 있지만, 국가안보정책－국방정책－방위력개선정책－국방R&D정책의 하향식 구조와 큰 흐름이 깨지는 경우는 거의 없다고 보아도 무방하다.

국방R&D 분야에서는 정책 형성과정이 정책 실행과정에 비해 기관 간의 연계 및 상호 작용이 그리 크지 않은 것으로 보인다. 정책 형성이 기본적으로 많은 이해관계자의 참여와 의견 제시를 필요로 하지만, 국방의 특성상 국방R&D정책의 형성에는 참여

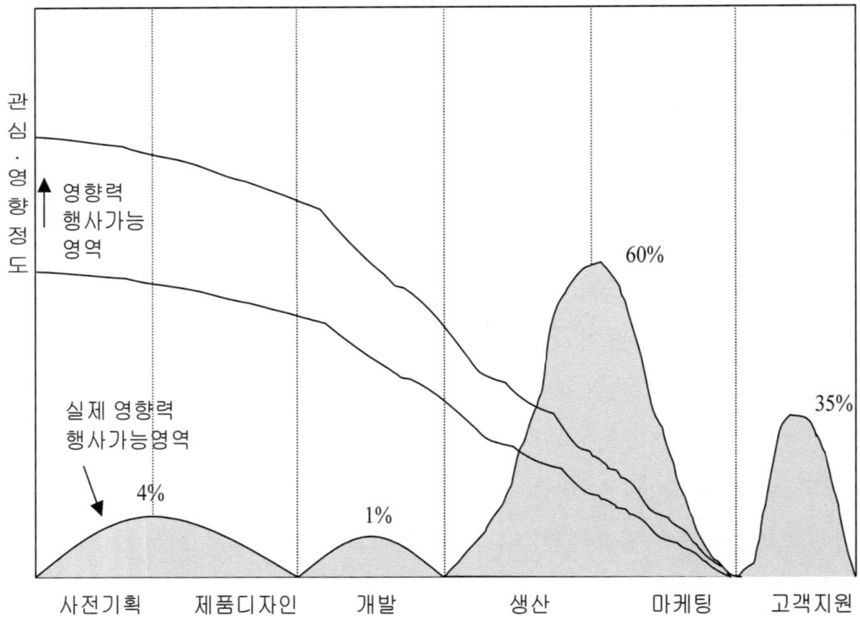

출처: Roberts, 1977: p.29.

[그림 4-1] 경영자의 관심과 영향의 단계별 변화

와 의견 제시가 활발히 이루어지지 않는 경향이 있다. 또한 수직문화가 형성되어 있는 관계로 타 군의 영역 혹은 상사와 다른 의견을 개진하기 어렵고, 거의 동일한 교육, 직업 그리고 문화를 공유하고 있으므로 일정 수준 이상의 영역을 벗어난 색다른 의견을 제시하기 어려운 형편일 수도 있다. 다른 또 하나의 이유는 그동안의 무기체계개발이 주로 군 소요제기에 의해 일어나는 수요지향적 발전 형태를 띠고 있으며, 국방R&D 수행기관이나 방산업체의 혁신적인 기술개발에 기반하여 새로운 무기체계가 개발되는 기술주도적 발전 형태가 거의 없었기 때문이다.

[그림 4-1]에서 보는 바와 같이, 산업제품의 개발과 비슷하게, 무기체계 개발과정에서 가장 큰 영향력을 미칠 수 있는 시점은 사전 기획 및 제품 디자인을 포함하는 개발 초기이다. 그럼에도 불구하고 이 단계에서는 정책형성에 참여하는 기관들이 최소한의 관심과 시간을 할애하면서 시제품 생산 시기에 다다랐을 때에야 본격적인 참여를 시작하는 경향이 있다. 그 결과 개발과정에 실질적인 영향력을 미치기에는 너무 늦은 시범생산 단계에 도달해서야 관심을 보임으로써 기술개발 활동의 생산성을 극대화시키지 못하는 안타까운 경우가 빈번하게 나타난다.

[그림 4-2]는 국방R&D의 정책 형성과 실행 과정에서의 추진 절차를 보여 주고 있다. 소요제기부터 소요결정의 과정에 있어서는 주로 합동참모본부와 군이 중심이 되어

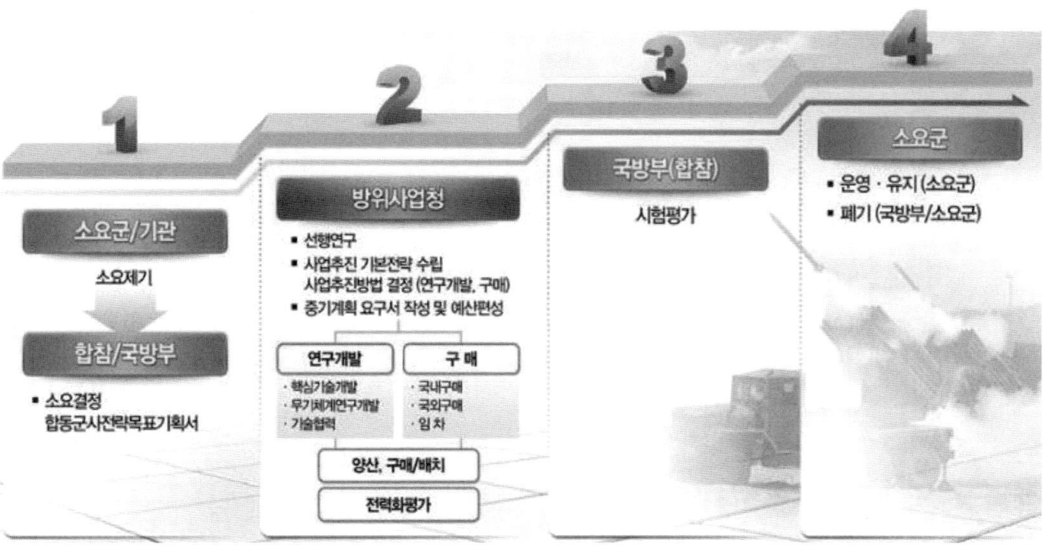

[그림 4-2] 무기체계개발 과정상의 절차

국방부, 방위사업청, KIDA, 국방기술품질원과의 다양한 협력이 이루어진다. 연구개발 과정에 있어서는 주무부처인 방위사업청을 중심으로 합동참모본부, 각 군, ADD, 방위사업체, 대학 및 출연연구기관이 각각의 고유 업무를 수행하는 과정에서 쌍방적 혹은 일방적으로 연계를 하고 있다. 물론 국방R&D의 특성상 이러한 연계는 자발적이라기보다는 법률과 규정에 따라 이루어지고 있다.

국방R&D정책의 형성과 실행 과정에서 이해관계자들의 연계와 상호작용의 중심에 방위사업추진위원회(방추위)가 있다. 방추위의 역할은 방위력개선사업 중기계획 수립, 방위력개선사업의 예산편성, 방위력개선사업의 추진방법 결정, 구매하는 무기체계 및 장비 등의 기종 결정, 국방과학기술진흥 중장기정책의 수립 등을 포함하는데, 그 구성이 국방부 장관, 방위사업청장, 국방부 차관, 방위사업청 차장 및 사업본부장, 국방부 전력자원관리실장, 합동참모본부 전략기획본부장, 육군·해군·공군 참모차장 및 해병대 부사령관, ADD 소장, 국방기술품질원장, 한국국방연구원장 등 대부분이 국방 관계자이다. 외부 인사이지만 공무원인 기획재정부·과학기술정보통신부·산업통상자원부의 고위공무원단 소속 일반직 공무원을 제외한다면 순수한 외부 전문가는 국회 국방위원회에서 추천하는 전문가 중 국방부 장관이 위촉하는 전문가 2명과 방위사업청장이 추천하는 전문가 중 국방부 장관이 위촉하는 전문가 2명뿐이다. 적어도 국방R&D정책의 형성과정에서 안보환경 변화에 따른 군사력과의 연계를 충분히 고려한다고는 볼 수 없다. 분과위원회, 실무위원회도 거의 같은 형태로 위원 구성이 이루어져 있다.

모듈 2 이해관계자별 역할

국방R&D 추진절차의 이해

특정 무기체계 혹은 핵심기술의 획득이 군사적으로 필요하다는 소요가 합동참모회의에서 결정되면 해외 구매와 자체 개발을 결정하기 위한 검토가 시작된다. 이 과정을 선행연구라고 한다.

선행연구의 결과 국내 기술력이 부족하여 군이 필요로 하는 시기에 무기체계를 개발할 수 없는 경우에는 해외 구매 방법을 선택한다. 그러나 국내 기술수준이 무기체계 개발에 필요한 수준에 거의 도달하였을 경우에는 R&D를 통해 무기체계를 획득하게 된다. 이 경우 기술수준에 따라서 무기체계 연구개발의 진입 단계를 달리하는데, TRL이 '4'일 경우에는 탐색개발 단계로 진입하며, TRL이 '6'인 경우에는 체계개발 단계로 진입한다. 또한 TRL이 '4'에 접근하지 못해 탐색개발 단계 진입이 어려운 경우에는 국방S&T 프로세스를 거쳐 필요한 기술력을 확보한 이후에 무기체계 연구개발을 수행한다. 대부분의 국방S&T는 국방기술기획 단계에서 미래 무기체계 확보에 필요한 기술을 사전에 선정하여 핵심기술 연구개발을 거쳐 확보하는 톱다운(top-down) 형태의 기술기획 및 개발 프로세스를 적용하고 있다.

국방R&D는 무기체계 연구개발과 국방기술개발로 나뉘며, 무기체계 연구개발은 자체적으로 개발하는 체계개발과 외국의 기술공여에 의한 기술협력생산으로 나뉜다. 예를 들면, K-9자주포, K-2전차, C4I체계, 현무 등은 전자의 예이며, 장보고-I·II, K-55자주포, T-50항공기 등은 후자의 예이다. [그림 4-2]에서 보는 바와 같이, 체계개발은 기술협력생산에 비해 훨씬 많은 절차를 거쳐 수행된다는 것을 알 수 있다. 이것

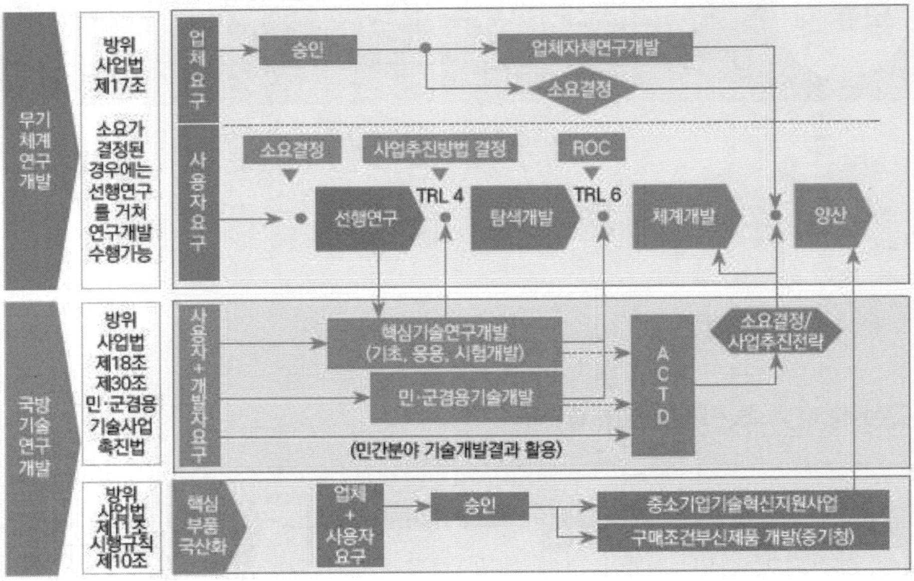

출처: 방위사업청, 2015.

[그림 4-3] 국방R&D 체계 절차도

은 기술도입에 비해 개발이 훨씬 더 많은 시간과 절차를 필요로 하고 있고, 실패의 가능성이 높다는 것을 반증한다.

[그림 4-3]에 제시된 다양한 절차를 수행하는 과정에서 많은 이해관계자들이 직·간접적으로 참여한다. 주요 이해관계자의 역할을 살펴보면 아래와 같다.

▌국방부

국방R&D정책 형성의 주무 부처이다.

- 국방전력운영 관련 정책 수립, 업무 총괄(계획예산관, 군수관리관)
- 방위력개선 관련 업무 조정, 통제(전력정책관)
- 방추위 운영(방위사업청, 국방부 전력정책관)
- 방위사업협의회 운영(전력정책관)

국방부가 운영하여 국방R&D정책에 영향을 주는 위원회에는 방추위를 포함하여 군무회의, 방위사업협의회, 전력소요검증위원회가 있다.

- 방추위: 위원회 운영은 방위사업청 기획조정관이 담당하고 있지만, 위원장은 국방부장관이기 때문에 개최 시기나 상정 안건 검토 등은 국방부 전력정책관에 의해 실질적인 통제를 받고 있다.
- 군무회의: 위원장은 국방부 장관, 위원으로는 국방부 차관, 합동참모의장, 각 군 참모총장, 국방부 실장급 고위공무원, 연합사부사령관, 국군안보지원사령관, 국방정보본부장, 병무청장, 방위사업청장, 해병대사령관 등으로 구성된 국방부 장관의 국방정책 자문기구. 국방 주요 정책, 정부부처·외국과의 협조에 관한 정책 결정 사항, 군의 주요 정책결정 사항, 예산 및 인력에 관한 사항 등에 대해 심의·의결하는 회의체로 국방부 기획조정실(기획관리관)에서 운영한다. 국방정책 전반에 대한 안건 심의를 하지만, 국방개혁 과제, 방위사업청 군인에 대한 정책, 국방획득체계 검토 등과 같이 방위력개선과 관련된 경우에는 군무회의에 안건을 상정하여 심의하는 경우가 있기 때문에 국방R&D에 간접적인 영향을 주고 있다(「국방전력발전업무훈령」 제4조~제20조).
- 전력소요검증위원회: 위원장은 국방부 차관, 부위원장은 전력자원관리실장이며 위원은 합동참모본부 전략기획본부장, 각 군 참모차장, 해병대 부사령관, 방위사업청 차장, 기획재정부·과학기술정보통신부·산업통상자원부 실·국장급 고위공무원, 국방연구원 부원장, ADD 부소장, 국방기술품질원 기술기획본부장, 무기체계 소요·방위사업 분야에 대한 지식과 경험이 풍부한 외부 민간전문가(5인 이내) 등으로 구성. 무기체계 등의 소요 적절성과 주요 검증 정책 및 계획에 관한 사항을 심의·조정하기 위하여 설치되었다. 위원회 운영 부서는 국방부 전력정책관이다(「국방전력발전업무훈령」 제383조).
- 방위사업협의회: 위원장은 국방부 차관과 방위사업청장이 되며 위원은 국방부 전력자원관리실장, 합동참모본부 전략기획본부장, 각 군 참모차장, 해병대 부사령관, 방위사업청 기반 및 미래전력 사업본부장 등으로 무기체계 소요기획으로부터 획득, 운영·유지 등 방위사업 전반에 걸쳐 제기된 제반 문제점을 해소하기 위한 협의체. 방위력개선 사업에 대해 직접적으로 현안 문제를 논의하고 해결책을 찾는 유일의 협의기구이다. 협의회 운영 부서는 국방부 전력정책관이다(「국방전력발전

업무훈령」 제384조).

국방부는 직접 운영하는 위원회 이외에도 합동참모본부에서 운영하는 각종 위원회 및 회의체, 방위사업청에서 운영하는 방추위의 하위 분과위원회 참여를 통하여 국방R&D정책 형성과 실행에 직·간접적으로 영향을 행사하고 있다.

또한, 국방부는 「국방부장관의 소속청장 지휘에 관한 규칙」에 근거하여 정부 차원의 국방과학기술 관련 회의에 상정하는 안건, 국제공동연구개발과 같은 국제협력·협정 체결 추진에 관한 사항, 방위사업 관련 국방부 장관이 참여하는 정부기관 또는 국가 간 회의·협의체와 그 하부 회의·협의체에 상정하는 안건, 주요 방산물자 등의 수출에 대한 지침과 정책 수립에 관한 사항을 직접 통제하고 있다. 물론 이러한 사항은 「정부조직법」에서 정하고 있는 국방부 장관의 권한의 일부를 방위사업청장에게 위임한 범위 내에서 적용된다고 볼 수 있다.

합동참모본부

합동참모본부는 「국군조직법」에 의해 설치된 부대로서 대통령령인 「합동참모본부 직제」에 근거하여 합동참모회의의 운영과 국방R&D정책 형성의 근원인 군사력 건설의 소요(所要)를 결정하고 있다. 이미 제3장에서 언급하였듯이 합동군사전략서와 합동군사전략기획서에 의해 국방R&D에 필요한 중·장기 무기체계 소요를 제시하게 되고, 방위사업청은 이를 기초로 국방과학기술진흥실행계획과 핵심기술기획서를 작성하게 된다.

무기체계는 제1장에서 정의한 것처럼 단순히 무기나 장비만을 의미하는 것이 아니고, 이를 운용하는 데 필요한 인적 요소, 시설, 부대편성, 군수지원체계, 교육훈련, 교리 등의 지원요소가 패키지로 함께 기획되고 확보되어야 한다(이경재, 2007). 대부분의 무기체계는 네트워크에 의해 상호 연결되기 때문에 상호운용성에 대한 사항도 기획 과정에서 검토되어야 한다. 즉, 소요기획은 무기체계의 전력 발휘와 연관되는 모든 요소를 포함하여 기획되어야 하기 때문에 미래의 국방재원 투자 규모와 방향이 사실상 소요기획 과정에서 어느 정도 검토되어야 한다. 이러한 이유로 국방부의 군구조·국방운영개혁실과 합동참모본부의 전문분석실, 방위사업청의 방위사업정책국이 참여하여 검토 의견을 개진하고 있다.

또한, 합동참모본부는 국방R&D 실행 과정에서 소요 결정된 무기체계의 작전운용성능(ROC) 검증 수단인 시험평가와 작전운용성능 수정 과정을 통하여 국방R&D정책에 결정적인 영향을 준다. 작전운용성능은 국방R&D의 기술개발 목표가 되고 획득하고자 하는 무기체계의 성능이 된다. 작전운용성능은 OMS/MP[2]와 같은 국방R&D에 필요한 문서체계로 변환되어 무기체계 설계를 위한 군의 기본적인 요구사항을 제공하게 된다. OMS/MP는 군의 전투실험이나 분석평가 과정을 거쳐 군 또는 합동참모본부에서 작성되어야 하나, 실질적으로는 방위사업청 획득 과정에서 연구개발을 수행하는 기관에서 작성하고 있어 연구개발(시험평가 포함) 과정에서 작전운용성능의 수정 소요는 계속 발생하고 있다고 하겠다. 하지만, 합동참모본부는 작전운용성능의 수정에 대해 부정적인 인식을 가지고 있어 개발자와 상당한 갈등이 나타나기도 한다.

국방R&D정책과 관련하여 합동참모본부에서 운영하는 위원회 또는 협의체는 합동참모회의, 전력현안협의회, 시험평가위원회 등이 있다.

- 합동참모회의: 합동참모본부 의장과 각 군 참모총장으로 구성된 국방부 장관의 군사자문기관. 합동참모본부가 주관하며, 국방부 장관의 최고 군사고문 역할을 한다. 심의·의결하는 안건에 따라 국방의 다양한 기관에서 배석하여 의사결정에 참여하고 있다.
- 전력업무현안협의회: 합동참모본부 전략기획본부장(위원장)과 국방부 전력정책관, 합동참모본부 전력기획부장, 각 군 기획관리참모부장, 해병대, 방위사업청 국장 등으로 구성된 전력업무 조정 협의 기구. 합동참모본부의 전력 현안 관련 부서가 주관하며, 무기체계 전력화와 관련한 일연의 소요제기·소요결정 및 획득 과정에서 협의 또는 의견 조율을 수행한다(「국방전력발전업무훈령」 제379조).
- 시험평가위원회: 합동참모본부 전략기획본부장(위원장)과 국방부 전력정책관, 합동참모본부 전력기획부장과 시험평가부장, 소요군 기획관리참모부장과 시험평가단장, 방위사업청 담당 사업부장, ADD, 국방기술품질원 등으로 구성. 총사업비 3,000억 원 이상 무기체계 연구개발 및 핵심기술 연구개발의 운용시험평가 결과 판정에 대한 심의를 실시한다.

2 OMS는 전·평시 예상되는 전투시나리오를 충족시키기 위한 무기 운용시간 및 개념을 설정한 것으로 전시 작전계획, 평시 부대훈련을 위한 무기체계 설계에 대한 목표와 기준을 제시하며, MP는 어떤 특정 임무를 수행하기 위해 사격, 기동, 통신, 생존 등 각 임무 유형에 따라 해당 무기체계가 가지고 있는 기능별 성능 발휘 시간 및 횟수를 설정한다. 이경재(2007), pp.130~131 참고.

▌소요군

소요군은 [그림 4-4]의 절차에 따라 미래작전능력 구축에 필요한 무기체계 소요제기 과정[3]을 통해 국방R&D정책 형성에 영향을 미친다. 그러나 실제에 있어서는 소요제기보다 국방R&D정책 실행에 해당되는 무기체계 연구개발에 직접 참여하여 의견을 제시함으로써 영향을 주고 있다. 직접 참여하는 주요한 과정으로는 사업추진기본전략 수립, 제안요청서 검토, 제안서 평가, 협상, 설계검토, 시험평가 수행, 무기체계 인수 등이 있다.

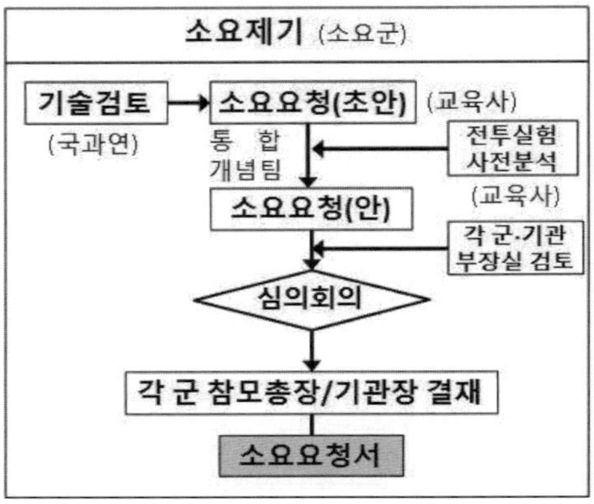

출처: 「국방전력발전업무훈령」 별표 5 '국방전력발전업무절차도'.

[그림 4-4] 소요군 무기체계 소요제기 절차

소요군의 무기체계 소요제기 이외에 국방R&D정책과 관련한 업무는 다음과 같다.

- 전력화지원요소 중 군사교리, 부대편성, 교육훈련요소 개발
- 방위력개선사업 분야 국방중기계획 수립 시 전력화지원요소에 대한 소요를 방위사업청에 제출
- 운용시험평가 계획서안 작성 및 시험평가 수행, 결과 작성 및 합동참모본부로 제출
- 무기체계 소요제기를 위한 전투실험 수행 및 결과 활용
- 신규 무기체계 및 전력지원체계 주파수 소요제기

3 '소요제기'란 군이 임무를 수행하기 위해 필요한 무기체계 소요에 대하여 운영개념을 기초로 작전운용에 요구되는 능력 등을 포함하여 소요결정기관(합동참모본부)에 제기하는 것을 지칭한다.

• 암호장비에 대한 소요제기
• 운영유지단계 분석평가 중 전력화 평가

소요군도 국방부 및 합동참모본부, 방위사업청에서 운영하는 각종 위원회, 협의체에 위원으로 참석하여 각 군의 이해관계에 해당되는 사항을 검토하고 의견을 개진함으로써 국방R&D정책 수립 및 실행에 영향을 주고 있다.

방위사업청

방위사업청은 국방R&D정책의 실행을 총괄하는 정부 부처이다. 국방R&D정책의 형성에는 상당히 중요한 역할을 수행한다. 이 때문에 국방부 장관이 방추위 위원장임에도 불구하고 방위사업청 기획조정관이 방추위 운영을 담당하고 방위사업청장은 방추위의 부위원장으로서 지위를 가진다.

국방R&D에 대한 정책은 방위력개선사업의 획득에 관한 정책 및 방산육성정책과 밀접하게 연계되어 있다. 획득에 관한 정책을 담은 문서체계는 별도로 없지만 방위사업청 IPT가 무기체계개발을 위한 사업추진기본전략 수립과 관련한 예산을 편성하여 국방R&D를 실행하고 있다. 방위산업진흥국은 「방위사업법」에 근거하여 매 5년마다 작성하는 방산육성기본계획[4]과 매년 작성하는 실행계획을 통하여 국방R&D와 연계된 정책을 수립 및 구현하고 있다.

방위사업청 IPT는 방추위에서 심의한 무기체계 사업추진기본전략에 따라 무기체계개발의 실행 책임을 맡는다. 국방기술보호국에서는 국방과학기술에 대한 기술기획과 개발, 활용에 대한 업무를 담당하고 있다. 방위사업정책국은 방위력개선사업에 관한 정책을 총괄하며 무기체계개발에 필요한 각종 제도 운영을 담당한다.

방위사업청 역할 중의 특이한 점은, 다른 R&D 수행 부처와는 달리, 부처 수행 업무에 대한 감사를 담당하는 감사관 외에 국방R&D에 대한 감독·조사를 담당하는 방위

4 「방위사업법」 제33조에 따라 작성되는 방산육성기본계획에는 1. 방위산업육성의 기본정책에 관한 사항, 2. 방위산업 생산설비의 합리화에 관한 사항, 3. 방산물자의 연구개발 및 구매에 관한 사항, 4. 방산물자의 국산화 추진에 관한 사항, 5. 방산물자의 생산능력 판단에 관한 사항, 6. 방위산업 관련 인력의 개발 및 기술수준에 관한 사항, 7. 방위산업의 국제협력 및 수출에 관한 사항, 8. 그 밖에 방위사업청장이 방위산업의 육성을 위하여 필요하다고 인정하는 사항이 포함된다.

[그림 4-5] 방위사업청의 역할 – 실행의 관점

사업감독관(개발사업담당관)의 존재이다. 개발사업담당관은 1. 사업추진기본전략의 검증에 관한 업무, 2. 연구개발사업, 양산사업, 성능개량사업 등의 주요 의사결정과 계약에 대한 검증 및 조사, 감독 및 비리 예방에 관한 업무, 3. 방위사업 전반과 계약에 대한 검증, 조사 및 감독에 관한 업무를 담당하고 있다. 개발사업담당관의 주된 역할은 국방R&D 수행 업무에 대한 감독, 조사, 검증, 감사 등을 통하여 비리 예방과 투명성을 확보하기 위한 목적으로 설치되었지만, 사안에 따라서는 국방R&D에 대한 엄격한 잣대를 적용함으로써 연구개발 활동의 본질인 유연하고 자율적인 연구 분위기를 저해하여 연구개발자의 활동을 위축하게 하는 부작용을 낳기도 한다.

▌ADD

ADD는 「국방과학연구소법」에 근거하여 방위력개선을 위한 무기·장비 및 물자에 관한 연구개발 및 시험과 이와 관련되는 과학기술의 조사·연구 및 시험을 담당하고 있다. 「방위사업법」에 의해 합동참모회의에서 소요가 결정된 무기체계 및 이에 필요한 핵심기술을 개발한다. 산·학·연에서 핵심기술에 대한 연구개발을 주관하는 경우에는 이에 대한 과제관리도 담당하고 있다. 이는 아직까지 국방과학기술에 대한 관리를 전담하는 전문기관이 없어 ADD가 이를 수행함으로써 관료화된 관리조직이라는 부정적 견해를 만들어 내는 원인이 되기도 한다.

ADD는 고도의 보안 유지가 필요한 무기체계개발의 경우에는 자체적으로 기획하고 R&D를 수행한다. [그림 4-6]은 ADD가 주관하는 무기체계개발에서의 역할 분담을 보여주고 있다. 체계개발에서 ADD는 체계 설계, 체계 해석 및 검증을 담당하며, 시제계약을 통해 선정된 방산업체는 시제품 생산을 담당한다. ADD는 방산업체를 상대로 업체 주관 무기체계개발에 대한 기술 지원을 한다. ADD 기능에 대한 자세한 언급은 다음 절에 있다.

ADD가 국방R&D정책 형성 및 실행과 관련하여 참여하는 위원회 및 협의체는 다음과 같다.

- 방위사업추진위원회, 합동참모회의: 국방과학연구소장이 위원 또는 배석위원으로 참여
- 방위사업협의회: 현안이 있는 경우 국방과학연구소장이 참여하여 의견 제시
- 합동전략회의, 전력현안협의회, 방추위 분과위원회, 전력소요검증위원회: ADD 부소장이 위원으로 참여하여 의견 제시

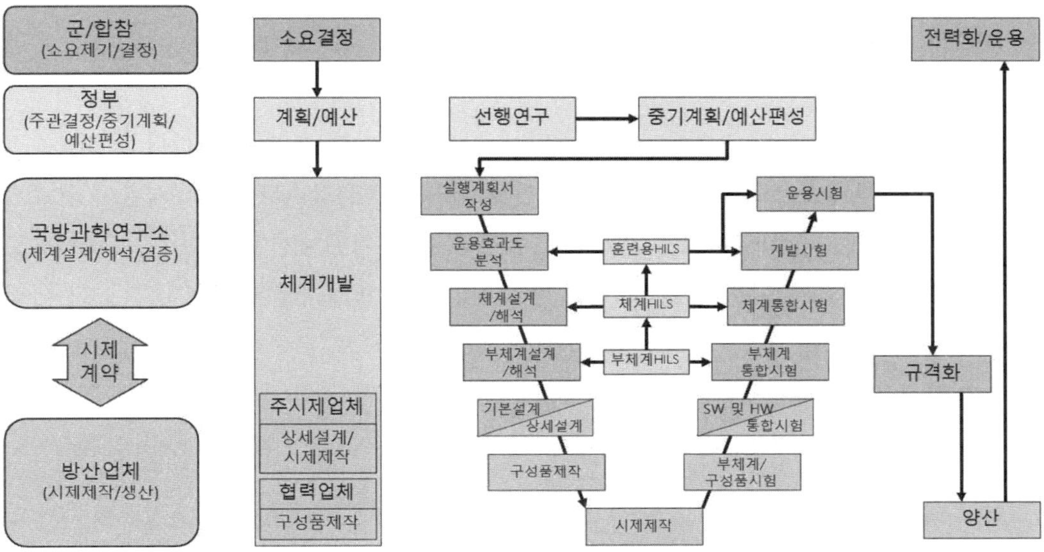

[그림 4-6] ADD 주관 무기체계개발에서의 역할 분담

▌국방기술품질원(DTaQ)

방위사업청 산하 출연연구기관이다. 국방기술품질원은 「방위사업법」에 근거하여 국방과학기술에 대한 조사·분석 업무를 담당하며, 국방기술보호국의 국방과학기술기획을 기술적으로 지원한다. 방위력개선사업에 대한 조사·분석·평가 업무도 지원하고 있다. 핵심기술개발사업의 수행기관 선정 및 수행결과 평가에 대한 지원과 국방과학기술 및 무기체계에 관한 정보의 통합관리도 담당한다. 국방기술품질원에서 수행하는 국방기술기획에 대해서는 제5장 제1절에서 자세히 언급하기로 한다.

국방기술품질원이 국방R&D정책 형성 및 실행과 관련하여 참여하는 위원회 및 협의체는 다음과 같다.

- 방위사업추진위원회, 합동참모회의: 국방기술품질원장이 위원 또는 배석위원으로 참여
- 방위사업협의회: 현안이 있는 경우 국방기술품질원장이 참여하여 의견 제시
- 합동전략회의, 전력현안협의회, 방추위 분과위원회, 전력소요검증위원회: 국방기술품질원의 기술기획본부장이 위원으로 참여하여 의견 제시

▌방위산업체

무기체계 개발 혹은 부품(국산화)[5] 개발에 참여하며 양산화를 수행한다. ADD 주관 무기체계개발의 경우, ADD의 계약자로서 시제 제작의 역할을 담당하며, 개발이 완료된 경우에는 전력화를 위한 양산을 책임진다. 업체 주관 무기체계개발의 경우, 자체적으로 개발 업무와 양산을 담당한다. 주로 소요가 결정된 무기체계개발에 관여하고 있고 아직까지는 첨단핵심기술 개발 능력이 ADD에 비해 상대적으로 부족하기 때문에 국방R&D 정책 형성에 영향력은 크지 않다.

우리나라의 대표적인 체계업체로서는 한화시스템(방산전자), LIG 넥스원(유도무기, 수

5 무기체계·전력지원체계 획득과 관련하여 외국으로부터 도입했거나 도입하고 있는 장비·부품(소재와 SW를 포함) 및 물자 등을 R&D, 기술협력, 절충교역 등의 방법으로 확보한 기술과 국내·외 인력 및 설비를 사용하여 개발·생산하거나 부품의 성능·기능을 개선 또는 새로운 부품을 개발하여 추가적으로 장착하는 것을 의미한다.

중무기), 대우조선해양(함정), 한국항공우주산업(KAI: 항공기), 현대로템(지상무기체계 장비제작), 대한항공(무인항공기), 풍산(탄약무기) 등이 있다. 대표적인 협력업체는 연합정밀(통신분야), 퍼스텍(항공유도 분야), ㈜성진테크윈(항공유도 분야), 데크카본(탄소재 분야), 비츠로밀텍(통신전자 분야), 아이쓰리시스템(적외선센서), ㈜광림(기동 분야), ㈜동양정공(탄약 분야), ㈜삼양컴텍(방탄방호 분야), ㈜빅텍(전원공급 분야), ㈜우경광학(광학 분야) 등이 있다.[6]

방위산업체의 경우 이익단체인 한국방위산업진흥회를 통하여 방산정책에 대한 건의사항 명목으로 국방R&D정책 형성과 실행에 영향력을 직·간접적으로 행사하고 있다. 또한, 방위산업진흥회의 부회장은 방추위의 위원으로 참석하고, 기타 국방부를 포함한 방위사업청, 합동참모본부, 각 군이 주관하여 개최하는 각종 행사에 참여하여 의견 제시를 함으로써 영향을 주고 있다.

타 정부 부처(기획재정부, 산업통상자원부, 과학기술정보통신부)

기획재정부(예산실 방위사업예산과)는 무기체계 및 핵심기술 개발사업에 대한 사업타당성조사[7]를 통하여 국방R&D정책 형성 과정에 참여한다. 사업타당성조사 보고서를 검토하여 신규 개발사업에 대한 예산 편성과 중장기 재정계획에의 반영 여부를 결정한다. 또한 기획재정부는 매년도 국방R&D에 대한 예산 요구에 대해 소요 비용의 적정성을 검토하여 예산에 반영한다.

산업통상자원부(산업정책실)는 일부 국방기술개발사업의 실행에 참여한다. 민·군협력사업의 초기부터 방위사업청 다음으로 많은 비용을 지원하고 있다.[8] 민군기술협력기본계획 및 시행계획 수립을 통하여 국방R&D정책 형성과 실행에 참여하고 있다. 다부처연계협력사업이나 수리온, 소형무장헬기 개발사업들은 민·군협력사업의 대표적인 예이다.

---

6 한국방위산업진흥회 인터넷 홈페이지(www.kdia.or.kr)의 정회원사를 중심으로 작성.

7 기획재정부는 「국가재정법」 제50조에 따라 2년 이상 사업기간과 대규모 재원이 투입되는 사업에 대해서는 해당 중앙행정기관장에게 사업규모와 총사업비, 사업기간에 대해 협의하도록 하고 있다. 이에 따라 방위사업청은 기획재정부의 「방위력개선사업 총사업비 관리지침」을 준용하여 총 사업비가 500억 원 이상 사업을 대상사업으로 선정하여 사전 기획재정부와 협의하고 사업집행을 관리한다. 또한 방위사업청은 사업집행 과정에서 총 사업비가 20% 이상 변동되는 경우에도 추가적으로 기획재정부와 협의하여야 한다. 국방R&D의 경우 국방연구원에 의뢰하여 실시한다.

8 2019년의 경우 민군기술협력사업 예산 중 방위사업청은 약 74% 부담하고, 산업통상자원부는 약 26%를 부담하였다.

과학기술정보통신부는 국가과학기술자문회의(심의회의)와 과학기술혁신본부를 통해 국방R&D 각 사업의 재원을 조정하고 통제하는 과정을 통하여 국방R&D정책 형성과정에 참여한다. 심의회의(운영위원회)의 국방전문위원회를 통해 국방R&D정책에 대한 검토를 하기도 한다. 산업통상자원부와 마찬가지로 미래혁신국방기술개발사업과 같이 소관 R&D 분야에 대해 방위사업청과 협력사업을 추진하기도 한다. 「우주개발진흥법」에 따른 우주개발진흥기본계획과 시행계획을 근거로 우주개발사업에 대해서는 국방R&D 정책에 대해서는 직접적으로 참여한다. 425 위성사업이 그 예이다.

대학, 출연연구소

국방R&D와 관련한 연구센터를 보유한 대학의 경우 국방S&T 중 기초연구(개별기초, 특화연구실, 특화연구센터) 사업에 주로 참여를 하고 있다. 핵심기술개발사업 중 선도형 기술개발에도 참여가 가능하다. 그러나 계약 방식 적용과 연구개발 목적물, 실용화를 전제로 한 연구개발, TRL 이슈와 마찰이 일어나는 경우가 많아 무기체계개발에는 거의 참여를 하지 않고 있다.

출연연구기관의 경우도 대부분은 대학과 같은 형태로 참여하지만 항공우주연구원과 같은 일부 연구기관에서는 무기체계개발에 직접 참여하기도 한다. 아리랑 위성, 425 위성 사업들이 그 예이다.

해외(정부기관, 방산기업)

무기체계를 기술협력사업으로 개발하면서 상당한 수준의 기술이 부족한 경우, 해외 정부의 기술수출 승인과 원천기술을 보유하고 있는 해외 기업의 기술공여 및 협력이 필수적이다. 기술을 확보하는 방법은 계약에 의한 기술료 지불에 의한 방법으로 개발하는 방법과 타 무기체계 구매사업의 반대급부로 적용하는 절충교역의 형태로 사업이 이루어진다. 그럼에도 불구하고 개발 전(前) 단계부터 핵심기술의 수출 혹은 기술협력이 연관되어 있는 경우에는 기술공여국 정부와 기업의 영향이 매우 큰 편이다.

핵심기술을 국제공동으로 개발하는 경우에도 기술협력 방식에 의한 무기체계 개발

절차와 유사하다. 우선 기술협력을 하고자 하는 상대국 정부와의 기술협력에 대한 포괄적인 협의와 상호 승인이 필요하다. 승인이 되면 핵심기술 과제에 대해 참여하고자 하는 연구기관 간의 개발 범위와 방법, 상호 역할에 대한 협상과 사업협정서 체결이 필요하다. 최근 국제공동연구에 의한 핵심기술 개발 추세는 우리나라의 부족기술을 확보하기 위한 방법으로 적용하기보다는 양국의 상호 부족 기술을 확보하기 위한 협력 수단으로 활용하고 있다. 이 경우 개발범위, 역할 등에 대한 상대국 정부의 승인이 필요하기 때문에 영향이 클 수밖에 없다.

한국형 전투기 개발사업과 같이 우리나라 정부가 주도하면서 외국의 정부·방산기업과 국제공동개발을 하는 경우는 1. 무기체계 및 핵심기술 분야 국제공동연구 수행, 2. 국내 기술협력사업 참여, 3. 국내 무기체계 연구개발 사업의 협력업체로 참여, 4. 해외 정부와의 방산군수공동위원회 구성을 통한 국제공동연구, 무기체계 개발, 군수지원 관련 협력사항을 검토하고 결정하기도 한다.

[그림 4-7]은 국방R&D정책 실행 과정에서의 사업별 수행주체와 관리주체를 분류하여 보여준다. 그림에서 알 수 있듯이, 국방R&D 수행과 관련한 거버넌스 구조는 국방기술R&D와 무기체계개발이 다르다. 각 사업에 대한 자세한 설명은 제5장 제1절에 기술하기로 한다.

출처: 장원준 외, 2016: p.205.

[그림 4-7] 국방R&D 사업별 수행주체와 관리주체

국방기술R&D 중 국방S&T(기초연구)는 방위사업청(기술혁신과)에서 주관하여 실시한다. 주로 특화연구센터 또는 특화연구실 사업을 통해 대학을 중심으로 미래에 필요한 국방 관련 핵심기술을 개발하고 있다.

미래 무기체계에 필요한 국방기술R&D 중 핵심기술 개발의 경우는 방위사업청 국방기술보호국(기술정책과·기술혁신과)이 기획을 총괄하고 국방기술품질원(DTaQ)이 이를 전담하여 지원하고 있다. 실제 R&D 수행은 ADD와 산·학·연을 중심으로 추진된다. 국방기술R&D의 관리범위는 해당 기술의 개발 착수부터 개발이 완료될 때까지의 일련의 과정을 포함한다.

다만, 국방기술R&D 중 전용기술사업의 경우 국가안보에 필수적으로 요구되는 비닉기술을 개발하는 사업의 특성을 고려하여 ADD가 국방부 및 방위사업청의 조정·통제 하에 사업을 기획하고 직접 R&D를 수행 및 관리하고 있다.

무기체계R&D의 경우 방위사업청 IPT에서 사업관리를 전담하고 있다. ADD 주관 사업은 IPT 통제 하에 ADD가 직접 R&D 실행과 사업관리를 수행하고 있는 반면, 업체주관 사업은 방위사업청 IPT의 관리와 ADD의 기술지원 하에 업체가 개발을 담당한다. 무기체계R&D의 사업관리 범위는 사업추진기본전략 수립부터 개발이 완료되어 시험평가를 진행한 후 해당 무기체계 양산을 시작하기 직전 시점까지의 과정을 포함하는 것이 일반적이다.

모듈 3 국방R&D 실행의 거버넌스

실행 연구개발기관의 성격과 종류

국방R&D는 정부 독점의 수요와 공급이라는 성격상 전문적인 수행기관이 꼭 필요함에도 불구하고, 나라마다 역사와 과학기술적·산업적 기반, 안보 및 정책 환경에 따라 그 형태는 다르다.

일반적으로 소유 관점에서 국방R&D 거버넌스의 형태는 ① 정부(국방부, 방위사업청) 산하 기관으로서 자체 개발 능력을 보유하며 정부(국방부, 방위사업청)의 통제를 받는 경우, ② 정부 출연기관으로서 정부의 통제를 받지 않는 국방R&D 전문기관인 경우, ③ 정부 출연기관으로서 국방R&D 연구개발을 하는 대학 혹은 연구기관인 경우, ④ 국방R&D를 전문으로 하는 민간 연구기관(업)인 경우, ⑤ 국방R&D 연구개발을 하는 민간 기관(업)인 경우 등으로 나누어진다. 미국의 경우는 주로 ①, ②, ③, ④, ⑤에 해당되며, 이스라엘의 경우는 ①, ④ 그리고 일본의 경우는 ①, ⑤ 그리고 우리나라의 경우는 ①, ③, ⑤에 속한다. 거버넌스에 따라 국방R&D 수행기관의 지위와 역할은 상당히 차이가 나타난다.

주요국의 특징

미국, 영국, 프랑스, 이스라엘 등 방위산업 선진국의 국방R&D 수행기관을 분석해 보면, 기업 중심의 연구개발 추진과 국제공동연구개발 확대를 추구하고 있다. 이들 국가의 경우, 정부는 전략비닉, 핵심기술 분야를 중심으로 수행하고, 무기체계개발은 대

〈표 4-1〉 국방R&D 조직 비교

구 분	한 국	미 국	영 국	이스라엘
정부출연연구소	ADD	DARPA	DSTL	DDR&D
국방R&D예산(A)	2.4조 원	660억 달러	10억 파운드	9억 달러
정출연 활용예산(B)	1.6조 원+	29억 달러	N.A	N.A
B/A	70%+	4.4%	N.A	3~4%
연구 분야	전략비닉+국방 기술+무기체계	전략비닉 국방기술 R&D	기초기술, 전략비닉	기초·응용연구
인력	2,500명+	220명+	N.A	450명+

출처: 장원준 외, 2016.

부분 기업 주도로 추진되는 것으로 파악된다. 미국은 국방고등기술국(DARPA)과 육군연구소(ARL), 해군연구소(NRL), 공군연구소(AFRL), 영국은 국방과학기술연구소(DSTL)를 설립하여 운영하면서 기초·응용 및 전략·비닉 분야 위주의 연구를 수행 중이다. 특히, DARPA는 체계R&D를 전혀 수행하지 않고 있다는 점에서 특이하다.[9] 이스라엘은 국방부 연구개발국(Maf'at)의 주관 하에 군, 업체, 대학 등이 참여하여 기초연구와 응용연구를 수행하면서, 무기체계개발에 대해서는 일부 사업관리만 정부가 수행할 뿐 대체로 기업이 개발을 주도하는 것으로 파악되고 있다(장원준, 2017b).

또한 이들 국방R&D 선진국들은 지난 30여 년간 항공, 함정, 유도 등 대형무기체계 개발사업을 중심으로 군사 우방국들과의 국제 공동연구개발 사업을 활발히 추진하였다. 그 결과, 글로벌 시장 확보와 첨단 기술역량 제고, 국방예산 절감 등 긍정적 효과를 본 것으로 파악된다.

ADD

ADD는 방위사업청 산하 출연연구기관이다. 우리나라의 국방R&D 종합연구소인 ADD는 첨단 무기체계의 개발 및 핵심 과학기술의 연구를 하는데 정밀타격, 지휘통제

9 Lockheed Martin, Boeing, Raytheon 관계자, 미 CSIS 방위산업 전문가들은 1990년대 탈냉전을 거치면서 기업 주도의 R&D 체제가 정착되면서 DARPA는 기업이 수행하기 어려운 전략·비닉과 경제성이 결여된 분야의 국방핵심기술 개발을 전담하고 있다고 말한다.

통신, 감시정찰우주, 고에너지융합, 시험평가 등 5개 기술본부와 미래도전기술개발을 추진하는 국방첨단기술연구원이 있다. 이 외에 지상·해양·항공의 3개 기술연구원과 민군협력진흥원, 방산기술지원센터를 포함한 5개의 부설기관이 있다.10 대전에 본부(일부 기능은 서울, 진해 등 지방에 위치)를 두고 약 65개의 특화된 연구실을 운용하고 있으며, 안흥(유도무기), 전곡(특수화력), 해미(항공), 세종(전자), 문경(음향), 창원(기동), 거제(해양)에서는 영역별 시험장을 운용하고 있다.

이와 같은 조직 현황을 살펴볼 때, 비닉·비익 사업의 경우 기획과 실행을 함께 수행함에도 불구하고 기본적으로 ADD의 성격은 R&D 실행기관이다. 국방R&D정책의 최종산물이 미래에 개발되어야 하는 무기체계와 핵심기술의 선정에 있다는 점에서 ADD 소장이 방추위의 위원임에도 불구하고 국방R&D정책 형성과정에는 크게 기여하지 못하고 있는 것으로 평가된다.

ADD의 가장 큰 문제는 가장 큰 규모의 R&D 수행 능력을 가지고 있음에도 불구하고 군 수요에 대응하는 무기체계개발을 주 임무로 하고 있기 대문에 핵심기술 개발과

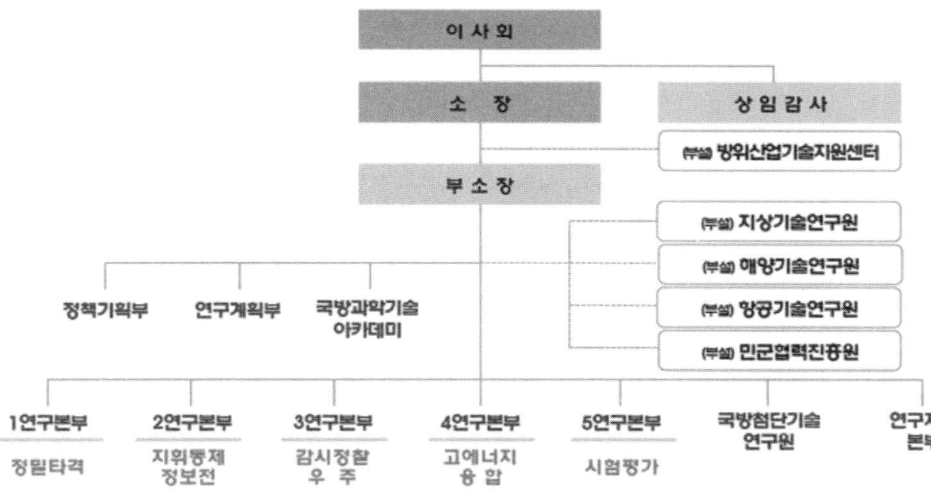

출처: 국방과학연구소 인터넷 홈페이지.

[그림 4-8] 국방과학연구소 조직도

10 2019년 조직 개편 전에는 미사일, 지휘통제정보, 감시정찰우주, 고에너지융합기술, 지상무기, 해양무기, 항공무기, 시험평가 등 모두 8개 기술본부로 구성되어 있었다. 별도로 개방형 R&D를 수행하기 위해 국방고등기술원과 민·군기술협력사업을 총괄하는 민군협력진흥원을 설치하였다.

무기체계에의 적용이라는 자율성이 거의 없다는 점이다. 이에 더하여 개발과정에서 일어날 수 있는 자율성 또한 매우 적어 연구자·개발자라기보다는 사업관리자의 역할에 머무르는 경우가 많아 늘 감사에 시달리고 있다는 점 또한 큰 문제점으로 제기되고 있다.

DARPA

舊 소비에트연방의 스푸트니크(SPUTINIK) 발사에 대응하여 미국 정부가 1958년에 설치한 DARPA(Defense Advanced Research Projects Agency)는 신 개념의 무기체계 개발과 파괴적(disruptive) 핵심기술의 개발을 목표로 하고 있다. 군에서 제기된 요구를 충족시키거나 대학과 기업에서 모험적으로 추진하는 연구개발보다 훨씬 더 넓은 영역과 범위에서 개발 위험이 큰 R&D 프로젝트(연구과제)를 기획하고 실행한다. 이를 위해 상당한 수준의 자율성과 권한, 예산, 민첩성(agility), 선제적 권한(top cover)을 갖는다.

DARPA는 임무 수행의 핵심이 되는 다수의 기술실(technical offices)과 특별프로젝트실이 있으며, 이를 지원하는 지원실(support offices)과 기타 부서로 구성되어 있다. 각 기

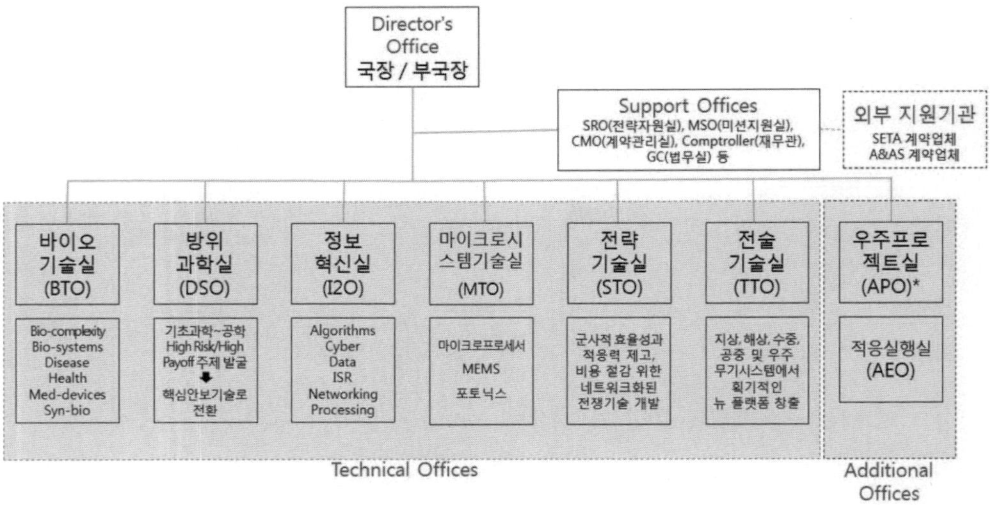

출처: 이효은, 2018: p.10.

[그림 4-9] 미국 DARPA 조직도

〈표 4-2〉 DARPA 예산 추이

(단위 : 백만 US$)

구 분	2015	2016	2017	2018	2019(요구)
기초연구(6.1)	381.4	389.7	399.1	466.0	470.0
응용연구(6.2)	1,136.8	1,163.4	1,143.0	1,346.3	1,431.5
첨단기술개발(6.3)	1,241.1	1,243.7	1,177.6	1,231.6	1,458.1
관리지원(6.6)	156.6	71.6	168.0	77.8	79.3
계	2,915.9	2,868.3	2,889.0	3,071.6	3,438.8

출처: 이효은, 2018: p.15.

술실은 실장과 부실장, PM, 각 과제별 담당자로 구성되어 있다. 기술실은 2018년 기준 6개로 구성되어 있다. 우주프로젝트실은 기술실이 아니라 특별프로젝트실의 형태로 신속하게 첨단 기능들을 조정 및 개발, 배치하기 위한 한시적 조직이다. 2018년 11월 기준 약 220명(PM은 96명)이며, 약 250개의 프로그램이 진행되고 있다(이효은, 2018: pp.10~12). 연간 예산은 약 31억 달러(2018년)이며, 이 중 응용연구(6.2)와 첨단기술 개발(6.3)이 대부분을 차지한다.

PM제도는 지금까지 DARPA가 다른 기관과 비교할 때 뚜렷이 차별화되는 부분이며, 성공적으로 조직을 운영할 수 있었던 핵심요인이다. 참신하고 혁신적인 아이디어를 가지고 있고 PM 채용 자격요건에 해당되면 누구든지 지원할 수 있다. 임용 기간은 4~5년이며, 연임은 거의 없다. 이유는 항상 혁신적이고 새로운 아이디어를 수용하기 위해서이다. 주요 역할은 프로그램 기획, 과제 선정 및 평가, 진도 점검, 계속하여 과제 지원을 할지에 대한 여부를 결정한다(이효은, 2018).

PM제도의 특징을 살펴보면 DARPA는 R&D 수행기관이라기보다는 R&D 기획과 코디네이터의 역할을 수행한다. 수요자인 군과의 강한 협력관계를 유지하면서 무기체계

〈표 4-3〉 DARPA 기술실별 PM 현황(2018년 11월 기준)

기술실	BTO	DSO	I2O	MTO	STO	TTO	계
PM(명)	10	13	20	15	22	16	96

출처: 이효은, 2018: p.56.

와 핵심기술 개발에 기초연구－응용연구－개발－실증(demonstration)을 망라하는 다양한 R&D 투자를 추구하면서 사업이 아닌 과제 중심의 연구개발을 추진하고 있다. [그림 4－10]과 같이 R&D 가치 커브 상에서 공공 연구관리기관의 영역인 기초연구에 의한 컨셉의 제시나 산업체가 중점적으로 추진하는 제품 개발이 아니라, 통상 죽음의 계곡이라고 부르는 그 중간 단계인 프로토타입 개발 혹은 입증(시연)을 목표로 R&D 과제를 추진하고 있다. 또한, 이러한 성격의 R&D 과제를 지속적으로 추진함으로써 궁극적으로는 새로운 핵심기술 영역을 창출하고 고도화하여 타의 추종을 불허하는 기술력, 군사력을 가진다.[11]

DARPA는 무기체계를 개발하는 곳이 아니라 미래에 필요한 혁신적인 무기체계 개발에 필요한 핵심기술의 개발과 입증을 통해서 새로운 무기체계의 탄생이 과학기술적으로 가능하도록 기반을 마련하는 곳이다. DARPA가 투자하는 영역은 초음속 항공기, 최첨단 순항 미사일 등 전략자산 중심의 전통적인 무기체계가 아니라 정보통신기술, 소재－수학－생물학, 마이크로－나노 기술, 생물학－정보통신－소재－미시체계(micro system) 영역이 교차하는 기술 영역이다. 다학제적인 기술적 접근을 위해 DARPA의 세부조직은

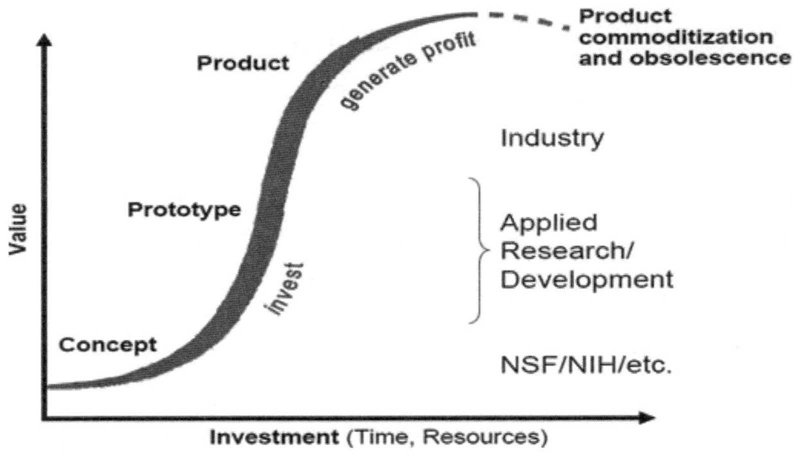

출처: DARPA 홈페이지.

[그림 4-10] DARPA가 추구하는 R&D 가치 커브

11 기술수준이 상승하기 위해서는 혁신적인 기술의 생성이 주기적으로 필요하다. 근본적인 성격의 기술혁신이 이루어질 때 기술의 정교성이 다음 차원의 수준으로 올라가게 되며 이때 기술적 불연속 또는 기술의 확대가 가능하게 된다. 양희승(2001), pp.18~21 참조.

기술적으로 다양성을 가지고 대학－소요군－연방 연구소, 중소기업, 대기업 등이 참여하는 팀으로 구성하고, 기초연구－응용연구－개발을 결합하는 리스크를 혼합하고, 전통적인 학문분야들 간의 연계 영역에서 기회를 포착하도록 노력한다.

DARPA는 고객이 군과 기업이라는 점을 인식하기 위해, 군은 소비자이며, 산업계와 컨소시엄(협력기구) 구성 혹은 비용 분담 등을 통해 시너지를 위한 협력 하에 일을 추진하며, 항상 출구전략(조기 종료를 포함)을 잊지 않고 일을 수행한다. 또한, 신개념의 무기체계 개발과 파괴적 핵심기술의 개발이라는 목표를 달성하는 방안의 하나로 수평적인 작은 규모의 추진 팀의 구성, 대규모 시설이나 장기 소요 과제의 회피, 지속적으로 사업, 사업관리자 및 책임자의 순환(산업계, 타 정부 부처, 군), 계약 시스템과 인재 채용의 유연성·신축성 확보 등을 운영의 원칙으로 삼고 있다.

DARPA의 관리자 혹은 사업 책임자가 되기 위해서는 경이적인 것(miracle identification)의 식별과 기술적 기회에 대해 적절한 대응을 위해 꼭 필요한, 주도적으로 기술적 가능성을 발굴하는 마인드를 가져야 하며 새로운 기술의 창출을 촉진하고 군사적 필요성을 숙지하고 최선을 다하는 사명감을 가지고 기술적, 재정적 유연성을 주도할 수 있어야 한다.

제 5 장

국방기술개발

모듈 1 국방기술개발사업의 내용

국방S&T 왜 필요한가?

제2장에서 기술한 바와 같이, 우리나라의 무기체계개발은 '모방생산－역설계－추격형 독자 개발'의 과정을 거치면서 발전하였다. 핵심부품을 자체적으로 개발한 것은 2000년대에 들어서면서부터이다. 앞으로 전개될 전장 환경은 새로운 형태의 핵심기술들이 적용되고 무기체계로 전개될 것이다. 이러한 전장 환경에서는 남의 것을 뒤따라 하는 무기체계 개발방식으로는 기대하는 방위력을 확보하기란 지극히 어렵다.

독자적으로 핵심부품과 SW의 개발이 가능할 때 미래 첨단 무기체계의 개발이 가능해질 수 있다. 핵심기술과 SW를 개발하기 위해서는 기초연구로부터 시작해야 확보할 수 있는 원천기술의 확보가 필수적이라는 사실은 이미 역사적으로 증명된 바 있다.

그동안 국방S&T를 통해서 출현한 다양한 기술들이 무기체계에 적용되어 왔다. 스텔스 전폭기, 레이저 미사일 요격기 그리고 최근의 로봇, 드론을 이용한 새로운 형태의 공격형 무기 등 많은 사례들이 있다.

잠수함 개발 사례인 다음 [그림 5－1]은 기술개발과 무기체계개발 간의 연계를 보여준다. 잠수함을 독자적으로 개발하면서 음향탐지기체계 개발이나 수상함용 전투체계 개발과 같이 이미 다른 무기체계의 개발 과정에서 획득한 노하우와 국방S&T를 통하여 획득한 기술, 대학이나 출연연구소에서 위탁연구로 수행한 다양한 기초연구의 결과물이 적용된 것을 알 수 있다.

또한, 1990년대에 개발한 압전음향 센서기술과 선배열 센서기술은 1999년 함정무기체계인 예인음탐기체계 개발에 적용하였으며, 더 나아가 2004년에 개발한 저주파 예

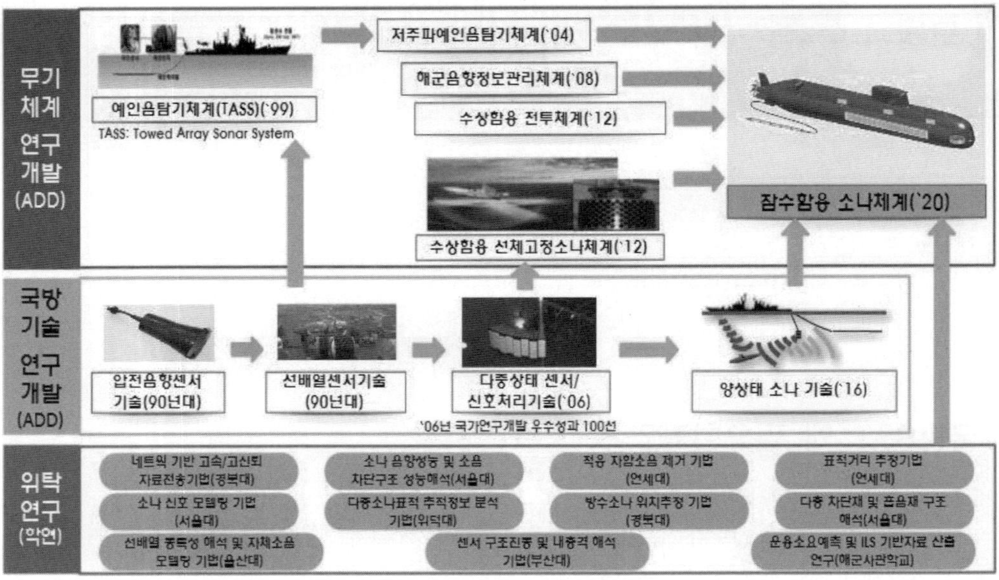

[그림 5-1] 기술 개발과 무기체계개발 간의 연계

인음탐기체계 개발과 2008년 해군 음향정보관리체계 개발에 적용하였다. 선행 개발된 국방기술은 무기체계뿐만 아니라 후속적으로 추진되는 기술개발에도 적용되었다. 예를 들면, 앞의 압전음향 센서기술과 선배열 센서기술은 2006년 다중상태센서/신호처리기술에도 적용되었고 2016년 후속하여 개발하는 양상태 소나기술에도 적용된 바 있다.

혁신적인 무기체계 개발의 선행조건은 핵심기술의 개발이다. 파괴적인 핵심기술 개발의 선행조건은 창의적인 국방S&T이다.

▌국방기술개발사업의 정의와 범위

국방S&T란 제2장 제1절에서 언급한 국방R&D 분류상에서 6.1~6.3의 기술, 즉 기초연구, 응용연구, 첨단기술 개발을 가리킨다. 그러나 우리나라의 경우 순수한 국방S&T 사업은 규모가 작은 편이며, 국방기술개발사업의 일환으로 국방S&T인 기초연구, 핵심기술 개발과 함께 ACTD, 민·군겸용기술, 핵심부품 국산화 개발을 포함하고 있다.

방위사업청의 정의에 의하면, 국방기술개발사업의 범위는, 미래에 필요한 무기체계들인 지휘통제통신(NCW 기반의 센서-지휘통제-슈터 간 다차원 통합망 기술), 감시정찰(지상·해상·공중·우주의 작전영역별 감시정찰 기술), 기동(유·무인 동시 통합 수행능력 제공이 가능한 첨단 기술), 함정(미래 전장 개념에 부합한 임무능력 향상이 가능한 기술), 항공·우주(단기간 내 공중우위 확보가 가능한 공중·우주 전력 개발을 위한 기술), 화력(핵심 표적에 대한 정밀타격 기술), 방호(조기 탐지·경보 및 통합방공체제 구축과 화생방 방호를 위한 기술), 기타(국방 M&S, SW 등 무기체계획득사업의 고도화 및 효율화를 위한 기반 기술)의 개발에 필요한 핵심적인 기술을 확보하기 위해 다양한 형태의 기술개발 활동을 포함한다.

1. 국방기초연구

국방기술개발사업 중 기초연구는 주로 대학 및 출연연구소를 중심으로 이루어지고 있는데 ADD도 일부 첨단기술 개발에 참여하고 있다. 다음 <표 5-1>은 국방기초연구사업의 내용을 설명해 주고 있다.

방위사업청에서 주관하는 기초연구 사업의 경우 국방 목적의 기초연구에 집중함으로써 과학기술정보통신부 등에서 주관하는 일반적인 성격의 기초연구 사업과는 영역을 달리할 필요가 있다. 이를 위해서는 개별 기초 영역을 폐지하고 특화연구센터 혹은 특화연구실 영역을 확대하되, 그 선정에 있어서는 객관적인 기준에 의해 핵심기술의 원천을 확보하는 것에 초점을 맞출 필요가 있다. 또한, 국방 목적 기초연구는 최종 산출물이 논문이 아닌 입증(시연) 혹은 시제(프로토타입) 개발을 목표하여 선정되고 개발되어야 소기의 목적을 달성할 수 있다.

2. 핵심기술개발

무기체계개발에 요구되는 기술을 사전에 개발하기 위해 추진하는 사업으로서 응용연구와 시험개발을 포함한다. 여기서 응용연구란 기초연구의 결과를 군사적 문제의 해결책으로 전환하기 위해 실험적 환경 하에서 기술의 타당성과 실용성을 입증하는 연구를 의미하며, 시험개발은 핵심기술 개발의 최종단계로서 무기체계의 주요 기능을 담당하는 핵심기술을 실현하는 시제품을 제작하여 기존 무기체계에의 적용 가능성과 미래 무기체계에 응용 가능성을 입증하는 것을 의미한다.

〈표 5-1〉 국방기초연구사업

<table>
<tr><th colspan="2" rowspan="2">구 분</th><th rowspan="2">사업 개요</th><th rowspan="2">사업기간
/예산</th><th rowspan="2">기획
(지원)</th><th colspan="3">사업참여
(주관기관)</th><th rowspan="2">비 고</th></tr>
<tr><th>학</th><th>연</th><th>ADD</th></tr>
<tr><td rowspan="3">개별
기초</td><td>일반
기초</td><td>국방과학기술분야의 원천기술 확보 및 신개념 무기체계 개발에 활용 가능한 미래 원천기술을 확보</td><td>3~6년/
총사업비
4억 원 이내</td><td rowspan="5">방위사업청
(국방기술
품질원)</td><td>◎</td><td>△</td><td>△</td><td>무기체계
활용 목적</td></tr>
<tr><td>순수
기초</td><td>물리, 화학, 생물, 수학 등의 국방과학기술분야에 대해 착수년도 자유공모를 통해 과제 응모 후 추진</td><td>3년/
총사업비
1.5억 원 이내</td><td>◎</td><td>○</td><td>△</td><td>자유공모
과제</td></tr>
<tr><td>국제
공동
기초</td><td>대학교수 및 특화연구센터 참여교수 대상으로 해외교수와 국제공동으로 착수년도 자유공모를 통해 과제 응모 후 추진되는 연구과제</td><td>4년/
총사업비
4억 원 이내</td><td>◎</td><td>○</td><td>△</td><td>자유공모
과제</td></tr>
<tr><td colspan="2">특화연구실</td><td>미래 핵심기술분야에 필요한 기초연구분야 5개 내외의 과제로 구성한 국방특화연구센터의 연구실 단위의 집단연구체계</td><td>3~6년/
총사업비
30~50억 원
이내</td><td>◎</td><td>○</td><td>△</td><td>유사
기초기술
집합</td></tr>
<tr><td colspan="2">특화연구
센터</td><td>특정 기술분야를 중점적으로 연구하도록 학계연구소 및 출연연 등에 위촉된 연구센터</td><td>6~9년/
총사업비
130~200억 원</td><td>◎</td><td>○</td><td>△</td><td>국방
중기계획
과제</td></tr>
</table>

* 사업참여 비중: ◎ > ○ > △
출처: 방위사업청, 2015 내용을 재구성.

핵심기술개발사업에는 ① 무기체계 전력화 시기에 부합하도록 체계개발에 요구되는 기술을 사전에 개발하기 위해 국방기획관리 체계에 따라 단위과제별로 추진하는 무기체계 연계형 기술 개발, ② 미래 무기체계 핵심기술군을 산·학·연이 개발한 후 무기체계 소요를 선도하도록 하는 선도형 기술 개발, ③ 미래 전장 운영 개념을 혁신할 수 있는 창의적 신개념의 국방과학 원천기술의 확보를 위해 ADD 주관으로 개별 연구자가 수행 하는 선행핵심기술 개발, ④ 무기체계에 소요되는 핵심 SW를 국산화하거나 다수의 무기체계에 공통적으로 소요되는 핵심기반 SW를 개발하는 핵심 소프트웨어 개발, ⑤ 외국의 우수 기술을 활용하여 무기체계 핵심기술을 공동으로 개발하는 국제공동기술개발을 포함하고 있다.

〈표 5-2〉 핵심기술개발사업

<table>
<tr><th rowspan="2">구 분</th><th rowspan="2">사업 개요</th><th rowspan="2">사업기간
/예산</th><th rowspan="2">기획
(지원)</th><th colspan="4">사업참여
(주관기관)</th><th rowspan="2">비 고</th></tr>
<tr><th>산</th><th>학</th><th>연</th><th>ADD</th></tr>
<tr><td>무기체계
연계형
(응용연구,
시험개발)</td><td>무기체계 전력화 시기에 부합하도록 체계개발에 요구되는 기술을 사전에 개발하기 위해 국방기획관리(PPBEE) 체계에 따라 단위과제별로 추진하는 사업</td><td>3~5년/
사업당
50~200억 원</td><td rowspan="2">방위사업청
(국방기술
품질원)</td><td>◎</td><td>△</td><td>◎</td><td>◎</td><td>국방기획
관리체계
(PPBEE)</td></tr>
<tr><td>선도형
기술개발</td><td>미래 무기체계 핵심기술군을 산·학·연 위주로 신속하게 착수하여 개발한 후 무기체계 소요를 선도하고자 하는 기술개발 사업</td><td>3~5년/
사업당
100억 원
내외</td><td>◎</td><td>△</td><td>◎</td><td>○</td><td>산·학·연
위주</td></tr>
<tr><td>선행핵심
기술</td><td>미래 전장 운영개념을 혁신할 수 있는 창의·신개념의 국방과학 원천기술 확보를 위해 ADD 주관으로 신속 착수하여 개발하는 개별과제</td><td>3~5년/
(ADD
자체연구)</td><td>방위사업청
(ADD)</td><td></td><td></td><td></td><td>◎</td><td>ADD
자체연구</td></tr>
<tr><td>핵심SW</td><td>무기체계에 소요되는 핵심SW를 국산화 개발하거나 다수 무기체계에 공통적으로 소요되는 핵심기반 SW개발 사업</td><td>3~5년/
사업당
30억 원 내외</td><td rowspan="2">방위사업청
(국방기술
품질원)</td><td>◎</td><td>○</td><td>○</td><td></td><td>산·학·연
위주</td></tr>
<tr><td>국제공동
기술개발</td><td>세계의 우수기술을 활용하여 무기체계 핵심기술을 협력 대상국과 신속하게 공동기술개발하는 사업</td><td>2~5년/
총사업비
50억 원 내외</td><td>○</td><td></td><td>○</td><td>◎</td><td>국제협력
(응용연구,
시험개발)</td></tr>
</table>

* 사업참여 비중: ◎ > ○ > △

출처: 방위사업청, 2015 내용을 재구성.

핵심기술개발사업은 국방과학기술 R&D 전략에 기반하여 핵심기술 로드맵을 작성하고 이를 토대로 무기체계에 연계되는 수요견인 유형과 기술선도 유형의 핵심기술을 기획한다. 미래 무기체계에 소요되는 핵심기술을 개발하는 수요견인 유형은 응용연구와 시험개발이 해당된다. 기술이 무기체계 소요를 선도하는 유형에는 선행핵심기술이 포함된다. 수요견인형과 기술선도형이 복합적으로 포함되는 경우는 선도형 핵심기술과 핵심SW 개발이 해당된다.

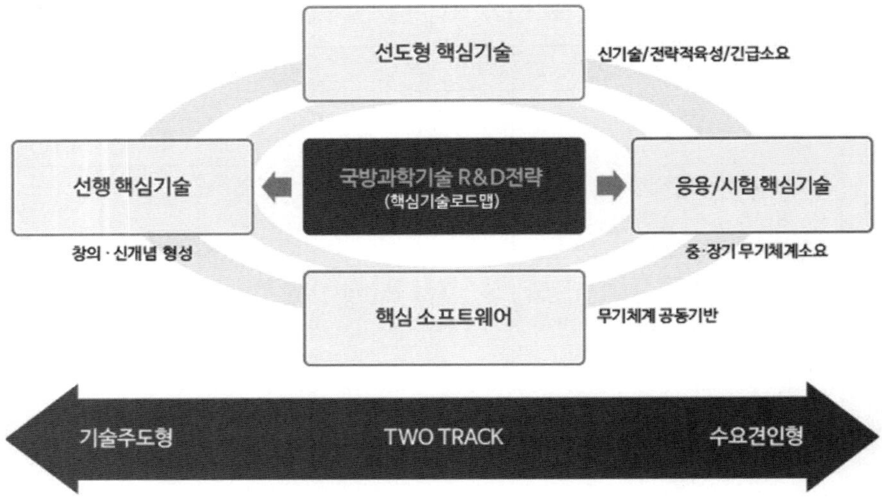

출처: 국방기술품질원 홈페이지 업무소개.

[그림 5-2] 핵심기술개발사업 업무체계

3. ACTD[1]

ACTD는 민간부문에서 성숙된 기술을 활용하여 새로운 개념의 작전운용능력을 갖는 무기체계를 3년 이내의 기간에 개발하여 군사적 실용성을 입증하고, 우수한 기술 개발 성과를 신속히 전력화하기 위한 사업이다.[2] 일종의 민수기술을 국방분야로 이전하는 것으로서, 이미 민간에서 성숙된 기술을 활용하여 새로운 개념의 작전운용능력을 갖는 무기체계를 개발하고 군사적 실용성을 입증하는 것이다.

ACTD는 전형적인 스핀 온(Spin-On)[3] 형태로서 미국, 호주, 캐나다 및 우리나라에서 많이 활용되고 있다. 연구개발 기간 단축과 개발위험 부담 회피 등의 장점이 있는 국방획득 프로세스 개선의 핵심 프로그램이며, 업체자체 R&D[4]와 함께, 무기체계 연구

1 ACTD에 대한 보다 자세한 내용은 장원준(2017a) 참고.

2 방위사업청 예규 제471호(2018. 11. 28.) 「신개념기술시범(ACTD)사업 업무관리 지침」 제2조 제2항.

3 민간 기술이 군사 기술에 재활용되는 것을 의미한다.

4 업체자체 R&D란 하나 이상의 업체가 자체 시설과 기술능력으로 개발하는 것으로 개발에 관련된 모든 비용은 개발 업체가 부담하며, 정부는 개발 실패에 따른 개발 비용 보상과 개발 완료 후 구매 여부에 책임을 지지 않는 개발 형태를 말한다. 기업이 향후 군의 소요나 수출 소요를 자체적으로 판단하고, 투자에 대한 수익과 손실을 계산하여 무기체계를 연구·개발할 경우, 방위사업청은 기업의 판로 개척을 위해 홍보 등의 지원을 하고 있다. 방위사업청 훈령 제497호(2019. 3. 25.) 「방위사업관리규정」 제118조 제1항. 그러나 대부분의 경우 방위사업청이 R&D 성과물에 대한 사용 여부에 대해 확답을 주지 않고 기업의 판단에 의해 추진되고 있기 때문에 아직까지 많은 부분에서 검토할 여지가 있다고 하겠다. 다만, R&D 종료 이전에 합동참모본

개발 중 상향식 개발 방식으로 도입된 대표적인 제도이다. 합동참모본부에서 주관하는 무기체계 소개회 등을 통해 민간분야의 우수한 기술 개발 성과를 활용하여 군의 요구 능력에 부합되도록 적용 가능한 방안을 마련한다는 취지에서 추진되었다.

그러나 ACTD의 그러한 긍정적 취지에도 불구하고, 민간의 기술 개발 결과가 실질적으로 방위력개선사업의 수단으로 활성화되고 있지 않고 있다. 이 제도를 처음 도입한 미국의 방위사업 환경과 우리나라의 방위사업 환경이 많이 다르고, 요구 성능의 모든 항목을 만족해야만 성과물을 수용하는 군 인식 문화가 아직까지도 변하지 않고 있기 때문이다. ACTD 결과물을 군사적으로 활용하기 위해서는 소요군과 합동참모본부의 적극적인 무기체계 소요결정이 있어야 하고, 군사적 실용성이 입증되면 그 성과물을 군에서 우선적으로 활용하며, 추가적인 성능·기능이 필요할 경우에는 후에 사업화하는 환경이 조성되어야 한다. 이러한 환경이 조성되지 않을 경우 ACTD는 일반적인 무기체계 개발사업 기간과 차이가 없다.

지속적으로 소요군은 민간의 제품 중 군에서 바로 활용할 수 있는 제도 마련을 요구하고 있다. 2019년 방위사업협의회에서는 이런 문제를 해결하기 위해 '신속시범획득' 제도를 신설하기로 결정하고 관련 법령의 개정과 시범사업 추진을 위한 훈령 제정을 추진하고 있다. '신속시범획득' 제도는 민간의 제품을 군에서 일정 기간 시범운용하고 군 운용에 적합하다고 평가되면 합동참모본부의 소요결정과 방위사업청에서 직접 구매하여 군에 전력화하는 제도이다.

4. 민·군겸용기술/민·군기술융합[5][6]

'민군겸용기술' 개발이 민간과 군에서 공통적으로 적용 가능한 기술 개발에 초점을 둔 것이라면, 민군기술융합은 민군겸용이 될 수 있는 분야(Spin-Up)를 사전적으로 파악해서 계획적으로 자원을 배분하고, 전략적으로 개발하는 방식을 취함으로써 중복투자를 극소화하는 전략이다. 두 가지 모두 민수 및 군수의 연구개발 자원을 활용하여 산업경쟁력 및 국방력을 동시에 강화하고 투자효율성 증대를 위해 민과 군에서 공통적으로

부의 소요결정이 있는 경우에는 업체자체 R&D에서 업체투자 R&D 형태로 전환되거나, 추가적인 변경 없이 획득이 가능할 경우에는 ACTD로 변경하여 사업을 추진할 수 있다. R&D가 종료되어 완제품이 생산된 경우에는 무기체계 구매사업의 절차를 적용할 수 있다.

5 「민군기술협력사업촉진법」 제3조(민군기술협력사업) 참고.

6 최근에는 민수 기술과 군사 기술 간의 구분이 점점 어려워져 가고 있다는 주장도 제기되고 있다. Mahfoud (2018) 참고.

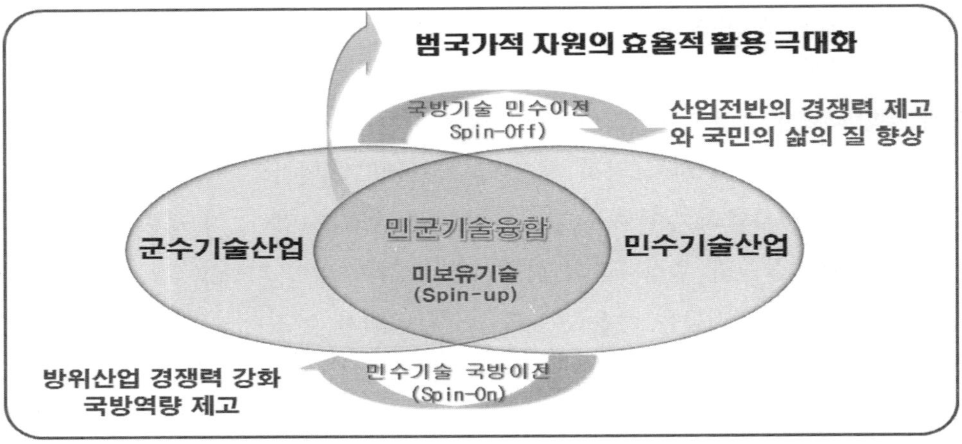

[그림 5-3] 민군기술협력사업의 개념

〈표 5-3〉 '민·군기술협력사업'의 유형별 세부사업 추진 형태

구 분	민·군겸용기술개발	부처연계협력	무기체계 등의 개발	전력지원체계개발
사업 유형	민·군 공통 활용이 가능한 기술의 기초, 응용, 시험개발	각 부처 개발사업 중 민·군 협력으로 추진 시 기대성과가 높은 기술개발	무기체계 등 민과 군이 공통으로 활용 가능한 체계와 그 기반을 구축하는 사업	일반 군수품 및 국방 정보체계 관련 제반품목의 개발
과제 선정 대상	민·군 공동 기획, 기술수요조사, 부처 신청 과제	민·군 협력 가능성이 높거나 부처 협력으로 기획한 과제	국방 부처와 민간 부처가 합의한 체계사업, 국과위 추천사업	기업에 제안한 품목 중에서 필요성을 검토하고, 소요가 결정된 품목
재원 조달	참여 부처에 편성된 민·군 기술협력 예산을 민군협력진흥원에 출연	협력 대상 부처에서 예산 출연	(1) 참여 부처의 민·군 기술 협력 예산 지원, (2) 참여부처 단독 예산 지원	참여 부처에 편성된 민·군 기술협력 예산으로 지원
사업관리	민군협력진흥원에서 담당	참여 부처 산하기관 담당(분산 관리) 또는 민군협력진흥원 위탁(통합 관리)	민군협력진흥원 및 사업단 설치 또는 참여부처 산하기관 담당	민군협력진흥원에서 담당(일부 품목에 한해 군이 관리)

출처: 장원준, 2015.

활용 가능한 소재, 부품, 공정 및 SW 등의 기술을 개발한다는 점에서는 동일하다. '민군겸용기술개발' 사업의 '고기능 고성능 복합섬유소재 개발(탄소섬유)' 등이 전자의 예이며, '부처연계협력기술개발' 사업의 '착용형 상하지 근력증강로봇 기술 개발' 등이 후자의 예이다.

민·군기술협력사업은 4개의 세부사업(민·군겸용기술개발, 부처연계협력, 무기체계 등의 개발, 전력지원체계 개발)으로 나뉘어 실시된다. 자세한 내용은 앞 <표 5-3>에 요약되어 있다.

5. 핵심부품 국산화

외국으로부터 구매한 부품을 국내에서 개발 또는 생산하여 수입을 대체하기 위한 것이다. 1973년 「군수조달에 관한 특별조치법」 제정에 따라 최초로 방산부품 국산화에 대한 논의가 시작되었으며 현재까지 초기 제도설립의 목적에 따라 운영되고 있다.

초기에는 해외 수입품목에 대한 대체품을 생산한다는 개념 하에 '모방 설계'를 중심으로 볼트, 너트 등 단순 수입대체 품목 위주로 개발되었으나, 현재는 항공기용 인터컴, 레이돔 등 무기체계 운용에 필요한 핵심부품을 독자적으로 개발하는 역량을 확보하고자 사업범위를 확대하고 있다.

부품국산화 사업은 국방기술 및 무기체계 연구개발사업을 통해서도 추진되고 있는데, 핵심기술개발사업, 전용기술개발사업, 핵심SW 개발사업 등을 통해 획득한 기술을 활용하여 부품의 국산화 개발에 적용할 수 있으므로 부품국산화는 국방R&D 사업 전반에 영향을 미치고 있다.

체계부품 국산화는 무기체계개발 실행계획에 따라, 양산부품 국산화는 체계부품 국산화 품목 외에 무기체계 양산계획에 의해 방위사업청 IPT가 주관하여 추진하고 있다. 핵심부품 국산화는 국내 연구개발을 통하여 확보한 기술과 국내 설비를 사용하여 해외에서 도입되는 핵심부품과 동일한 품목, 또는 그 이상의 성능과 기능을 발휘할 수 있는 대체품을 개발·생산하는 것으로 방위사업청 방위산업진흥국이 주관하여 추진하고 있다. 일반부품 국산화는 양산 및 운용·유지 단계 부품에 대하여 군의 자체 필요성(수입대체) 또는 개발업체의 소요제기에 따라 업체 자체 예산으로 국산화를 추진한다.

〈표 5-4〉 부품국산화 사업유형 및 특징

종 류		추진방식	비용부담	주관부서	개발품목 특징
전력화 단계 국산화 (체계/양산 사업에 포함)	체계(개발) 부품국산화	정부계획/ 업체개발	정부 (100%)	방위사업청 (사업관리본부)	단종우려 부품 위주로 추진 (전력화 우선)
	양산(단계) 부품국산화	정부계획/ 업체개발	업체 (100%)		
일반 국산화 (전력화 사업외 별도 추진)	일반부품 국산화	업체제안/ 정부승인	업체 (100%)	방위사업청(양산단계)/ 국방부(운영유지단계)	업체개발가능 부품 위주로 추진
	구매조건부 국산화	정부계획/ 업체개발	정부(75%) 업체(25%)	중기청(예산지원)/ 방위사업청(과제관리)	고난이도 기술소요 부품 위주로 추진
	핵심부품 국산화	정부계획/ 업체개발	정부(75%) 업체(25%)	방위사업청	

출처: 산업연구원, 2013 재인용.

국방S&T의 문제점

우리나라의 무기체계 및 핵심기술 개발의 역사는 국방 선진국에 비해 매우 짧다. 수출통제에 해당하는 기술을 포함한 첨단핵심기술의 개발에 있어서도 해당 원천기술을 확보하지 못한 경우도 많다. 이에 따라 우리나라에서는 국방S&T에 중점을 두기보다는 당장에 소요가 제기되는 무기체계 획득을 위한 국방R&D가 우선이었다. 긴급한 무기체계 소요가 발생하는 경우 자체 개발보다는 해외로부터 구매를 통하여 해결하여 왔다. 이러한 행태는 국방S&T의 중요성이나 시급성으로 연결되지 못하는 주된 원인이 되었다. 그 결과, 혁신적인 무기체계 개발의 선행조건은 핵심기술의 개발이며, 파괴적인 핵심기술 개발의 선행조건은 창의적인 국방S&T, 특히 기초연구라는 인식은 더더욱 부족한 형편이다. 이러한 인식은 결국 아래와 같은 문제점을 가져왔다.

1. 다른 것들을 포함하여 숫자를 늘린다

국방S&T에는 6.1~6.3 활동에 합당한 예산이 포함되어야 하나, 우리나라의 경우 국방S&T가 아닌 국방기술개발사업의 이름으로 기초연구, 핵심기술 개발과 함께 ACTD, 민·군겸용기술, 핵심부품 국산화 개발을 포함하고 있다. 엄밀한 의미에서 ACTD, 민·

군겸용기술, 핵심부품 국산화 개발은 6.1~6.3의 활동이 아니다.

2. 기초연구 세부사업의 명칭이 정확하지 않고 내용이 모호하다

세부사업으로 국방 목적과는 직접적인 연관이 없는 순수기초사업이 포함됨으로써 국방 목적 연구로서의 성격을 흐트러뜨린다. 순수 기초, 일반 기초, 국제공동기초 등 세부사업명이 일반적으로 이해되는 수준이 아니어서 설명이 필요하다. 국제공동기초의 경우 예산이 극히 작으면서 하나의 사업을 형성하고 있다.

3. 기본적으로 너무 예산이 작다

국방예산에서 R&D에 해당하는 예산은 2019년 기준 3조 2,284억 원으로, 정부부처 R&D 예산 규모로는 과학기술정보통신부 다음으로 높은 예산이 편성되었다. 하지만 국방S&T에 해당하는 예산은 [그림 5-4]에서 보는 바와 같이 4,000억 원 규모로 약 12% 수준에 해당된다. 이 중 기초연구를 위한 예산은 약 10% 수준에 그치고 있다. 이는 국방연구개발의 주된 목적인 무기체계개발을 위해 수행되기 때문에 국가R&D에서 수행하는 연구개발비보다는 상대적으로 매우 적은 규모로 편성될 수밖에 없다.

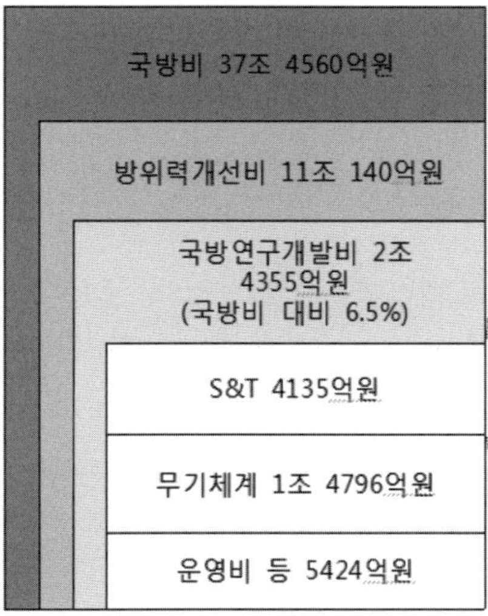

구분	산학연 주관과제	국과연 주관과제	소계
기초연구	449.62	63.91 (특화실험실)	513.53
핵심기술	713.97	1967.84	2681.81
민군 기술협력	542.29	117.71	660.00
핵심 SW	46.01	53.99	100.00
ACTD/ 부품국산화	180.41	-	180.41
합계	1932.30	2203.45	4135.75

출처: 방위사업청 2018년 방위력개선비 예산을 재구성.

[그림 5-4] 2018년도 수행주체별 국방기술개발 예산 구조

4. 소요 선도형 기술개발 개념이 부족하다

지금까지 대부분의 국방연구개발은 「방위사업법」 제18조에 따라 무기체계 소요를 기초로 수행되었다. 즉, 국방기획관리체계에 따라 중기 및 장기 기획문서 상에 무기체계 소요가 반영되어야 그에 필요한 기술을 개발할 수 있다. 무기체계 소요는 없지만 개발된 기술이 무기체계 소요를 선도할 수 있는 기술 개발을 할 수 없다는 의미다. 하지만 4차 산업혁명과 관련된 신기술의 발전 속도는 과거에 비해 매우 빠른 반면, 우리나라의 무기체계 획득 구조는 과거 기계식 무기체계 획득 시절의 구조에 맞춰져 있어서 지금의 신기술에는 맞지 않다. 최근 방위사업청에서는 미래도전기술개발제도를 도입하여 발전시키고 있으며, 이 외에도 신속시범획득제도, 민군기술협력사업의 각종 스핀 온 사업 유형 등을 도입하여 운영하고 있지만, 근본적으로 합동참모본부의 무기체계 소요 기반 하에 획득하는 구조는 변함이 없다.

5. 개방적인 R&D 구조로 전환하여야 한다

국방S&T를 포함하여 국방R&D는 보안을 이유로 지금까지 폐쇄적인 구조로 R&D를 수행하였다. 대부분의 국방기술은 ADD에서 수행하였으며, 기술개발 과정에서 필요한 시제품 제작은 방위산업체를 중심으로 참여하였다. 그러나 국가R&D에서 투자하는 예산규모가 2020년 기준 25조 원에 육박하고 국방R&D와 유사한 과제를 다수 부처에서 수행하고 있다. 과학기술정보통신부에서 주관하는 우주발사체의 경우 다수의 기술개발 과제가 국방R&D와 유사하다. 하지만 국방에서는 보안을 이유로 독자적인 기술을 확보하고자 하며 그 활용도 국방 내부로만 그치는 실정이다.

모듈 2 국방기술기획

국방기술기획의 정의와 의미

국방기술기획은 군의 미래 군사적 니즈를 충족시키기 위해 군 요구능력과 미래 소요 무기체계, 그리고 국방S&T 환경을 분석하고 중장기적으로 기술개발이 필요한 핵심기술을 식별하여 한정된 자원의 투자효과를 극대화하기 위한 기술개발전략을 수립하는 의사결정 과정이다.

국방기술기획의 내용에는 기술전략 수립－기술 분석－기술 평가 등이 포함된다.

1. 국방기술전략 수립

미래 전장 환경과 과학기술 발전에 대한 예측을 바탕으로 기술을 체계적으로 분류하고, 국내·외 기술개발 동향과 발전추세, 국방기술 수준 등을 분석하여 미래 국방R&D 발전전략 수립의 기초 출처로 활용된다. 5년마다 작성되는 국방부의 국방S&T 진흥 정책과 이를 매년 이행하기 위한 실행계획, 국방S&T의 개발 로드맵이 반영된 핵심기술기획서가 함께 작성된다.

2. 국방기술분석

국방기획관리체계상 중기 및 장기 대상기간에 군 소요로 반영된 무기체계에 대한 요소기술 식별과 각 요소기술에 대한 수준 분석·평가를 통해 R&D 가능성, 기술적·경제적 타당성, 최적의 획득방안 및 적정 예산범위를 제시한다.

3. 국방기술평가

ADD 및 산·학·연에서 수행하는 핵심기술개발사업의 수행기관 선정과 수행 단계별 진도 및 최종평가, 절충교역 기술가치 평가, 민간이전 대상의 기술가치 평가, 방위력개선사업 추진에 필요한 의사결정 지원을 한다.

국방기술기획 문서

국방기술기획과 관련한 기획문서는 국방과학기술진흥정책서와 국방기획지침, 합동군사전략목표기획서, 국방과학기술수준조사서, 장기무기체계발전방향, 국방과학기술기술진흥실행계획서, 핵심기술기획서가 해당된다. 국방과학기술진흥정책서와 합동군사전략목표기획서, 국방과학기술기술진흥실행계획서, 핵심기술기획서에 대한 내용은 제3장 4절에서 언급하였다.

국방기획지침은 국방정책, 군사전략, 군사력 건설 소요, 자원배분 우선순위 등에 대한 국방부 장관의 의지를 담은 정책지침서로서 군사력 건설 소요 기획, 국방중기계획 수립, 예산편성에 필요한 지침을 제공한다(국방부 「국방기획관리기본훈령」 제8조). 국방기획

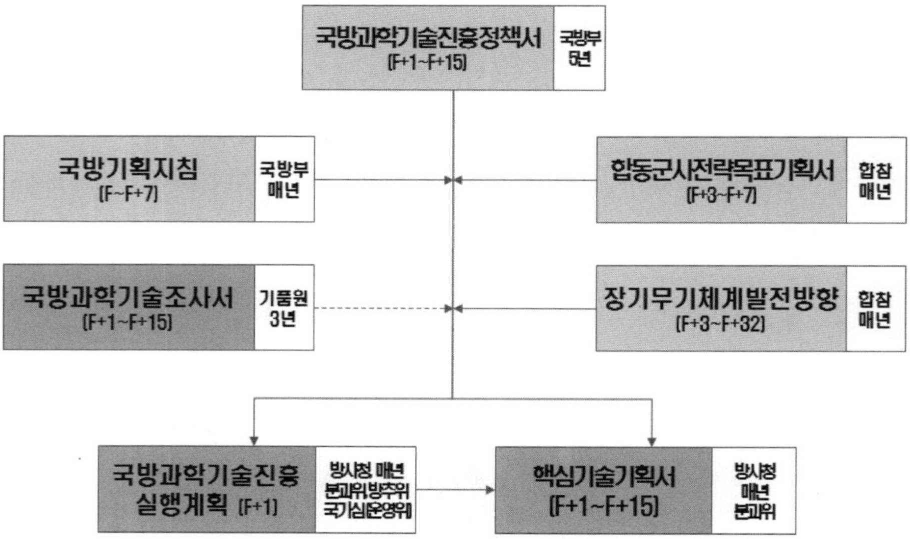

[그림 5-5] 국방기술기획 문서체계

지침은 매년 발간을 원칙으로 하되 안보위협과 국방환경에 특별한 변화가 없는 경우에는 매년 발간하지 않을 수도 있다.

국방과학기술수준조사서는 국방기술품질원에서 매 3년 주기로 발간한다. 발간의 주된 목적은 우리나라의 국방R&D 정책과 연구개발 투자방향 수립에 활용하기 위함이며, 합동참모본부 및 각 군, 산·학·연, 국방 관련 기관 등에 배부하여 활용하게 한다. 이 문서에는 주요 선진국의 기술수준을 8대 분야 26개 대표 무기체계로 구분하여 담고 있다.[7] 국방기술품질원은 무기체계 및 기술 분야별 전문가를 활용하여 비교 대상 주요 선진국가의 국방비 지출, 국방R&D 투자규모, 무기수출 등을 기준으로 무기체계별 기술 현황을 비교·분석하여 종합함으로써 기술분야와 국가별 국방과학기술 수준을 제시하게 된다.

국방기술기획 절차와 수립 내용

국방기술기획은 ① 소요군의 요구능력 분석, ② 중·장기 무기체계 선정, ③ 미래 핵심기술 도출, ④ 핵심기술 확보 방안 수립, ⑤ 핵심기술 로드맵 작성, ⑥ 핵심기술과제 기획의 순서로 진행된다.

소요군의 요구능력 분석에서는 합동기능 개념을 분석하고 이에 기반한 미래 소요군의 요구능력을 분석하며, 중·장기 무기체계 선정에서는 미래에 전력화가 필요한 무기체계를 도출하고 각 무기체계별로 특성을 파악하여 체계개발에 꼭 필요한 핵심기술을 분석한다. 미래에 전력화가 필요한 무기체계 도출의 권한과 책임은 합동참모본부에게 있다. 그러나 핵심기술 도출을 위한 기술기획 대상 무기체계 선정은 방위사업청의 핵심기술 개발 소요제기지침에 따라 국방기술품질원에서 수행한다. 미래 핵심기술 도출에서는 국방과학기술 현황과 기술수준을 바탕으로 미래에 필요한 기술을 도출하면서

7 2019년 『2018년 국가별 국방과학기술수준조사서』에 의하면 비교 대상 국가는 미국을 기준으로 영국, 프랑스, 독일, 러시아, 중국, 일본, 이스라엘, 한국, 이탈리아, 캐나다, 인도, 스페인, 네덜란드, 호주, 브라질 등 16개국이며, 8대 기술분야는 지휘통제통신, 감시정찰, 기동, 함정, 항공/우주, 화력, 방호, 기타(국방M&S, 국방SW)로 구분되고, 26개 대표 무기체계는 1. 지휘통제체계, 2. 사이버전체계, 3. 전술통신체계, 4. 레이더체계, 5. SAR체계, 6. EO/IR체계, 7. 수중감시체계, 8. 전자전체계, 9. 기동전투체계, 10. 지상무인체계, 11. 개인전투체계, 12. 수상함체계, 13. 잠수함체계, 14. 해양무인체계, 15. 고정익체계, 16. 회전익체계, 17. 항공무인체계, 18. 우주무기체계, 19. 화포체계, 20. 탄약체계, 21. 유도무기체계, 22. 수중유도무기체계, 23. 방공무기체계, 24. 화생방체계, 25. 국방M&S체계, 26. 국방SW체계이다.

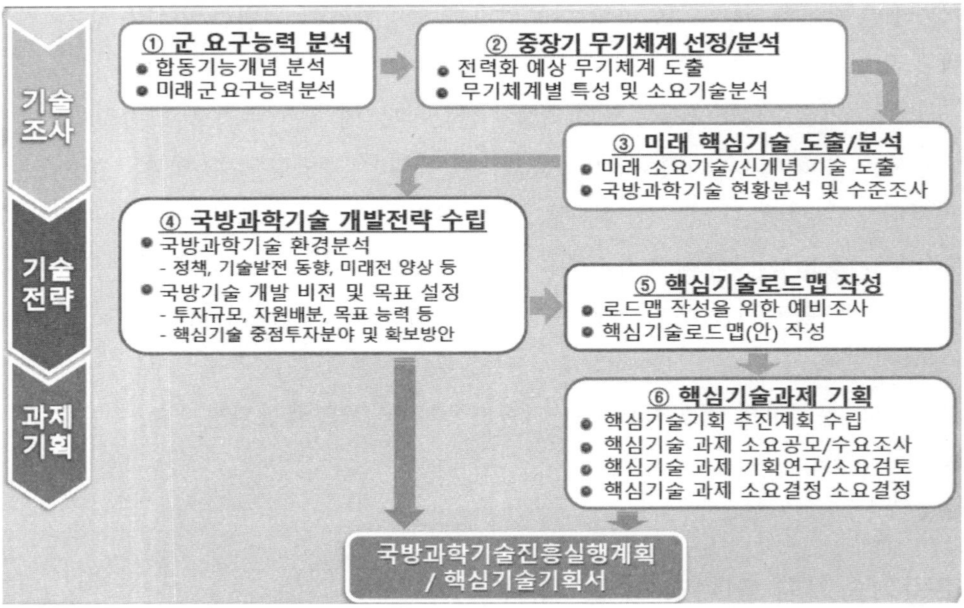

[그림 5-6] 국방기술기획의 절차

보다 강력한 무기체계개발을 위해서 필요한 새로운 개념의 기술을 파악하고 도출하며 자체적인 연구개발능력을 파악한다.

국방과학기술 개발전략 수립 단계에서는 국방R&D와 관련한 대내·외 환경 변화를 파악하면서 국방기술개발 비전을 수립하고 개발목표를 설정하며 목표 달성을 위한 개발전략을 수립한다. 핵심기술 로드맵 작성에서는 핵심기술을 실제적으로 확보하기 위한 절차와 방식, 시기를 고려하여 핵심기술군에 대한 개발 로드맵과 카드를 작성한다.

핵심기술과제 기획 단계는 핵심기술기획서에 반영될 기술개발 과제 선정을 위해 매년 추진계획(소요기획지침에 해당)을 마련하고 과제 소요공모, 기획연구, 소요검토 과정을 거쳐 최종적으로 기술개발을 위한 소요를 결정한다. 결정된 기술개발 과제는 핵심기술기획서에 반영된다.

[그림 5-7]은 국방기술기획 과정에서 최종 산물인 국방과학기술진흥실행계획과 핵심기술기획서 문서의 상호 작성 관계를 나타내고 있다.

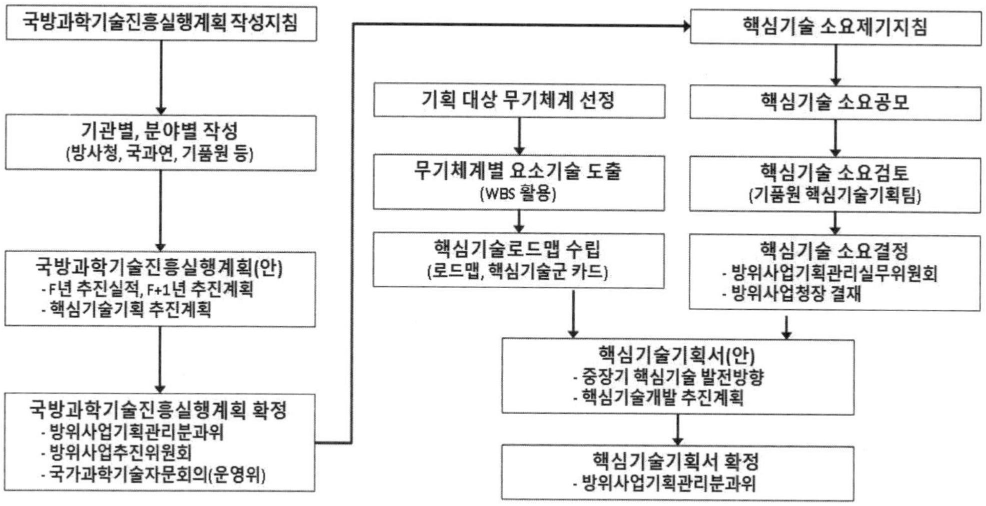

출처: 방위사업청 예규 「핵심기술 연구개발 업무처리지침」 별표 5.

[그림 5-7] 국방과학기술진흥실행계획과 핵심기술기획서 작성 관계

국방S&T 사업의 추진

국방S&T 사업은 크게 무기체계 연계형 기술개발과 기술선도형 기술개발로 구분된다. 무기체계 연계형 핵심기술 개발은 국방기획관리체계 틀 속에서 수행하고 있으며, 기술선도형 기술개발은 기술 발전 속도를 고려하여 전년도에 기획 및 과제를 선정하고 예산편성 당해연도에 착수하는 순서로 수행한다.

무기체계 연계형 기술개발의 일반적인 진행순서를 살펴보면 먼저, 방위사업청은 과제기획을 위하여 국방과학기술진흥실행계획을 기초로 소요제기지침을 작성하여 소요제기기관인 합동참모본부(각 군)와 ADD, 국방기술품질원, 방위사업청 사업본부에 통보한다. 소요제기기관은 소요제기지침에 따라 작성되어진 필요한 기술개발 소요를 종합하여 방위사업청으로 제출하게 되는데, 국방기술품질원은 산·학·연의 기술개발 소요를 종합하는 창구 기능을 수행한다.[8]

---

8 방위사업청 예규 「핵심기술 연구개발 업무처리지침」에 따라 소요제기 대상은 1. 장기무기체계발전방향에서 제시된 무기체계 개발에 필요한 핵심기술, 2. 장기 소요로 결정된 무기체계개발에 필요한 핵심기술, 3. 무기체계 발전추세 등을 고려시 장차 소요될 것으로 예상되는 핵심기술, 4. 군 전력혁신에 필요한 핵심기술, 5. 미래전장을 선도하고 기술개발에 따른 파급효과가 클 것으로 예상되는 핵심기술, 6. 선진 외국에서 기술이전을 회피하는 핵심기술 등이 해당된다.

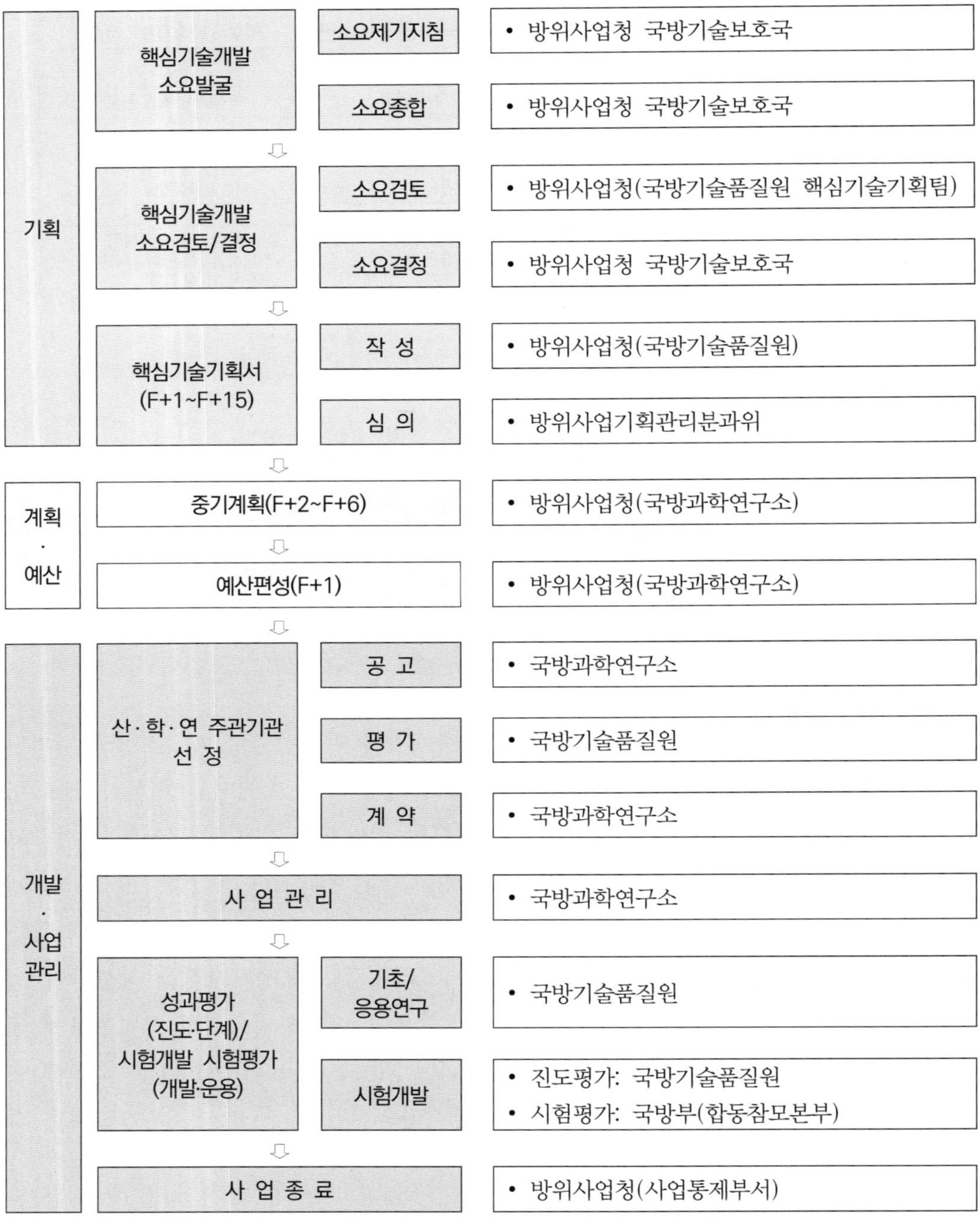

출처: 방위사업청 예규「핵심기술 연구개발 업무처리지침」별표 5 참조.

[그림 5-8] 국방핵심기술개발사업 추진 절차

방위사업청은 제출된 기술개발 소요에 대하여 국방기술품질원의 기술분야별 내·외부전문가로 구성된 핵심기술기획팀에서 전문가에 의한 검토를 수행하고, 그 결과를 활용하여 소요를 결정한다. 소요검토는 핵심기술 육성분야 및 기술발전추세와의 부합성, 기존 기술개발 소요와의 중복성, 기존 핵심기술기획과의 연계성, 국내·외 기술수준 및 확보 가능성, 개발된 기술의 향후 활용성 등을 고려하여야 한다. 이때 기술개발 소요 중 ADD 우위 분야는 ADD 주관으로, 산·학·연 우위 분야는 산·학·연 주관으로 주관 형태를 결정한다. 결정된 기술개발 소요는 핵심기술기획서에 반영하고 방위사업기획관리분과위원회 심의·조정과 방위사업청장 결재를 득한 후 발간하게 된다.

소요가 결정된 기술개발 과제는 ADD에서 국방중기계획 반영을 거쳐 예산편성 후 집행하게 된다. ADD 주관 기술개발 과제는 ADD이 직접 수행하는 반면, 산·학·연 주관 기술개발 과제는 경쟁 과정을 거쳐 선정된 산·학·연에서 수행한다. 산·학·연은 직접 주관하여 수행하는 기술개발 과제 외에도 ADD 주관 기술개발 과제의 시제품 제작 및 연구용역 형태로 사업에 직접 참여할 수 있다.

국방기술개발사업 추진 과정에서 ADD는 ADD 주관 기술개발 과제를 직접 수행하는 것 외에 산·학·연 주관 기술개발 과제에 대해 연구개발 주관기관 선정을 위한 과제공고와 계약, 사업관리를 수행하고 있다. 국방기술품질원은 기술개발 과제에 대한 전반적인 평가 업무를 수행한다. 산·학·연 주관 기술개발 과제의 연구개발 주관기관 선정을 위한 제안서평가와 ADD 및 산·학·연 주관 기술개발 과제의 사업추진 과정에서의 단계평가 및 진도평가를 수행한다. 합동참모본부은 기술개발 과제 중에서 시험개발 과제에 대한 시험평가를 수행한다.[9]

기술선도형 기술개발사업 추진 절차는 무기체계 연계형 기술개발 절차와 다르게 총액 예산으로 편성되기 때문에 '전년도 과제 기획－당해년도 사업 착수' 또는 '당해년도 과제 기획－당해년도 사업 착수'가 가능하다. 따라서 무기체계 연계형 기술개발에 비해 사업 착수 속도가 빠르고, 신기술에 비교적 대응이 유연한 특징이 있다.

9 국방부 훈령 「국방전력발전업무훈령」 제83조의7(핵심기술 연구개발사업 시험평가)에 따라 합동참모본부에서 시험평가계획 수립 및 결과 판정에 대해 조정·통제하고 있으며, 각 군은 승인된 시험평가계획서에 따라 시험평가를 수행하고 결과를 합동참모본부로 제출한다.

모듈 3 국방S&T와 파괴적 무기체계개발

파괴적 무기체계개발의 걸림돌

무기체계개발에 있어서 핵심기술의 확보는 그 선행조건이다. 새롭고 혁신적인 무기체계를 개발하기 위해서는 기존의 무기체계가 기반하고 있는 핵심기술보다 더 새롭고 그래서 기존 기술을 훨씬 뛰어 넘거나 와해시키는 수준의 핵심기술이 필수적이다. 보다 강력한 무기체계가 개발되기 위해서는 새로운 핵심기술을 탄생시키는 데 선결조건인 국방S&T에 투자가 선행적으로 과감하게 이루어져야 하는 이유이다.

최근에 회자되고 있는 AI의 예를 들어보자. 딥러닝(deep learning, 심층학습)으로 대변되는 인공지능을 구현하기 위해서는 기본적으로 인간의 뇌를 모방한 '인공신경망(artificial neural network)'을 구현하는 기술이 필요하다. 인간 뇌의 뉴런과 시냅스 연결을 수십 개의 인공신경망으로 구현해 컴퓨터로 제어하는 것이다. 가상의 뉴런을 시뮬레이션하는 것과 마찬가지다. 이 같은 인공신경망을 컴퓨터 하드웨어로 구현하려면 인공신경망 알고리즘을 개발할 응용수학, 통계학을 비롯해 뉴런과 시냅스로 연결되는 뇌 지도를 구축하는 신경과학 등 다양한 기초과학 연구가 뒷받침되어야 한다.

그런데 왜 혁신적인 연구를 기피하는가?

첫째, 혁신적인 연구, 파괴적인 연구는 서열을 중시하고 보안을 강조하는 전통적인 군 문화 속에서는 생명을 유지하기가 어렵다. 자유스러운 분위기, 상하를 뛰어 넘는 소통, 시간에 구애받지 않고 몰입할 수 있는 풍토가 조성되어야 가능해진다. 기술의 요구수준이 높고 규정에 따른 단계별 절차를 준수해야 하는 까닭에 국방R&D 프로젝트는 국가R&D와 비교해서 소요 시간, 보고(소통이 아닌) 정도, 관리 정도, 비용 수준, 상세성 정도 등의 측면에서 높게 나타난다. 기업의 R&D 프로젝트에 비해서는 거의 상반된 성격을 보인다. DARPA의 예에서 엿볼 수 있듯이, 혁신적인 연구는 기업 R&D 프로젝트의 수준을 넘어 대학이나 연구소의 수준으로 유지되어야 그 목적을 달성할 수 있다.

둘째, 혁신적인 연구는 그 목표가 양산이 아닌 개념의 입증, 좀 더 나아간다면 프로토타입의 시제품 제작이다. 양산의 경우는 [그림 5-9]의 오른쪽과 같이 조건에 따른 성능/기능의 변화가 거의 없다. 균일성이 보장되어야 한다. 반면 개념의 입증이나 시제품 제작에 있어서는 조건의 변화에 따라 성능/기능의 차이가 빈번하게 나타나게 된다. 혁신적인 연구에서는 군이 소요제기를 하면서 설정한 ROC를 짧은 시간에 충족시키기가 어려운 경우가 빈번하게 나타난다. 연구를 이해하지 못하는 군을 보면서 연구자는 낙담하게 된다. 결국, 군은 ROC를 충족시키지 못하는 혁신적 연구에 매력을 느끼지 못하고 관심을 잃게 되며, 개발보다는 도입을 선호하게 된다.

그동안 우리나라에서 수행된 국방R&D의 내용을 살펴보면, 군이 소요제기한 무기체계를 적기에 획득하기 위한 무기체계 개발 및 성능 개선이 전체의 70% 이상을 차지한 반면, 기술개발은 30% 수준에 머물렀다. 대부분 방위사업청과 ADD를 중심으로 개발이 이루어져 왔으며, 수행 방식은 군의 전력화 시기 충족과 연구개발 위험 최소화를 위한 계약 방식으로 추진되었다. 기업 입장에서는 개발 실패 시 「국가를 당사자로 하는 계약에 관한 법률」에 따른 투자비 환수나 지체상금 부과, 부정당업자 제재 등의 조치를

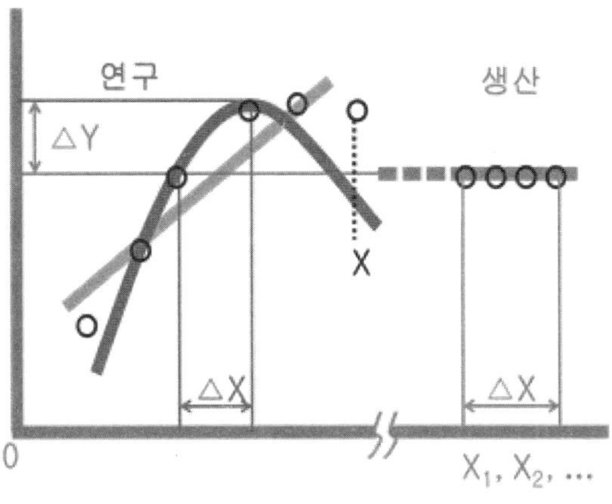

출처: 신상모, "현장에서의 경험", Micro Solutions 내부 작성 자료.

[그림 5-9] 연구와 생산의 차이

감수할 수밖에 없었다.

파괴적 연구개발이 성공하기 위해서는 무엇보다도 소통의 개방성이 존중되어야 하고, 절차의 유연성을 가져야 한다. 폐쇄성과 경직성이 지배하는 환경 아래에서 새롭고 혁신적인 무기체계의 개발은 불가능하다. 남의 나라에서 보유한 첨단무기체계를 갖기 위해 자체 개발이라는 무늬만 가지고 뒤따라 하는 무기체계개발에 익숙한 문화가 지배하는 한 진정으로 독창적인 무기체계의 개발은 어렵다. 아니면, 파괴적 R&D의 주관기관을 군이나 ADD가 아닌 민간이 하도록 허용할 필요가 있다.

새롭고 혁신적인, 즉 파괴적 무기체계를 개발하기 위해 미국의 방산기업들은 중·단기적 관점에서 무기체계를 개발(incremental defense R&D)하는 것과 병행하여 의도적으로 전체 R&D 투자액의 20% 정도를 7~15년 정도의 장기적인 관점에서 무기체계를 개발(disruptive R&D)하고 있다. 높은 실패의 가능성이 있고 새로운 혁신적인 기술의 출현에 따라 개발된 새 무기체계에 의해 기존의 무기체계가 진부화하는 경우가 종종 생김에도 불구하고 장기적인 관점에서 괄목할 만한 수준으로 군사력을 향상시킬 수 있다. 투자의 정당성을 가진다. 물론 장기적인 관점으로, 핵심기술을 개발하는 과정에서 혁신적인 무기체계개발을 직접적인 목표로 하기보다는 프로토타이핑(technology prototyping, 시제품화)이나 성능·기능의 시연을 통한 입증(demonstration)에 보다 방점을 찍는다. 이것은 미래 기술에 대한 가능성을 수요자가 인정함으로써 미래 수요를 창출할 수 있는 동시에

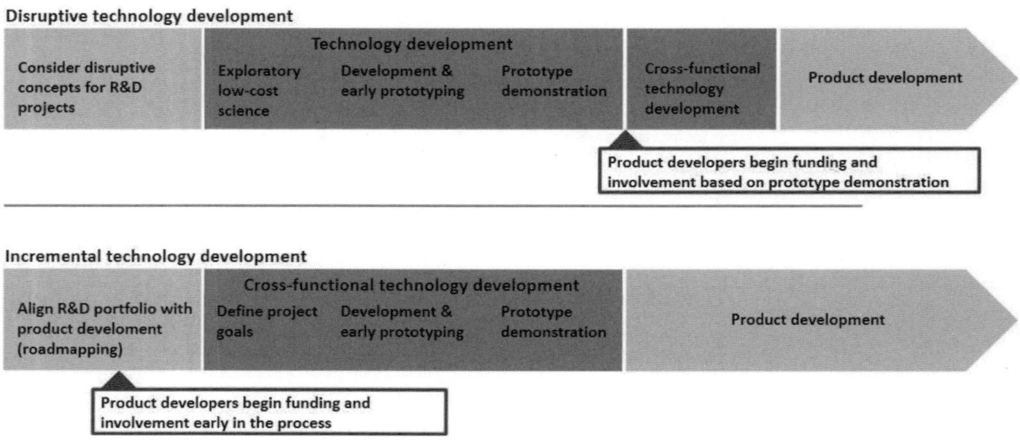

출처: GAO, 2017b: p.22.

[그림 5-10] 점진적 R&D와 파괴적 R&D의 기술 입증 과정 비교

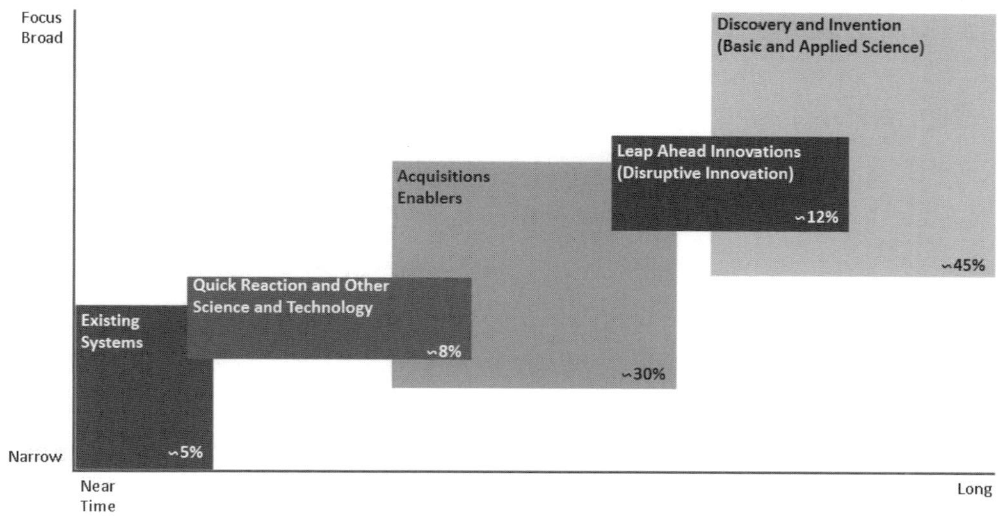

출처: GAO, 2017b: p.29.

[그림 5-11] 미 해군의 R&D 투자 포트폴리오

수요자로부터 피드백을 받아 기술을 고도화하는 기회를 제공해 준다(GAO, 2017). 미 해군의 경우 [그림 5－11]과 같은 'Strategic Bucket Funding 방식'을 통해 R&D 투자 포트폴리오를 유지함으로써 혁신적인 무기체계 개발을 위한 파괴적 R&D를 추진하고 있다.

전통적인 R&D 부서에서 점진적인 R&D가 기획되고 수행되는 것과 달리, 파괴적 R&D는 R&D 부서와는 독립된 형태로 본부 차원에서 기획되고 사업이 추진된다. 전통적인 R&D 체계에서 벗어나 독립적으로 간섭 없이 자유롭게 미래지향적 컨셉의 개발과 적용에 주안점을 두고 R&D가 수행되어야 하기 때문이다.

파괴적 수준의 R&D가 이루어지기 위해 꼭 필요한 조건은 인력의 재구성이다. 내부 인력뿐만 아니라 미래지향적인 기술 개발에 생각을 같이 하는 외부 인력이 함께 협력해서 R&D가 기획되고 수행될 때 투자의 시너지 효과를 이루어 유용한 결과물이 산출될 수 있다. 군과 민간 부문의 인력이 함께 일할 수 있도록 대학, 기업, 출연연구소 등 과학기술 전반의 혁신역량을 총체적으로 활용할 필요가 있다.

▌우리나라에서도 파괴적 핵심기술 개발이 가능한가?

최근 '국방개혁 2.0'의 일환으로 새로운 변화가 추진되고 있는 가운데, 국방R&D에서는 미래 국방 혁신기술의 개발이 화두로 떠오르고 있다. 과학기술정보통신부에서는 미래국방기술혁신사업[10]을 새롭게 시작하였고, 방위사업청에서는 이에 대응하기 위해 미래도전국방기술개발제도를 추진하면서 수행 전담기구로 ADD의 국방첨단기술연구원[11]을 지정하였다. 이에 따라 외견상으로는 방위사업청이 새로운 패러다임의 성격을 갖는 개발사업을 시작하고 ADD 또한 새로운 체제의 조직을 갖추었다. 과연 성공할 수 있을까?

파괴적 기술의 개발이 창조성과 협동성을 전제로 한다는 점에서,[12] 아래와 같은 이유로 몇 가지 아주 어려운 장애물이 앞에 놓여 있음을 부인할 수 없다.

첫째, 방위사업청은 지극히 규정에 따라 움직이는 조직이다. 규정에 철저하다는 것은 절차를 엄격하게 지킨다는 것을 의미한다. 파괴적 성격의 핵심기술 개발은 실패가 용인되는 조직 문화를 필요로 한다. 창의성이라는 것과는 상당한 거리를 두고 형성된 조직 행태와 환경 속에서 혁신적인, 파괴적인 사고의 방식이 태동하고 성장하기란 그리 쉽지 않은 일이다.[13]

둘째, ADD의 경우 방산 비리 척결이라는 정부의 시책에 따라 오랫동안 사정 당국의 감사와 감시를 받아왔다. 이에 따라 연구개발에 있어서 필수 요소인 창의성·독창성보다는 절차성·합법성이 우선하는 조직 풍토가 이루어진 것이 사실이다. ADD는 — DARPA와 닮은 업무를 추진하기 위해 — 2014년 국방고등기술원을 설치하였지만 2019년 이를 국방첨단기술연구원으로 명칭을 변경하고 미래도전국방기술개발사업의 중심기관으로서의 역할을 가지기 위한 노력을 하고 있다. 연구개발기관의 역할보다는 사업관리기관으로서의 역할에 충실하였던 ADD가 혁신적이고 파괴적인 미래 핵심기술 개

10 2019년 신설된 시범사업으로서, 기술주도형 연구와 수요견인형 연구로 나누어 추진된다. 집단 연구와 개인연구가 병행해서 이루어진다.

11 국방고등기술원은 2014년에 설치되었으며, 2019년 국방첨단기술연구원으로 개편되어 In-house 연구역량을 활용한 연구와 외부 연구역량을 활용하여 미래도전국방기술개발제도를 운용하고 있다.

12 김갑수 외(2002), pp.39~47을 참조. 조직의 창조성은 원천 과학기술 확보를 통한 breakthrough(성과 관점), 다양성·자기조직화 학습조직(특성 관점), 창의적 의사결정과정과 집단 시너지 효과(과정 관점), 창의적 연구 분위기와 실패용인 학습조직(환경 관점)을 기반하여 가능해진다. 손병호·현재호(1999) 참조.

13 기업의 경우도 신제품 개발 과정에서의 기존 조직으로부터의 자율성, 독창성 훼손을 막기 위하여 별도의 조직을 외부에 설치하거나 시니어 경영자의 직할 소속으로 하는 경우가 많다.

발의 역할까지 성공적으로 감당할 수 있는가에 대한 조직 진단이 필요한 시점이다.

셋째, 새로운 방식에 의해 탄생된 기술을 적극적으로 활용하고 파괴적 기술을 적용한 신 무기체계를 개발하기 위해서는 소요군의 적극적인 수용태세가 필요하다. 100% 완성된 성능을 가지겠다는 욕심을 버리지 않은 상태에서 ROC를 100% 충족시키지 않는 새로운 무기체계를 용인하기란 참으로 어렵기 때문이다. 적어도 진화적 ROC 적용의 필요성을 용인할 수 있어야 한다. 약간 부족한 수준이라도 전장에서 사용할 적극적인 생각을 해야 한다. 해외 구매 시 충족되는 수준의 완성품만을 기대하는 마음을 가져서는 혁신적인 기술의 개발을 통한 새로운 무기체계의 개발이 어렵다.

진화적 ROC를 적극적으로 도입해야 하는 이유는 자명하다. 새로운 과학기술을 적용한 제품의 완성은 하루아침에 이루어지는 것이 아니라 점진적으로 개량되는 과정을 거친다. [그림 5-12]에서 보는 바와 같이 과학기술의 수준이 획기적으로 첨단화되면서 전통적인 목표 달성 방식은 사라지고 지속적으로 수요자로부터 피드백을 받아 가면서

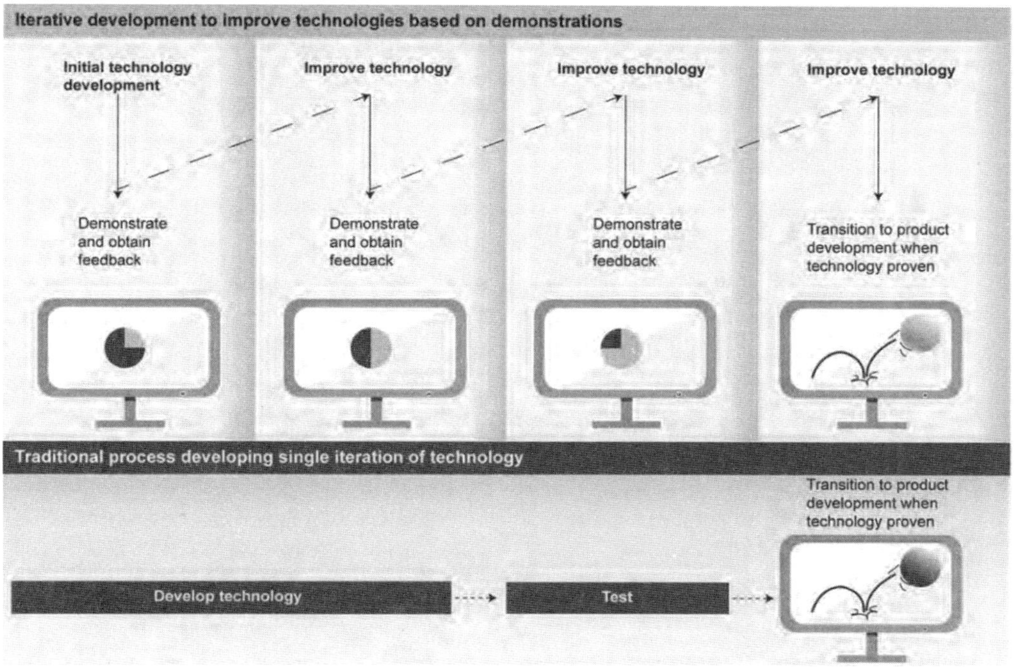

출처: GAO, 2017b: p.24.

[그림 5-12] 개발과정 방식의 비교

정교화되는 방식으로 변화하고 있다. 이러한 변화 뒤에는 경쟁이 치열해지고 비용이 기하급수적으로 높아지면서 나타나는 문제점들을 극복하기 위해 개발 기간을 단축하고자 하는 전략이 보편화되었기 때문임을 부인하기 어렵다.

넷째, 연구개발을 구매와 같은 선상에서 감사하는 행태가 불식되어야 한다. 해외 구매가 잘 닦아 놓은 고속도로를 달리는 자동차와 같다면, 연구개발은 정글 속을 헤쳐 나가는 험난한 탐험과 같은 것이다. 가보지 않는 길을 가는 것이요, 정글 속에는 우리가 알지 못하는 복병들이 많다는 것을 이해할 수 있어야 한다. 해외 구매와 연구개발의 성격이 전혀 다름에도 불구하고 동일한 잣대로 감사를 하는 관행이 개선되어야 새로운 시도, 새로운 방식의 개발이 가능해진다. 미래 전장 환경에 적용할 파괴적 핵심기술의 개발을 촉진하기 위해서는 창의성을 촉진하는 방향으로 「국가를 당사자로 하는 계약에 관한 법률」, 「방위사업법」 등의 법률 개정이 반드시 필요하다.

제 6 장

무기체계개발

모듈 1. 무기체계사업의 종류

모듈 2. 무기체계개발의 특징

모듈 3. 무기체계개발 추진 절차

모듈 4. 기술성숙도 평가

모듈 5. 무기체계개발의 주요 이슈

모듈 1 무기체계사업의 종류

방위사업청은 합동참모본부의 무기체계 소요결정 결과를 통보받으면, 이를 담당할 통합사업관리팀(Integrated Project Team: IPT)을 지정하고 접수된 무기체계 소요를 지정된 IPT로 배정한다. 이 때, 무기체계 소요결정 결과가 100% 사업으로 착수되는 것은 아니

〈표 6-1〉 방위사업청 사업팀 및 담당 사업 현황

구 분 / 사업부	2014년		2015년		2016년		2017년		2018년	
	IPT	사업수	IPT	사업수	IPT	사업수	IPT	사업수	IPT	사업수
계획운영	8	93	8	93	7 1)	107	7	107	7	14 2)
지휘정찰	9	98	9	81	9	74	9	77	9	72
기동화력	9	90	9	101	9	78	9	81	9	79
함 정	8	47	9	46	8 3)	58	8	58	8	36
항공기	7	45	6	32	7 4)	28	7	28	8 5)	29
유도무기	7	85	7	79	7	91	7	95	7	80
한국형헬기	2016.12.31. 신설(한시→정규조직)						3	6	3	6
한국형전투기	2015.12.31. 신설(한시)				3	1	3	1	3	1
차세대잠수함	2015.12.31. 신설(한시)				3	8	3	8	3	8
계	48	441	48	458	53	445	56	461	57	325

1) 계획운영: 시설사업팀 폐지
2) 계획운영: 조직개편(선도기술사업팀, 핵심기술사업팀 청본부로 소속변경)으로 사업수 감소
3) 함 정: 차세대잠수함사업단 신설(청본부)에 따른 장보고-Ⅲ사업팀 해체
4) 항 공 기: 피아식별장비사업팀 신설
5) 항 공 기: 연합전술데이터링크사업팀 신설
출처: 방위사업청 『2019년도 방위사업 통계연보』.

다. 사업추진 단계별 소요검증, 선행연구, 사업 타당성 조사, 국방중기계획에 신규사업으로 재원 반영, 예산 편성 등의 과정을 거쳐 사업으로 본격 착수할 수 있다. 앞의 <표 6−1>은 2014년부터 2018년까지 방위사업청의 각 사업부별 IPT 현황과 배정된 사업수를 나타낸 것이다.

<표 6−1>의 전체 사업수 중에서 『2018년도 세입·세출예산 각목명세서』에 반영된 무기체계사업은 총 256개이며, 이 중 기술협력을 포함한 국내 연구개발사업은 75개(29.0%)이다. 양산 단계에 있는 사업은 68개(26.5%)이며, 해외구매사업은 FMS[1]를 포함하여 66개(22.9%)가 해당된다. 무기체계 소요는 결정되었으나 사업추진 방법(연구개발 또는 구매)을 검토하기 위한 선행연구에 해당되는 사업은 47개(18.6%)이다.

방위사업청이 주관하여 수행하는 무기체계개발사업의 종류와 내용은 늘 변한다. 현재는 425사업 등 지휘정찰사업 14개, 무인경전투차량 등 기동화력사업 8개, 장보고−Ⅲ 전투체계 등 함정사업 9개, 소형무장헬기 등 항공기사업 3개, 단거리로켓발사기 등 유도무기사업 10개가 진행 중이다.

〈표 6-2〉 무기체계 획득 유형별 사업관리 현황(2018년 12월 기준)

(단위: 개)

구 분		사업수	비 율
연구개발	연구개발	55	21.4%
	소규모 업체개발	16	6.2%
	ACTD	2	0.7%
	기술협력	2	0.7%
양 산		68	26.5%
구 매	국내구매	15	5.9%
	외국구매	37	14.5%
	FMS	14	5.5%
선행연구		47	18.6%
계		256	100.0%

출처: 방위사업청 『2019년도 방위사업 통계연보』.

1 FMS: Foreign Military Sales(대외군사판매), 국외 조달 구매방법의 한 형태로 우리나라 정부가 외국 정부로부터 군수품을 구매하는 것을 지칭한다(방위사업용어사전).

무기체계개발사업의 내용을 면밀히 살펴보면, 우리나라 군사력 수준이 그 동안 획기적으로 향상되었음에도 불구하고 그 절대 액수가 작아 첨단무기체계라고 칭할 수 있는 것이 그리 많지 않은 것이 현실이다.

첨단무기체계는 대규모 재원이 필요하다. KFX 사업의 경우 2016년에 착수하여 2026년까지 개발을 완료하고 이후 2032년까지 양산을 완료할 예정으로,[2] 개발비는 약 8.5조 원 규모이며 <표 6-3>의 국방R&D 예산을 고려하면 다른 첨단무기체계 개발을 위한 가용 재원이 절대적으로 부족한 상황이다.

〈표 6-3〉 국방R&D 예산 추이

연 도 / 구 분	2013년	2014년	2015년	2016년	2017년	2018년	2019년
국가R&D	171,471	177,358	188,245	190,942	194,615	196,681	205,328
전년 대비 증가율(%)	7.0	3.4	6.1	1.4	1.9	1.1	4.4
국방비	344,970	357,056	374,560	387,995	403,347	431,581	466,971
전년 대비 증가율(%)	4.7	3.5	4.9	3.6	4.0	7.0	8.2

출처: 방위사업청 『2019년도 방위사업 통계연보』.

2 방위사업청 인터넷 홈페이지(www.dapa.go.kr) 보도출처 참조.

모듈 2 무기체계개발의 특징

대규모의 연구개발사업, 즉 메가 프로젝트는 방대한 규모, 많은 참여자, 고도의 복잡성, 높은 위험, 대규모 비용 소요, 수행 기간의 장기성 등을 특징으로 한다. 실패의 가능성도 높다.

고도의 첨단기술을 포함하는 무기체계개발은 전형적인 메가 프로젝트의 성격을 갖는다. 하나의 무기체계개발에 수천억 원이 소요되는 경우도 많다. 어떤 경우는 1조 원 이상의 재원이 필요하다. 소요제기부터 전력화까지 수백 명의 다양한 전문인력이 참여해야 한다. 하나의 무기체계개발에는 체계통합 및 시험, 형상, 소재, 전자, 기계, 내장형 및 응용 소프트웨어 등 다양한 기술의 집적이 요구된다. 많은 분야의 기술전문가들의 협업이 필수적이다. 5~10년 이상의 개발 기간과 3~5년 이상의 양산 및 전력화 기간을 필요로 하는 경우가 대부분이다.

다음 <표 6-4>에서와 같이, 무기체계개발은 소요제기부터 전력화까지 전 과정에서 다른 부문의 개발사업과 비교하여 상당히 타이트하게 관리된다. 목표하는 작전운용성능도 충족시켜야 하지만 절차도 반드시 준수해야 한다.

무기체계개발 과정에서 관리가 철저하게 이루어지는 이유는 소요비용이 큰 반면 실패의 확률이 높기 때문이다. 제1장에서 언급하였다시피 군에서 요구하는 무기체계는 극한성, 고신뢰성, 초내구성 등을 요구하기 때문에 이를 충족시키는 것이 쉽지 않다. ROC를 충족시키지 못해 자체 개발을 포기하고 해외 구매로 전환되는 경우도 많이 발생한다.[3] 이러한 점들 때문에, 최근 우리나라에서도 기존의 완성형 개발에서 일부 국방

3 2006년부터 1,180억 원을 들여 추진되어 온 차세대 무인정찰기 'UAV-Ⅱ'사업에 대해 감사원은 북한 57mm 고사포의 사정권에 들어 있어 사실상 무용지물이라고 판단하고 교육용으로 전환하라고 권고한 바 있다. 이 정찰기는 송골매보다 비행시간이 6시간 이상 길고 두 배가량 높이 날 수 있다. 특히 어떤 기상조건에서도 탐지할 수 있는 합성개구면레이더(SAR)도 장착하고 있다. 박재훈(2019) 참고.

〈표 6-4〉 부문별 R&D 프로젝트의 관리적 성격

	Types of Project/Industry				
	In-house R&D	Large construction	Aerospace /Defense	MIS	Engineering
1. Need for interpersonal skill	Low	High	High	High	Low
2. Importance of organizational structure	Low	Low	Low	High	Low
3. Time management difficulties	Low	High	High	High	Low
4. Number of meetings	Excessive	Excessive	Excessive	High	Medium
5. Project manager's supervisor	Middle mgt	Top mgt	Top mgt	Middle mgt	Middle mgt
6. Project sponsor present	Yes	Yes	Yes	No/Yes	No/Yes
7. Conflict intensity	Low	High	High	High	Low
8. Cost control level	Low	High	High	Low	Low
9. Level of planning & scheduling	Milestones only	Detailed plan	Detailed plan	Milestones only	Milestones only

출처: 현재호 R&D Management 강의 자료.

선진국에서 채용하고 있는 ROC를 점진적으로 상향하는 진화적 개발 개념을 도입하려는 움직임이 나타나고 있다.

무기체계개발이 성공하지 못하는 원인으로는 소요군의 불완전한 요구사항, 사용자인 소요군의 개발 초기단계에서의 참여 부족, 자원의 부족 등이 지적되고 있다. 그 외에도 소요제기 과정과 개발 초기의 비현실적인 기대감, 최고의사결정자인 군 수뇌부의 개발에 대한 지원 부족, 요구사항 및 사양의 변경, 전장 환경 변화에 따른 소요의 변화 등도 원인으로 제시되고 있다.

메가 프로젝트인 무기체계개발을 성공적으로 완성하기 위해서는 엄격한 관리가 절대적으로 필요하다. 그럼에도 불구하고 혁신적인 무기체계, 와해적 핵심기술을 개발하기 위해서는 창의적인 환경 기반이 마련되어야 하는 점도 동시에 고려되어야 할 필요가 있다.

촉박한 개발 일정을 맞추기 위해서는 핵심부품이나 구성품을 해외로부터 사오거나

〈표 6-5〉 무기체계개발의 실패 요인

• ROC 과다 책정 혹은 ROC 불명확 • 연구개발 예산의 안정적 확보 실패, 연구개발 예산 책정 부족 • 기술 확보 차질(E/L 제한, 국내보유기술 수준 파악 미흡 등) • 충분히 기술 확보가 안 된 상태에서 연구 착수 • 연구개발 관리의 미흡 • 진부화된 개발방식 적용(예: M&S, PLM 등 미활용) • 작전운용의 필요성이 없어짐(기술진부화, 작전개념/전쟁양상의 변화) • 폐쇄적·제한적인 연구개발 자원 활용체계 고수(국가연구자원, 인프라 활용 미흡 등) • 기타 사유(예: 개발업체 부도, 허위원가에 의한 계약 등)

출처: 유형곤, 2012: p.6.

필요한 기술을 외국 기업으로부터 협력을 받아 생산하는 방법을 적용할 수밖에 없다. 결국 무기체계 개발을 한다고 하지만 핵심기술에 대해서는 기술 종속으로부터 벗어날 수 없게 된다. 여기에 더하여 해외 정부에서 특정 부품에 대한 수출통제가 적용될 경우에는 무기체계개발계획 자체를 수정하거나 포기해야 하는 문제에 직면하게 된다.

경직된 연구개발 환경 개선도 필요하다. 가장 큰 문제는 개발 목표를 사업 초기단계부터 확정하고 이를 '계약'이라는 매우 강한 틀 속에서 통제하여 유연한 연구개발을 하지 못하게 하는 구조이다. 'High risk, high return'이라는 성과를 기대할 수 없다. 무기체계개발은 항상 100% 성공을 담보할 수 없는 분야다. 메가 프로젝트 특성에 맞게 연구개발 환경을 근본적으로 개선할 필요가 있다.

모듈 3 무기체계개발 추진 절차[4]

▌무기체계개발 추진 절차 개관

무기체계개발은 소요제기로부터 전력 배치까지 74단계의 절차를 거친다. [그림 6-1]은 무기체계개발의 요약된 추진 절차를 보여주고 있다. 소요 기획·결정부터 전력

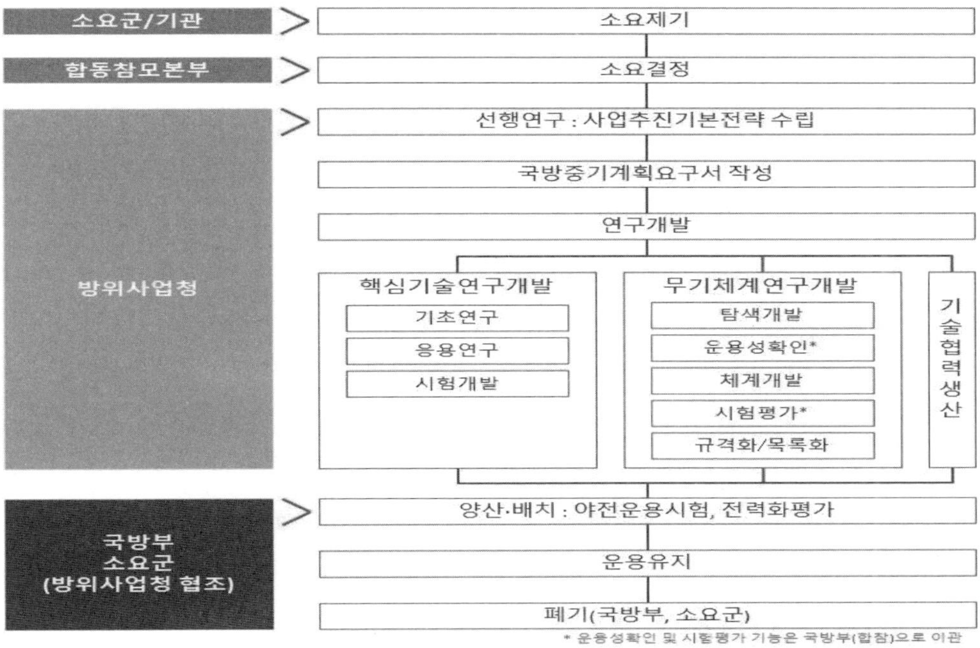

[그림 6-1] 무기체계개발의 추진 절차

4 미국에서의 획득절차에 대한 구체적인 내용은 https://www.dau.mil/tools/t/ILC를 참고.

소요검증, 사업타당성조사는 정책 형성의 영역에 해당되며, 예산 편성부터 전력화는 정책 실행에 포함되는 영역이다.

▌소요 기획단계

무기체계의 획득은 군의 특정 무기체계에 대한 소요군의 소요제기로부터 시작된다. 현재까지 무기체계에 대한 소요요청이 가능한 기관으로 지정된 곳은 국방부 본부, 방위사업청, 합동참모본부, 각 군, 국직기관(국방정보본부, 국군지휘통신사령부, 안보지원사령부, 의무사령부, 국군심리전단) 등이 있다. 이들로부터의 소요제기가 없으면 특정 무기체계의 획득은 이루어지지 않는다. 이 단계에서 해외 구매 방식 혹은 자체 개발 방식의 채택 여부는 결정되지 않지만, 소요제기가 군의 전유물이라는 점에서 자체 개발 방식이 채택되더라도 와해적 핵심기술 개발과 무기체계 개발의 가능성은 거의 없다고 보아도 무방하다. 지극히 선진국 추격형 무기체계개발 수준에 머무르고 있는 이유이기도 하다.

소요결정은 합동전략실무회의 → 합동전략회의 → 합동참모회의를 거치면서 이루어진다. 합동군사전략목표기획서를 기반으로, 합동전장운영 개념을 반영하여 검토하게 된다. 이와 유사한 방법으로, 국방부는 전력지원체계와 관련된 소요를 결정한다.

폐쇄적인 소요제기 시스템을 운용하는 경우, 소요 기획단계에서 문제점이 발생할 가능성이 있는데, (1) 군 수요에 기반한 소요제기가 이루어질 뿐, 기술발전에 따른 와해적 기술의 출현과 이러한 기술의 무기체계로의 적용이 거의 불가능하며, (2) 합동참모본부에서 다양한 수준에서 제기된 소요를 토의·검토함에도 불구하고, 타군에서 제기한 소요를 또 다른 타군이 이의를 제기한다는 것은 어려운 환경이며, (3) 민수부문으로부터 국방부문으로의 스핀 온이 충분히 이루어지기 어렵다는 점 등이 제기되고 있다.

소요를 결정하는 과정에서 최근에 나타나고 있는 문제점으로, "연구개발 단계부터 수출을 고려해야 한다"는 주장이다. 2015년부터 소요결정 이전에 해당 무기체계의 시장성, 수출 가능성 등을 검토하기 시작하였는데, 경제성을 가미하면서 무기체계 선정에 왜곡이 일어날 가능성이 노정되었다는 점이다.

무기체계개발의 일차적인 목적이 우리 군이 미래 전장 환경에서 꼭 필요한 무기체계를 확보하는 것임에도 불구하고 왜 이 시점에서 사적인 영역, 즉 시장성과 수출 가능성을 검토하는지에 대한 의문이 앞선다. 시장성 혹은 수출 가능성이라는 것이 우리 군의 전력화 이후 개발 비용을 낮추고 개발에 참여한 방산기업의 수익성을 향상시키기 위한 것임은 분명하지만, 그럼에도 불구하고 무기체계개발 자체의 결정에 있어서 수익성과 수출 가능성이 개입되어서는 꼭 개발이 필요한 무기체계가 수익성과 수출 가능성이 낮아 소요결정에서 탈락될 가능성을 배제하기는 어렵다. 특히 첨단 무기체계 개발의 경우 수익성과 수출 가능성은 군 수요 자체가 적고 해외로의 판매 가능성이 낮아 더욱 그러한 현상이 높게 나타날 수 있다.

[그림 6-2]는 무기체계 소요 기획단계의 상세 내용을 도식화하여 보여주고 있다.

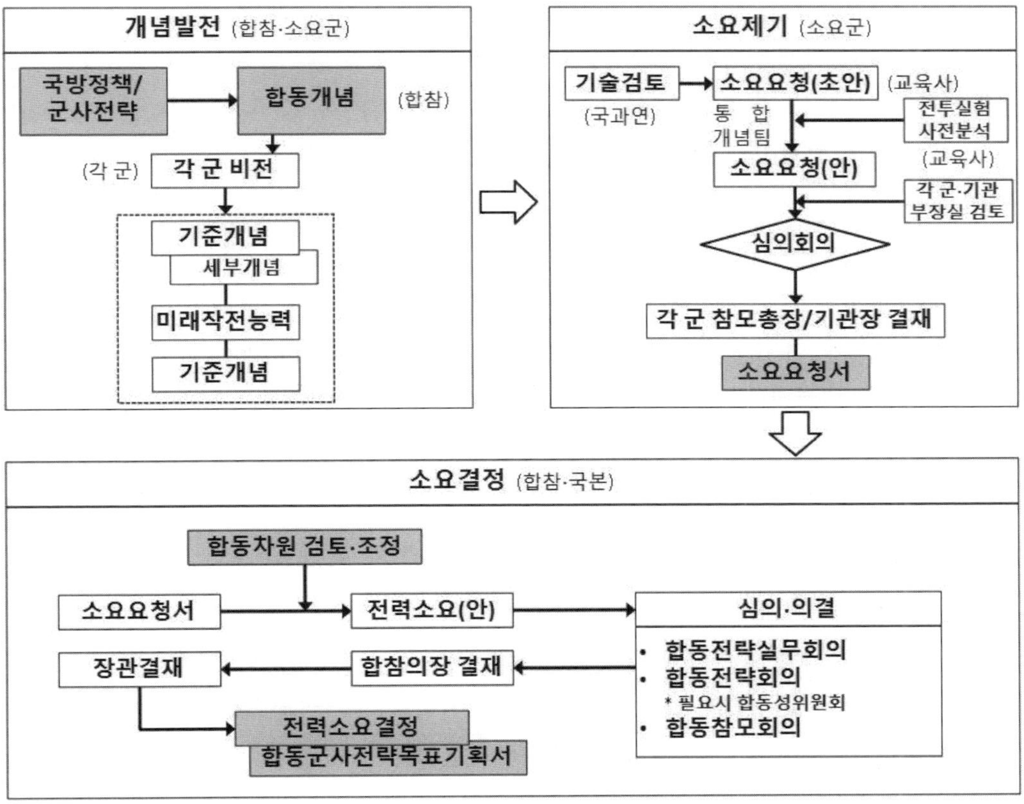

출처: 「국방전력발전업무훈령」 별표 5 '국방전력발전업무절차도'.

[그림 6-2] 무기체계 소요기획 절차도

▌획득단계

합동참모본부에서 소요제기에 대한 긍정적 의견이 도출되고 소요결정이 이루어지면 「방위사업법」 제17조에 따라 해당 무기체계개발에 대한 선행연구가 이루어진다.

1. 선행연구

선행연구란 개발 과제로 확정하기 이전에, 개발 가능성을 판단하고 개발 과제로 채택하였을 경우의 개발·운용 유지에 대한 경제성을 판단하는 것을 말한다. 선행연구에서 주로 고려하는 내용은 기술적 요소, 경제적 요소, 정책적 요소 그리고 사업관리적 요소의 네 가지이다. 구체적으로는 개발 가능성, 소요시기, 소요량, 국방기술수준, 방위산업 육성 효과, 경제적 타당성, 비용 대비 효과분석 등을 조사·분석하는데, 필요한 경우에는 미래 시장성, 수출 가능성, 국제공동개발 가능성 등도 검토한다.

선행연구는 원칙적으로 방위사업청 IPT 주관 하에 수행하고 국방기술품질원의 전문적인 조사·분석을 받게 된다. 또한 해외 구매 계약 등 중요 사항은 정부의 승인이 필요하다. 방위사업청은 선행연구 결과를 근거로 '사업추진기본전략서'를 작성하는데 여기에 획득 방법(해외 구매 혹은 자체 연구개발)도 포함됨은 물론이다. 획득 방법을 결정하는 과정에서 자체 연구개발의 경우, 기술발전 추세를 고려하여 진화적 개발 전략의 추진 가능성도 고려한다.

획득방법(해외 구매 vs 자체 개발)의 결정요소는 비용과 일정, 성능 충족 가능성의 복합적 관계를 고려하여 결정한다. 작전운용성능을 충족할 수 있는 기술수준을 보유하여도 전력화 시기를 충족하지 못한다면 해외 구매를 통한 대안을 검토하게 된다. 시기와 기술수준을 보유하여도 비용 측면에서 경제성이 없거나 국내 연구개발에 과도한 비용이 든다면 해외 구매를 검토하게 된다. 획득방법은 단순히 몇 가지 요소를 검토하여 결정할 수 없는 정책적 측면이 매우 강하다. KFX 사업이 대표적인 경우다. 2014년까지 소요검증, 사업타당성조사 등을 포함하여 모두 여덟 차례의 검증을 수행하였지만, 대부분은 비용적 측면이나 기술적 측면에서 타당성이 낮은 것으로 결론이 나왔다. 하지만 국내 항공산업 발전과 우리의 독자적 모델의 전투기 개발 필요성이 인정되어 최종적으로는 국내 연구개발로 획득방법을 결정하였다.

〈표 6-6〉 선행연구의 검토 요소

분야 구분	검토 항목	세부 항목
기술적 요소	연구개발의 가능성	핵심기술 식별 및 확보계획, 작전운용능력(성능) 분석
	국방과학기술 수준	기술성숙도 평가
	기술적 타당성 및 소요시기	기술적 대안, 전력화 시기 달성 가능성
경제적 요소	비용 대 효과 분석	비용분석, 효과분석, 비용 대 효과분석
	경제적 타당성	편익분석(선택), 국내 개발비용 한계(선택), 비용 대 편익분석(선택)
정책적 요소	방위산업 육성 효과	무기체계 국내개발 원칙, 방산수출 등
	소요량 분석	성능·비용 trade－off, 진화적 개발전략 등
사업관리요소	획득방안별 사업관리 위험요소	
	식별된 위험요소 관리방안	

사업추진 기본전략에는 획득목표, 연도별 예산편성계획, 추진경위, 필요성, 운용개념 등 획득논리, 무기체계 성능, 연구개발 또는 구매로의 사업추진 목표, 방침, 연구개발 주관 형태(ADD 주관 vs 업체 주관)와 투자 형태(업체투자, 정부－업체 공동투자, 정부투자 순으로 고려), 야전운용 시험, 전력화 평가 사항, 수명주기비용, 국내 기술수준 및 확보할 기술 등을 고려한 사업추진 방법, 사업추진 일정, 상호 운용성 확보계획, M&S 활용에 관한 사항, 전력화 지원요소 확보방안 등 구체적인 내용들이 포함된다.

사업추진 기본전략이 수립되면 국방중기계획(F+2년~F+6년) 요구서를 작성하게 된다. 국방부의 중기계획 심의에 대응하기 위함이다. 기재부가 KIDA에 의뢰한 사업타당성조사 결과가 긍정적으로 나오게 되면 기재부와 최초 총사업비 협의를 시작하며, 해당 무기체계개발에 대한 예산편성(F+1년) 요구서를 작성한다. 이 단계에서는 방위사업감독관실에 의한 감독 업무도 받게 된다.

2. 탐색개발

무기체계를 연구개발에 의해 획득할 경우에는 탐색개발과 체계개발을 거치게 된다. 이때 TRL이 '5' 이하이면 탐색개발을 통한 무기체계 핵심기술을 개발하고, 기술의 완성도와 적용 가능성을 확인하여 체계개발 단계로 진입 가능 여부를 확인하여야 한다.

〈표 6-7〉 탐색개발 주요 수행내역

1. 대상 무기체계에 대한 핵심기술 개발 및 기술입증(M&S, 시제품 제작 및 시험)
2. 체계개발의 적기 수행을 위해 선행되어야 하는 장기발주 품목 또는 부체계 핵심기술 개발 품목에 대한 발주 또는 개발 착수
3. SRR, TRA, 운용성 확인, 작전운용성능 결정, 진화적 연구개발전략 수립, 체계개발 일정과 소요비용 산출, P-TEMP 작성 등
4. TRA, MRA 결과 체계개발 단계 진입 여부 결정 시 반영

출처: 방위사업청 기동화력사업부, 『방위력개선사업관리 지식창고』.

방위사업청 IPT 주관 하에 '탐색개발기본계획서'[5]가 작성되고 방추위에 상정되어 심의·의결이 이루어지면 본격적으로 탐색개발이 추진된다.

탐색개발이란 무기체계 연구개발의 첫 번째 단계로서 개념 구상 후에 이루어지는 실험적 개발을 의미한다. 개발하고자 하는 체계의 부체계 또는 주요 구성품에 대한 위험 분석, 기술 및 공학적 해석, 시뮬레이션을 실시하는 단계이다. 핵심 요소 기술을 연구하고 필요시 1:1 모형을 제작하여 비교 검토 후 체계개발 단계로 전환할 수 있는 가능성을 확인하기 위해 시행된다. 또한 각 군에서 실시하는 운용성 확인 과정을 거쳐 필요한 경우에는 작전운용성능을 수정할 수 있다.

탐색개발 결과를 종합하여 체계개발에 필요한 소요비용분석을 실시한다. 비용분석은 선행연구 과정에서도 수행하지만 탐색개발을 거쳐 보다 세부적인 비용분석을 실시할 수 있다. 또한 P-TEMP는 탐색개발 주관기관으로부터 작성된 체계규격서를 기초로 작성한다.

방위사업청 IPT 팀장은 탐색개발의 주관기관 및 시제업체가 계속해서 체계개발을 수행할 필요가 있다고 판단되는 경우에는 「방위사업법」 시행규칙 제11조 제1항과 제12조 제2항의 근거를 기초로 방추위 또는 방위사업기획·관리분과위원회의 심의를 거쳐 탐색개발 참여업체로 하여금 체계개발을 계속 수행하게 한다.[6] 만약 체계개발로의 진입이 불가하다고 판단되는 경우에는 방추위 또는 방위사업기획·관리분과위원회 심의

5 탐색개발기본계획서는 연구개발과 양산을 포함하여 총사업비 200억 원 이상은 방위사업추진위원회 또는 방위사업기획·관리분과위원회에 상정하여 심의하며, 200억 원 미만은 방위사업청 각 사업부장이 주관하는 방위사업기획·관리분과위원회에 상정하여 심의한다.

6 방위사업청 훈령 제551호(2019. 9. 18.), 「방위사업관리규정」 제74조 제3항.

를 거쳐 사업을 중단하여야 한다.

3. 체계개발

TRL '6' 이상이면 체계개발 단계로 진입할 수 있다. 체계개발은 실제 무기체계를 설계하고 그에 따른 시제품 제작과 설계 검증 과정인 시험평가를 거쳐 양산에 필요한 국방규격을 완성하게 된다. 체계개발은 합동참모본부에서 소요결정된 무기체계의 작전운용성능을 만족하도록 요구사항을 검토하고 그 결과를 기초로 실제 설계를 하고 시제품 제작 과정을 거쳐 검증을 수행하게 된다.

〈표 6-8〉 체계개발 주요 수행내역

1. 소요결정된 무기체계 작전운용성능을 만족하는 무기체계를 설계·시제품제작·시험평가를 통해 개발하는 단계 ☞ 설계를 통하여 체계의 통합성을 확인하고 시제품의 시험평가를 통해 검증
2. 제조성숙도 평가를 수행하며, 양산단계로의 진입 여부를 결정
3. SRR, SFR, PDR, CDR, TRR, DT&E, OT&E, FCA, PCA 수행 ※ SRR은 탐색개발을 생략하는 경우에만 실시
4. PDR, CDR 등 수행 시 소요군, ADD, DTaQ 및 민간연구소 등의 전문인력이 참여하여 검토, DTaQ은 품질 출처를 수집하고 양산 관점의 품질의견을 제시

출처: 방위사업청 기동화력사업부, 『방위력개선사업관리 지식창고』.

무기체계 연구개발은 시스템 엔지니어링 표준을 적용하도록 규정되어 있다.[7] 시스템 엔지니어링 적용을 위한 일반적인 표준은 ISO/IEC/IEEE15288[8] 등을 기준으로 한다.

[그림 6-3]은 시스템 엔지니어링 표준을 바탕으로 무기체계 연구개발 사업관리에 필요한 기본체계를 제시한 것이다. 선행연구로부터 탐색개발, 체계개발, 양산단계까지 계약 및 사업관리, 시스템 엔지니어링에 의한 요구사항관리와 산출물, 개발 진행에 따른 계약 및 계획관리, 요구사항관리, 통합사업관리에 대한 전반적인 활동과 기준을 제시하고 있다.

---

7 「방위사업관리규정」 제63조 제2항은 "IPT 팀장 및 연구개발 주관기관은 효율적인 연구개발을 위하여 대상 무기체계에 대한 모든 이해관계자와 총수명주기를 고려하여 체계공학에 관한 절차를 적용해야 한다."고 규정하고 있다.

8 시스템 엔지니어링에 대한 국제표준으로, 현재는 2015년판이 적용되고 있다.

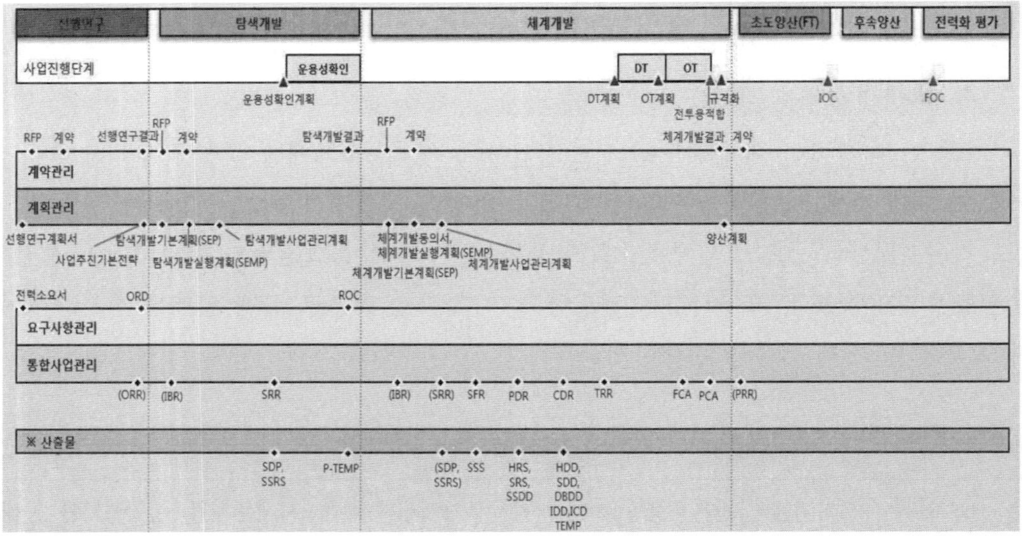

출처: 방위사업청, 2017a.

[그림 6-3] 무기체계 연구개발 사업관리 기본체계

- 계약관리는 각 단계별 사업 수행을 위한 RFP 작성 및 발간과 계약, 계약 목적물을 기초로 한 결과 등 계약 관련 업무 프로세스를 사업계획 프로세스와 연계하여 관리하도록 하고 있다.

- 사업계획관리는 각 단계별 사업 착수를 위해 작성되는 「방위사업관리규정」상의 주요 문서를 관리하도록 하고 있다. 특히 체계개발기본계획서와 실행계획서는 사업 착수 시점의 가장 중요한 승인 문서에 해당된다. 이러한 사유로 체계개발실행계획서는 계약문서의 일부로 적용된다.

- 요구사항관리는 무기체계 소요상의 작전운용성능과 선행연구 및 사업 착수 과정에서 도출된 기술적·부수적 성능, 소요군의 무기체계 운용성을 고려한 추가 요구사항이 사업 초기부터 정확하게 공유되고 정의되도록 관리한다. 이러한 요구사항 관리는 탐색개발을 거치면서 일차적으로 검토되지만 체계개발 과정을 거치면서 필요시 추가 검토를 진행하게 된다. 특히, 탐색개발 결과 작전운용성능이 수정되었을 경우에는 필히 수행하여야 한다. 요구사항 관리의 핵심은 소요군과 사업관리자, 개발주관기관 간 요구사항에 대한 공동의 이해와 인식의 공유이며, 추

후 시험평가와 같은 검증과정에서 동일 요구사항에 대한 조건과 정의가 변경되지 않도록 하여야 하는 것이다. 요구사항 관리는 무기체계 연구개발 사업의 성공과 실패를 좌우할 수 있는 중요한 요소이다.

- 통합사업관리는 성능과 비용, 일정의 트레이드오프(trade-off) 관계에서 사업을 통합적 관점에서 관리하기 위한 프로세스다. 프로젝트 관리론의 통합관리와 동일한 개념이되, IPT의 무기체계 연구개발 사업관리는 개발주관기관의 시각이 아닌 발주처의 시각에서 적용되었다고 이해할 필요가 있다. 통합사업관리에서는 사업 착수 과정부터 IPT가 중심이 되어 소요군과 개발주관기관, 기타 사업 관련 이해관계자들이 모여 각각의 개발 진행 단계에서 필요로 하는 각종 기술적 검토와 사업관리적 검토를 각각 수행한다. 기술검토회의로는 SRR, IBR, SFR, PDR, CDR, TRR, FCA, PCA, PRR 등이 있다. 특히 CDR이 완료되면 TEMP가 확정된다. 사업관리회의는 PMR, ILS-MT, LDC 등이 있다. 회의에서는 각 간계별 만들어진 산출물 검토도 함께 수행하며, 이 과정에서 다음 개발 과정으로의 진입 여부를 결정하게 된다.

체계개발 단계에서는 설계 결과를 검증하는 시험평가가 있다. 개발시험평가와 운용시험평가로 구분하여 수행한다. 각각의 시험평가는 TEMP 결과에 따라 시험평가 수행기관이 개발 및 운용시험평가 계획서를 작성하여 합동참모본부의 승인을 받아야 한다. 개발시험평가는 개발주관기관이 수행하고 운용시험평가는 소요군에서 수행한다. 개발시험평가(Development Test & Evaluation: DT&E)는 체계개발 단계에서 제작된 시제품에 대하여 기술상의 성능(신뢰도, 유지성, 적합성, 호환성, 내환경성, 안정성 등)을 측정하고 설계상의 중요한 문제점이 해결되었는가를 확인 평가하여 무기체계 획득과정에 있어서 기술적 개발목표가 충족되었는지를 결정하기 위하여 수행한다. 운용시험평가(Operational Test & Evaluation: OT&E)는 소요군이 시제품에 대하여 각종 작전환경 또는 이와 동등한 조건에서 작전운용성능 충족 여부를 확인하고 교리, 편성, 교육훈련, 종합군수지원요소 등에 대한 적합성을 시험·평가하는 것을 말한다.[9] 시험평가 결과를 합동참모본부로 제출하면 합동참모본부의 검토와 국방부의 판정을 통하여 체계개발 성공 여부가 결정된다.

체계개발 종료는 OT&E 결과 전투용 적합 판정이 되고 국방규격이 완성되면 공식적

---

9 국방부, 「국방전력발전업무훈령」 별표 1 용어의 정의.

으로 개발이 완료되었다고 본다. 다만, 전술지휘자동화체계(C4I) 등과 같은 시제품이 전력화되는 경우에는 전력화평가가 완료되는 시점을 기준으로 개발이 완료된 것으로 본다.

4. 양산과 전력화

양산은 체계개발이 완료된 무기체계를 생산하는 단계로서, 사업의 효율적 관리를 위해 사업추진 기본전략 또는 체계개발기본계획서에 근거하여 양산단계를 최초양산과 후속양산으로 구분하여 수행할 수 있다. 양산단계 진입을 위해서는 통상 체계개발에 참여한 개발주관기관과 양산 계약을 체결하게 된다. 이는 방산물자 지정과 이를 생산하는 방산업체 지정이 될 경우 「국가를 당사자로 하는 계약에 관한 법률」의 수의계약에 근거하여 개발주관기관과 계약 체결을 할 수 있다. 이러한 계약 체결 이전에 PRR 회의를 개최하여야 한다.

양산단계를 최초양산과 후속양산으로 구분하여 수행할 경우 최초양산 단계에서는 소요군에 의한 야전운용시험을 실시하고 후속양산 1년차에 전력화평가를 실시한다. 야전운용시험(Field Test: FT)은 무기체계 전력 발휘의 완전성을 향상하기 위해 최초생산물량을 대상으로 소요군이 야전운용성 제한사항을 조기에 식별하고, 방위사업청이 이를 보완하여 후속양산시 반영하는 무기체계 획득 과정의 일부이다. 야전운용시험을 통하여 소요군은 야전 운용의 적합성과 전력화지원요소의 실용성, 군수지원능력, 형상변경 사항 등에 대한 야전 요구사항을 확인해야 한다. 야전운용시험을 위해 생산되는 최

〈표 6-9〉 최초생산물량 결정 기준

1. 야전운용시험을 고려한 최소전술단위 운용에 필요한 물량 또는 총 전력화수량의 10% 이내 중 많은 물량
2. 전력화물량이 소량인 사업으로서 최초양산과 후속양산 구분 없이 1회의 계약으로 완료되는 사업은 해당 물량 전체
3. 함정건조사업은 후속함 건조계획서 등의 후속함 최초물량(선도함 건조기간에 사업을 착수하는 함정을 말한다)
4. 성능개량사업은 소요결정 절차에 따라 별도의 사업으로 추진되는 사업으로서 최초양산사업의 야전운용시험을 고려한 최소 전술단위 운용에 필요한 물량 또는 총 전력화수량의 10% 이내 중 많은 물량(함정 후속함 건조사업은 최초물량)

출처: 방위사업청, 「방위사업관리규정」 제82조.

초생산 물량은 사업추진 기본전략과 체계개발기본계획서, 양산계획서 심의 과정에서 결정된다. <표 6-9>는 최초생산물량의 결정 기준에 대한 내용이다.

전력화평가(Initial Operational Capability: IOC)는 무기체계의 배치 후(야전운용시험을 실시한 경우 후속물량 배치 후) 1년 이내에 운용 개념, 작전운용성능의 달성 정도 및 전력화 지원요소 등 부대 임무수행과 관련된 사항 위주로 분석평가를 수행함으로써 해당 전력의 미비점을 보완하고, 차기 전력에 반영을 지원하며 전력 발휘의 완전성을 확인하는 무기체계 획득 과정의 일부이다.[10] 전력화평가는 소요군에서 실시한다.

야전운용시험과 전력화평가는 무기체계 전력 발휘의 완전성을 보장한다는 목적은 동일하나 수행방법과 후속조치에서 다소 차이가 있다. 야전운용시험은 제한된 시제품을 활용하여 수행한 운용시험평가의 제한사항을 해결하고자 최소 전술단위 제대에 필요한 무기체계를 업체의 양산라인을 활용하여 생산 후 군에 인도하면, 군은 야전운용환경에서 일정 기간 동안 운용하면서 필요한 사항을 확인하게 된다. 장비 성능과 품질, 안전에 관한 후속조치 사항은 후속양산 이전에 가능한 조치를 하게 된다. 전력화평가는 양산계획상 최초 전력화된 부대를 대상으로 수행한다. 주로 무기체계 성능이나 품질 측면보다는 운용에 필요한 군사교리, 교범, 군수지원체계 등과 같은 전력화 지원요소 측면에서 수행하게 된다.

10 국방부 「국방전력발전업무훈령」 별표 1 용어의 정의.

모듈 4 기술성숙도 평가[11]

기술성숙도 평가의 정의

기술성숙도 평가(Technology Readiness Assessment: TRA)는 무기체계에 적용되는 핵심 기술요소들(Critical Technology Elements: CTE)[12]이 어느 정도까지 성숙되어 있는지를 정량적으로 평가하는 공식적인 제도이다. 국방R&D 사업이 실패하는 경우는 대부분 '준비되지 않은 기술'의 문제, 즉 특정한 단계로의 진입에 요구되는 기술성숙도를 충족하지 못한 상태에서 사업에 착수함으로써 결과적으로는 사업의 일정 지연, 비용의 증가 그리고 나아가서는 목표 달성 실패를 초래하는 것을 미연에 방지하기 위함이다. 예를 들어 국방 선진국인 미국의 경우에도 체계개발 단계에 진입한 사업 중 15%만이 적정 수준인 TRL 6을 충족시킨 것으로 알려져 있다.[13]

〈표 6-10〉 CTE 성숙 여부에 따른 무기체계 사업영향 정도

항목	CTE가 성숙된 사업	CTE가 미성숙된 사업
개발비용 증가율(%)	9%	41%
일정 지연(개월)	7 Month	13 Month
단위체계당 획득비용 증가율(%)	1%	21%

출처: 유형곤, 2012 재인용.

11 이에 대한 자세한 방법론에 대해서는 GAO(2016) 및 안보경영연구원(2011)을 참고.

12 CTE는 합리적인 비용과 일정 내에 운용 요구조건을 충족하는 필수적이고, 기술 자체 혹은 그 기술의 적용 대상이 새롭거나 상세설계 또는 시연 중 중요한 기술적 위험성을 초래하는 기술요소로서, 무기체계개발사업의 목표(성능, 비용, 일정 등)를 충족하는 데 결정적으로 좌우하는 기술을 의미한다.

13 중요한 무기체계개발사업에 대한 체계개발 진입을 위한 승인조건으로 TRL 6 이상 달성을 공식적으로 요구

2012년 방위사업청 예규 제318호로 「기술성숙도평가(TRA) 업무지침」이 제정된 이래 현재 TRA는 선행연구, 탐색개발, 탐색/체계개발 통합 추진, 핵심기술연구개발(시험개발) 및 ACTD 사업을 대상으로 적용되고 있다.

TRA 대상 사업

TRA의 대상이 되는 사업에는 무기체계개발과 국방S&T의 사업이 포함된다. 구체적으로는,

- 무기체계개발사업의 경우, 총 사업비 200억 원 이상, 위험도가 높을 것으로 예상되는 사업의 선행연구, 탐색개발, 탐색/체계개발 통합
- 국방기술R&D사업의 경우, 핵심기술 연구개발사업과 ACTD 사업 중 총 사업비 100억 원 이상의 위험도가 높을 것으로 예상되는 사업의 시험개발

대상사업	선행연구	탐색개발 탐색·체계개발 통합	ACTD사업	핵심기술 (시험개발)
수행시기	획득방안 수립이전	종료이전	군사적실용성평가 이후 (사업착수 이전)	종료이전
평가수단	CTE 체크리스트, TRL 단계 정의 / 체크리스트			
평가팀	관련분야 사업 / 기술 전문가 (방위사업청, 각 군, 국과연, 기품원, 산학연 등)			
평가대상	관련기술 보유기관	사업주관기관	사업주관기관 (관련기술 보유기관)	사업주관기관

[그림 6-4] 대상 사업별 TRA 내용

TRA 결과의 활용

TRA 결과는 단계 전환 판정과 미성숙 기술에 대한 위험도 관리의 참고출처로 활용된다.

하고 있는데, TRA는 무기체계개발사업의 단계 전환 판단(단계 전환 여부 및 위험도 관리)을 위한 참고출처로 활용하기 위해 사용된다. GAO(2005) 참고.

- 사업주관기관이 미정인 선행연구 단계의 경우, 미성숙기술에 대한 권고 사항을 검토하여 사업일정, 사업추진 여부 등 연구개발 및 단계 진입 여부를 판단한다.
- 사업주관기관이 있는 경우, 사업주관기관으로부터 미성숙기술에 대한 기술성숙 계획을 제시받아 검토한 후 사업일정 변경, 사업추진 여부 등 다음 단계로의 전환 여부를 판단한다.
- TRA 결과보고서에는 사업 개요, CTE 선정 결과, CTE별 TRL 평가 결과, TRA 결과 종합, 미성숙기술 현황, 사유 및 권고사항 등이 포함된다.

아래 <표 6-11>은 TRA의 절차를 구분하여 설명하고 있다.

〈표 6-11〉 TRA 추진 절차

구 분	정의(개념)
CTE 선정	• CTE는 개별 무기체계 연구개발사업의 범주에서 해당 사업 완수를 위해 기술적으로 중요한 요소로 사업의 목표(성능, 비용, 일정)를 충족하는 데 결정적인 영향을 주거나, 기존 기술에 비해 개발 내용, 개발 방식, 시연 환경, 설계 조건 등이 새롭게 적용되는 기술 • CTE 표준 체크리스트 기반으로 CTE 선정
⬇	
TRL 평가	• TRL는 해당 기술이 실제로 응용되어 쓰일 수 있기까지 어느 정도 준비가 되었는지를 확인하는 정량적인 수준으로 1단계부터 9단계까지로 구분 • TRL 수준별 표준 체크리스트 기반으로 TRL 수준 결정
⬇	
기술성숙계획 (TMP) 수립	• TRA 결과에 대한 후속조치 방안의 일환으로 목표성숙도 수준 대비 미성숙된 것으로 평가된 CTE에 대해 이를 성숙시키는 데 필요한 절차를 구체적으로 기술한 계획 • 다만, 국내 「기술성숙도 업무지침」에는 정의 및 수행 근거 불분명

모듈 5 무기체계개발의 주요 이슈

무기체계개발 과정은 장기간 소요되고 다수의 이해관계자가 존재하기 때문에 사업 관리자 입장에서는 해결해야 하는 몇 가지 이슈가 있다.

▌사용자 요구에 대한 정의

무기체계개발사업은 사용자인 군의 요구사항에서 시작된다. 이러한 요구사항은 작전 개념을 정량적·기능적으로 표현한 ROC를 포함하여 무기체계가 수명주기 동안 처하게 될 기후적·기계적·전자기적 환경요인들, 무기체계 운용 유형·각종 훈련·정비 등이

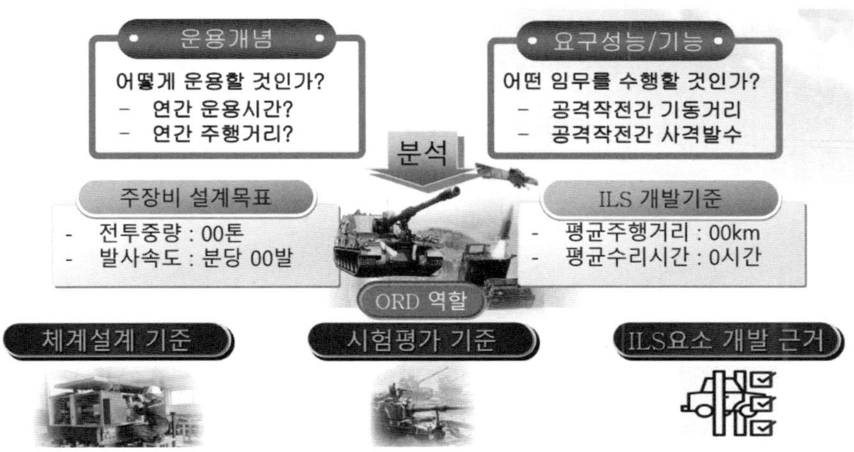

출처: 방위사업청 기동화력사업부(2016), p.37.

[그림 6-5] 운용요구서 개념과 역할

수록된 운용요구서(ORD)를 통하여 제시하도록 되어 있다. ORD는 무기체계 운용 개념으로부터 구체적인 시스템 요구성능까지 총망라한 문서로서 주된 역할은 무기체계 설계와 시험평가, 종합군수지원요소 개발의 기준이 된다.

지금까지 대부분의 무기체계에 대한 요구사항은 군의 소요제기서를 활용하여 수록함으로써 사용자인 군이 필요로 하는 모든 요구사항은 제시된 것으로 인식하고 있었다. 하지만 무기가 아닌 무기체계를 획득한다는 개념에서 살펴보면 군의 요구사항을 단순히 소요제기서로 한정하여 반영할 수는 없다. 소요제기서는 군사작전을 성공적으로 이끌기 위한 하나의 전력 획득 수단적 측면에서 활용하는 문서이다. 대신 무기체계를 개발하는 입장에서 살펴보면 모든 개발자는 운용요구서가 필히 있어야 한다고 주장한다. 왜냐하면 개발자는 운용요구서를 기준으로 무기체계개발에 필요한 모든 요구사항을 식별할 수 있고, 이를 기초로 개발 범위가 반영된 체계요구사항을 도출할 수 있기 때문이다.

그러나 운용요구서에 대한 작성 현실을 보면 넘어야 할 산이 너무 많다. 군은 운용요구서의 작성 필요성에 대해서는 공감하면서도 실제 작성할 수 있는 능력이 부족하기 때문에 작성 주체로서 나서기를 꺼려하고 있다. 무기체계 획득을 위한 사업관리 주체인 방위사업청 IPT도 운용요구서의 필요성에 대해 매우 깊이 인식하고 있다. 하지만, 운용요구서 작성을 위해서 관련 교리, 무기체계 운용 개념, 체계 성능 등 소요제기된 무기체계와 관련된 제반 전문지식이 필요하나 사업관리자는 사용자가 아니기 때문에 운용요구서를 작성할 수 없다고 주장하고 있다. 현재의 제도에서는 이러한 현실적 어려움을 해소하기 위해 지금까지는 선행연구 과정에서 민간 연구기관에 위탁 용역을 통하여 운용요구서를 작성케 하고, 군의 검토 과정을 거쳐 확정하고 있다.

그러나 위탁 용역을 수행하는 연구자들 역시 군사교리, 군수지원 등 무기체계 전반에 걸친 경험 및 지식이 부족하다. 대부분의 출처를 소요군 협조를 통해 확보하여 작성하고 있으나, 운용요구서의 구성 요건에 맞게 운용모드 도출, 임무 시나리오 작성 등 운용 개념을 구체화하는 연구는 어려운 실정이다.

이러한 다양한 이슈에도 불구하고, 운용요구서는 무기체계를 활용한 군사적 운용에 대해 소요군의 요구내용을 구체화한 문서로 사용자 관점에서 소요군이 작성하는 것이 타당[14]하기 때문에(국방연구원, 2017), 운용 개념에 기반한 효율적 사업추진을 보장하

14 기관별 주요 개선 요구사항으로 ORD 작성, 전력화지원요소 설정 등에 대해서는 군이 참여하고는 있으나, 소요기획과 운영·유지 간 연계 차원에서 군의 공식적 참여 장치가 필요한 실정으로 ORD를 군이 작성·검

〈표 6-12〉 운용요구서 포함 사항

장 편성	세부내용
1. 개 요	1.1 문서 개요 1.2 체계 개요
2. 참조문서	2.1 정부문서 2.2 기타 문서
3. 운용능력 개요	3.1 체계 필요성 3.2 전반적인 임무영역 3.3 체계 설명 3.4 체계분석 내용 3.5 체계 임무 3.6 운용 개념
4. 위 협	4.1 위협요소 4.2 위협환경 * 위협대응 체계일 경우
5. 현 체계 제한사항	5.1 취약점 5.2 취약점 해결을 위한 신규 요구능력
6. 요구능력	6.1 운용성능 파라미터 * 설정이유를 포함하여 임계치/목표치 형태로 기술 6.2 핵심성능 파라미터 * 미충족 시 인수 불가한 성능을 기술 6.3 체계성능 6.3.1 임무 시나리오 6.3.2 체계성능 파라미터 6.3.3 상호운용성 6.3.4 HMI 요구사항 6.3.5 군수지원 요구사항(가용성, 신뢰성, 정비성) 등
7. 체계지원	7.1 정비지원(SW 지원 포함) 7.2 보급지원 7.3 지원장비 7.4 교육훈련 7.5 운송방법
8. 전력구조	8.1 소요량(예비/훈련용 포함) 8.2 운용조직 및 운용자 수
9. 획득일정	9.1 전력화 시기
부록 1. OMS/MP	운용형태 요약, 임무유형
부록 2. 체계분석 세부내용	ILS 분석, 비용 대 효과분석, 경제성 분석, M&S 분석 등
부록 3. 용어 및 약어	용어 정의 및 약어 설명

출처: 「방위사업관리규정」.

기 위해 방위사업청과 소요군의 특성과 능력을 고려하여 운용요구서를 세부 기술항목별로 구분하여 단계적으로 작성하는 것을 검토 중에 있다. 즉, 소요군은 장기 신규 전력소요제기 시에 개념연구 차원에서 군의 작성능력 범위에 있는 항목 위주로 초안 형태로 작성하여 소요제기서 부록의 형태로 방위사업청으로 제출하게 한다. 방위사업청

토할 수 있도록 전담조직을 보강하는 내용 등을 요구하고 있다.

은 소요결정 1년 이내에 선행연구 수행기관을 활용하여 소요군이 제공한 운용요구서 초안을 보완하고, 이후 무기체계 연구개발 과정에서 개발기관과 지속적으로 보완·발전시키는 방향으로 협의되었다.

운영·유지를 고려한 사업관리

이미 언급한 바와 같이, 무기체계는 일단 실전에 배치되면 최소 20~30년 이상 운영하게 된다. 장비만 배치하는 것이 아니라 장비 운용에 필요한 전투발전지원요소와 종합군수지원요소[15]를 모두 포함하여 개발되어야 한다.

무기체계 운영·유지에 기초가 되는 출처는 운용요구서의 부록으로 작성되는 운용형태 요약/임무 유형(Operational Mode Summary/Mission Profile: OMS/MP)이다. OMS/MP는 무기체계가 향후 배치되었을 때 전시 및 평시에 어떻게 운용될 것인지를 설명하는 문서이다. 여기에는 무기체계 연간 사용 방법을 구조화·정량화하여 나타내며, 성능과 시험계획, 군수지원요소 개발 지원 등에 활용하게 된다.

무기체계 상호간 운용성 제고

무기체계가 첨단화되고 정보처리가 자동화되면서 센서에 해당하는 감시정찰 무기체계로부터 손발에 해당하는 기동·화력·항공·함정 등 무기체계와 공격수단인 타격 무기체계까지 네트워크에 의한 실시간 연동이 되도록 요구하고 있다. 주로 C4I체계[16]를 중심으로 연동이 이루어진다. [그림 6-6]은 현재 운용 중에 있는 C4I와 상호 연동 구조를 나타내고 있다.

---

15 국방부 전력발전업무훈령에서 정의하는 전투발전지원요소는 "소요군의 전투발전을 위하여 무기체계 획득과 연계하여 개발·획득하여 지원하는 요소로서 군사교리, 부대편성, 교육훈련, 시설, 무기체계 상호운용에 필요한 하드웨어와 소프트웨어(주파수 확보 포함)로 구분"이며, 종합군수지원요소는 "무기체계의 효율적·경제적 운용을 보장하기 위한 개발·획득 및 운용에 수반되는 제반 군수지원요소로 1. 연구 및 설계반영, 2. 표준화 및 호환성, 3. 정비계획, 4. 지원장비, 5. 보급지원, 6. 군수인력운용, 7. 군수지원교육, 8. 기술교범, 9. 포장 및 취급, 저장, 수송, 10. 정비 및 보급시설, 11. 기술출처관리로 구분"한다.

16 합동참모본부는 KJCCS, 육군은 ATCIS, 해군은 KNCCS, 공군은 AFCCS를 중심으로 각 군과 합동참모본부는 기능별 C4I 체계를 별도로 운용하고 있다.

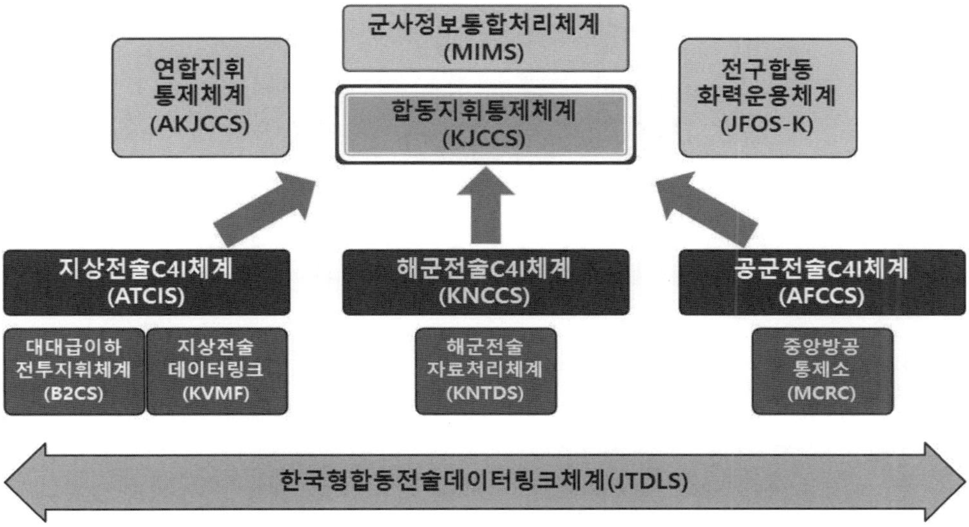

[그림 6-6] C4I체계 및 상호 연동 구조

C4I를 중심으로 대부분의 무기체계가 연결되는 것은 대량의 정보가 자동으로 처리되어 실시간 작전 수행이 가능해지기 때문이다. 이러한 것이 가능하기 위해서는 정보 유통에 필요한 통신수단이 강구되어야 하고, 특히 무선통신을 위해서는 데이터통신과 주파수에 대한 문제가 해결되어야 한다. 운용자와 체계 간의 인터페이스(Human–Machine Interface: HMI)를 위해서는 디지털 지형정보가 구축되어야 하고, 정보 보호를 위해서는 암호장비가 설치되어야 한다. 이 모든 것이 이루어지기 위해서는 각각의 무기체계에 공통으로 적용되는 상호운용성이 확보되어야 한다.

상호운용성은 서로 다른 군, 부대 또는 무기체계 간 특정 서비스, 정보 또는 데이터를 막힘 없이 공유, 교환 및 운용할 수 있는 능력을 말한다.[17] 상호운용성은 연동에 필요한 요구사항에 따라 요구하는 수준이 상이하다. 이를 상호운용성 수준(Levels of Information Systems Interoperability: LISI)이라고 한다. 상호운용성 수준은 크게 네 가지 영역인 절차(Procedure), 응용체계(Application), 기반구조(Infrastructure), 데이터(Data) 별로 해당 무기체계가 구비하여야 하는 특성 및 수준을 정하고 있다. 상호운용성 수준은 '1'부터 '5'까지 있으며, 수준 '1'은 연동이 불필요한 무기체계이며, 수준 '5'는 가장 높은 수준의 연동을 요구한다. 통상적으로 육·해·공군의 C4I체계는 수준 '4'에 해당되며, 합동참

17 방위사업청 예규「상호운용성 관리지침」별표 1. 용어의 정의.

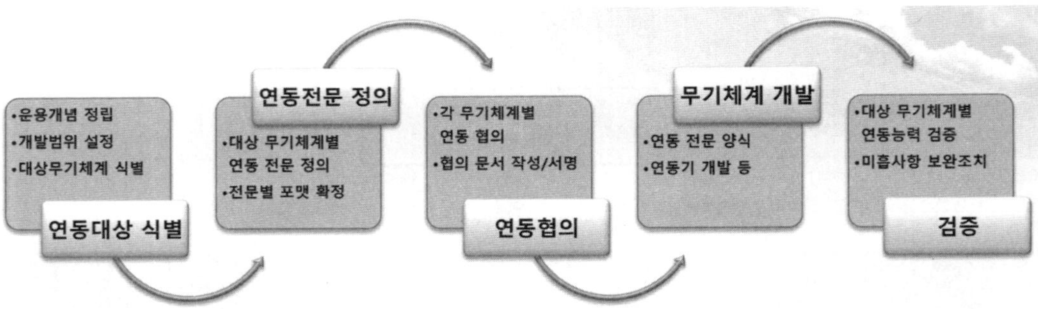

[그림 6-7] 무기체계 상호운용성 확보 절차

모본부의 C4I체계는 수준 '5'에 해당된다.[18]

상호운용성은 무기체계 소요기획 단계부터 검토되고, 개발 과정에서 요구수준 달성을 위해 상호운용성 확보 계획을 수립하여야 한다. 또한 검증 과정에서는 상호운용성 수준 측정을 통하여 확보 여부를 검증받게 된다. 만약 상호운용성 수준 측정 결과 미충족으로 결정되면 이를 보완하거나 개발계획 자체를 수정하여야 한다. 따라서 사업 착수 단계부터 상호운용성에 대한 요구사항을 확인하고 개발 과정에서 병렬적으로 검토하여야 한다.

▌군의 특수성을 고려한 시험평가

무기체계개발 결과에 대한 검증 수단으로서의 시험평가를 수행하기 위해서는 개발과 사용하는 환경의 특수성을 이해할 필요가 있다. 한반도에서 사용되는 무기체계는 4계절 모두에 적합한 극한의 환경조건[19]을 충족하여야 하며, 다양한 전자기적·기계적 환경도 고려하여야 한다. 또한 장병이 무기체계를 운용하기 때문에 인간공학[20]에 의한 설계 기준을 적용하여야 한다.

살상, 파괴, 보안 유지 등의 무기체계개발사업 특성 때문에 많은 경우는 실험실 환

18 위의 책, 별표 21. 상호운용성 수준(LISI)별 특성.

19 MIL－STD－810H, Department of Defense(Test Method Standard: Environmental Engineering Considerations and Laboratory Tests(2019))의 적용 기준과 범위, 기후대역, 기준의 조정 절차 등을 고려하여 한반도 작전 환경에 적합한 환경시험 기준을 적용한다.

20 MIL－STD－1472G, Department of Defense(Design Criteria Standard: Human Engineering(2012))를 주로 적용한다.

경에서 시험을 수행할 수밖에 없다. 이로 인하여 실험실 환경과 야전 환경의 차이가 존재하여 이에 대한 간격을 좁히는 것도 시험평가에서 고민해야 할 사항이다. 설계 결과를 검증하기 위해서는 시제품 제작이 필수적이다. 그러나 이러한 시제품 제작비용은 일반적인 양산 라인에서 생산되는 제품보다 비용이 훨씬 많이 든다. 따라서 시제품 제작 수량은 최소한으로 결정하여야 한다. 다만, 이 과정에서 시험평가 결과에 대한 신뢰성 문제가 대두될 수 있다. 모델링과 시뮬레이션(M&S)을 무기체계 시험평가에서 자주 활용하는 이유는 소량의 시제품을 활용한 시험의 한계를 극복하고 실제 전장 환경에서 모든 시험을 할 수 없기 때문에 이에 대한 대안적 수단이 되기 때문이다.

민수제품도 수명주기를 고려한 설계를 하지만 무기체계는 민수제품의 수명보다 훨씬 긴 수명을 고려하여 설계하여야 하고, 이에 대한 시험을 수행하여야 한다. 무기체계에 대한 신뢰성 시험을 설계하고 수행하는 이유이다. 이러한 신뢰성 시험은 앞에서 이미 언급한 군수지원요소 확보와도 연계되어 있다. 『무기체계 시험평가 실무 가이드북』(방위사업청, 2012)에 의하면 "신뢰성은 어떤 부품·소재나 제품, 시스템 등이 주어진 조건(사용, 환경조건) 하에서 주어진 기간(시간, 거리, 사이클 등) 동안 요구된 기능을 수행할 수 있는 가능성"이라고 정의하고 있다. 즉, 군수지원소요는 신뢰성 설계에 따라서 무기체계 수명주기 동안 예상되는 고장 발생 확률을 고려하여 판단해야 하기 때문이다.

무기체계 시험평가에서 해결해야 하는 가장 큰 난제 중에 하나는 시험을 수행할 수 있는 인프라의 확보이다. 현재 대부분의 무기체계 시험은 ADD에서 보유하고 있는 시험시설을 활용하고 있다. ADD에서 개발한 무기체계뿐만 아니라 방산업체를 포함한 기업에서 개발한 무기체계도 많은 부분은 ADD가 보유하는 시험 시설과 장비를 활용하고 있다.

무기체계가 첨단화, 고위력화, 초정밀화, 장사거리화 등의 특성을 지니고 있지만 이에 적합한 시험 인프라는 점점 부족해지고 있다. 한반도에서는 시험할 수 없는 상황도 종종 발생하고 있다. 수리온의 경우 영하 40도 이하에서의 비행 가능성을 입증하기 위해 2013년 12월부터 미국 알래스카 주에서 시험한 바 있으며, 동계 결빙에 대비한 극복 능력을 검증하기 위해 2015년 10월부터 2016년 3월까지 미국 미네소타 주에서 시험을 하였다. 이 외에도 차기다련장의 유도 정확도를 시험하기 위해 이스라엘 네게브 사막에 위치한 슈데마 시험장에서 시험을 한 경우도 있었다. 실제환경 조건에서의 시험과 시제품 제작 수량에 대한 결정, 신뢰성 시험에 대한 설계는 무기체계 개발 비용과 일정에 매우 큰 영향을 주기 때문에, 사업 초기에 개발의 효율성과 경제성, 정책적 요소까지 고려한 의사결정이 필요한 부분이다.

▌연구개발에 계약방식 적용

대부분의 과학기술 연구개발은 「과학기술기본법」에 따라 정부(또는 정부에서 지정한 전담기관)와 연구주관기관 간 협약에 의한 약정방식을 적용하여 연구개발을 수행하고 있다. 이는 연구개발의 유연성과 도전성, 탄력적인 사업운영을 가능하게 하기 때문이다.

무기체계개발은 지금까지 「국가를 당사자로 하는 계약에 관한 법률」에 따라 계약방식을 적용하여 왔다. 이와 같은 계약방식을 적용하게 된 주된 사유는 정부예산이 전액 투입되고, 작전운용성능과 전력화시기에 대한 엄격한 충족을 요구하고 있기 때문이다. 이에 따라 무기체계개발 결과가 최초 목표를 달성하지 못했을 경우 「국가를 당사자로 하는 계약에 관한 법률」에 따라 계약이행보증금 몰수, 지체상금 부과, 부정당업자 제재 등 불이익이 개발주관기관에게 부과되고, 이로 인해 그동안 계약방식이 연구개발에 적합하지 않다는 논의가 있어 왔다.

협약방식은 개발 완료 시기가 늦어져도 개발주관기관에 지체상금을 적용하지 않는다. 개발을 성실하게 수행했다면 최초 목표를 달성하지 못하더라도 성실수행인정제도를 적용하여 제재를 감면할 수도 있다. 또한 협약 갱신을 통하여 매년 편성된 예산규모와 개발 수행 결과에 따라 협약 당사자가 합의만 된다면 계획을 일부 수정할 수 있는 여건을 제공해 주고 있다. 상호 대등한 관계로 인정함은 물론 개발주관기관에 더 높은 목표를 설정하고 적극적인 개발을 유도하는 데 도움이 된다.

국방 내부에서는 새로운 형태의 협약과 계약 방식의 적용에 대해 의견이 통합되지 않는 상황인 것으로 보인다. 2019년에 '무인지상감시센서' 체계개발사업에 협약방식을 시범적으로 적용하여 개발주관기관과 협약을 체결하여 사업을 착수하였다(방위사업청, 2019). 방위사업청은 시범 적용의 성과를 분석한 후 새로운 협약방식의 무기체계개발에의 적용 방안을 마련할 예정이다.

무기체계개발 단계 축소·통합 및 패스트 트랙 요구

개발 소요 시간의 단축이 경쟁력이라는 관점에서 볼 때, 현재의 무기체계개발 단계는 너무 많아 불필요하게 장시간이 요구된다. 무기체계개발 단계의 축소, 통합 등의 대안 마련이 필요한 이유다. 그러나 현재의 국방기획관리체계를 거치게 되면 장기간의 시간이 필요하다. 빠른 기술발전 속도를 따라갈 수 없다. 지금의 무기체계개발 획득 프로세스는 기계 중심의 무기체계개발에 적합한 반면, ICT 중심의 현대 무기체계개발에는 적합하지 못한 프로세스로 이에 대한 대대적인 개선이 필요한 상황이다.

무기체계 소요제기로부터 전력화까지 74단계의 프로세스를 거쳐야 하며, 세부적으로는 141개 단계를 거쳐야 한다. 매우 느린 프로세스다. 방위사업청은 이러한 문제를 해결하기 위해 2018년 방위사업혁신 방안에 무기체계개발사업의 규모, 시급성, 기술수준 등에 따라 최적의 프로세스와 사업방식을 적용할 수 있도록 복잡한 사업절차를 대폭 간소화하고 사업별 특성을 반영해 프로세스를 다양화해 나갈 방침을 세우고 있다(방위사업청, 2018).

ACTD 사업은 2012년 일종의 패스트 트랙(Fast Track) 방식으로 도입된 제도다. 전술하였다시피, ACTD는 민간의 성숙된 기술을 이용한 새로운 운용 개념을 갖는 무기체계를 개발하는 제도로 군사적 실용성을 입증하고 신속하게 전력화하기 위한 획득 방법이다. 일반적인 무기체계 획득 절차에 따라 발생할 수 있는 과도한 개발기간과 기술의 진부화를 방지하고, 민간분야의 우수한 기술을 군에 적용할 목적으로 추진된 무기체계 획득 사업방식의 하나이다. 하지만 제도 운영 측면에서 ACTD에 적절치 못한 과제가 선정되거나, 무기체계개발의 편법 수단으로 활용된 측면, 군사적 실용성을 입증하였으나 소요로 반영되지 못하여 실질적인 제도 도입의 효과가 없다는 이유로 2020년에는 폐지된다.

국방부와 방위사업청은 ACTD의 단점을 보완한 '신속시범획득'제도를 2020년부터 도입하여 시범 적용 중에 있다. '신속시범획득'은 신기술이 적용된 민간의 우수제품을 군에서 일정기간 동안 시범운용한 후 실용성이 입증되면 바로 소요로 결정하고 구매하여 전력화하는 방식이다. ACTD가 부분적으로 개발 요소가 포함된 성격이라면 '신속시범획득'은 개발된 민간제품을 대상으로 구매하는 성격이 농후하다.

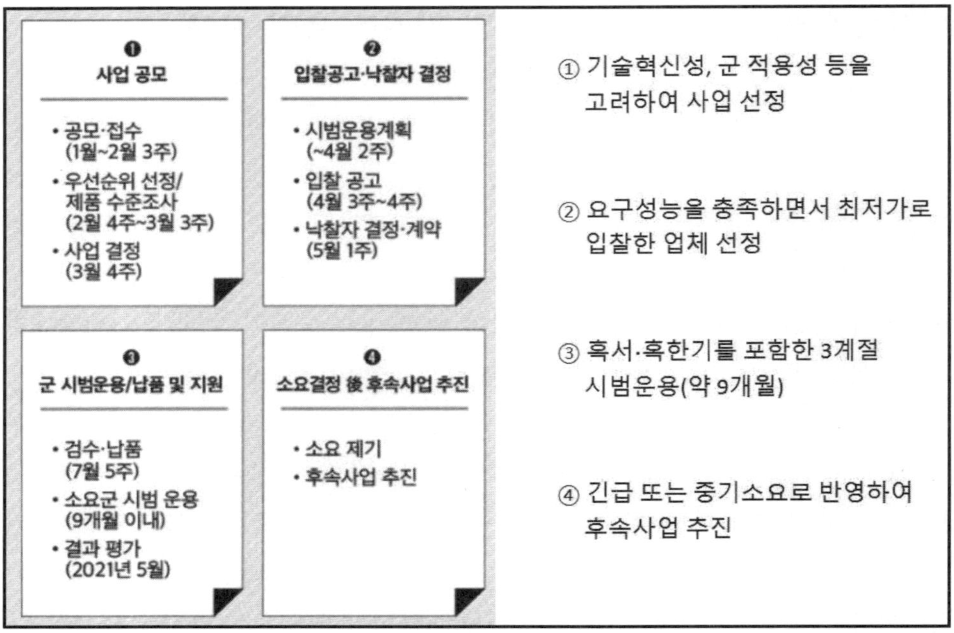

[그림 6-8] 신속시범획득사업 추진절차

▌무기체계개발에 진화적 개발 방식 적용 요구

지금까지의 무기체계개발은 소요결정 단계에서 확정된 작전운용성능을 한 번에 개발하는 일괄개발 방식을 적용하여 왔다. 작전운용성능은 무기체계 운용에 필요한 소요군이 요구하는 필수성능을 제시한 것으로 무기체계개발의 핵심 사항이다. 또한 작전운용성능은 시험평가의 기준이 되고 있다. 따라서 소요군은 최초 소요제기 시 상당한 기간을 거쳐 전력화하게 되면 장기간 운용하게 될 것을 고려하여 주요 선진국의 유사한 무기체계를 기준으로 동급 최고성능을 작전운용성능으로 설정하는 경향이 있다.

작전운용성능 설정은 소요기획 역량, 기술적 전문성, 사업추진의 제약성 등에 대한 고려가 부족한 가운데 이루어지고 있다. 이렇게 설정된 작전운용성능은 국내 기술의 한계로 인하여 전력화 시기 충족이 어려운 경우가 많으며, 비용제약과 일정 준수에 대한 압박으로 인해 작전운용성능 수정이 불가피한 경우가 생기고 있다. 급기야 전력화 시기 충족을 위해 국내 개발에서 해외 구매로 전환하는 경우도 발생한다. 하지만 작전운용성

〈표 6-13〉 무기체계개발 간 작전운용성능 수정

사업명	ROC 수정 사유	미치는 영향
신세기함 UAV능력 보강	현 요구수준으로 충족할 수 있는 과학장비 부재	*ROC 수정 수정시까지 계약 지연
COP과학화경계시스템	탐지율 요구수준 미충족	*ROC 수정 사업지연, 업체 봐주기 논란 등
군사용 수면비행 선박(ACTD)	현 기술수준으로 상승고도 요구 성능 미충족	사업취소
차기 중기관총	현 기술수준으로 대공기능 요구수준 미충족	사업취소
K－2전차	현 기술수준으로 파워팩 요구수준 미충족	*ROC 수정 사업지연, 업체 봐주기 논란 등

출처: 천종웅 외, 2017: p.42.

능의 수정은 감사, 업체 봐주기 등의 사유를 들어 합동참모본부는 기피하고 있다.

그 해결책으로 제시되는 것이 진화적 개발 방식 도입이다. 작전운용성능의 경직성 문제를 탈피하고 신기술을 무기체계에 용이하게 적용 가능하며, 소요군의 운용경험을 환류하여 최종 요구능력을 점진적으로 달성할 수 있다(하태정 외, 2017).

진화적 개발 방식의 단점도 있다. 일단 사업관리가 복잡할 수 있고, 비용도 증가할 수 있다. 이러한 이유로 신중한 접근이 필요하다는 의견도 있다. 방위사업청도 진화적 개발 방식에 대한 구체적인 규정은 마련하지 못하고 선언적인 일반적 절차만 규정하고 있는 실정이다(방위사업청 훈령「방위사업관리규정」제111조~제114조).

제 7 장

국방R&D사업의 재원 확보

모듈 1 국방R&D 예산의 이슈

국방R&D 재원의 중요성

군 또는 방위사업청이 '공급자=수요자'인 독점적 시스템 하에서 국방R&D의 재원은 정부 예산뿐이라고 해도 과언이 아니다. 정부의 예산배정 없이 무기체계 개발 및 양산화는 진행 자체가 불가능하다. 국방R&D에서 정부 예산의 확보가 중요한 이유다.

국방R&D가 중요한 것은 맞지만 한정된 정부의 예산을 놓고 다른 정부의 기능 혹은 비 국방R&D 부문과 경쟁을 할 수밖에 없다. 예산당국을 충분히 설득시켜야 한다. 그러려면 국방부, 합동참모본부, 방위사업청 스스로 방위력 수준을 얼마나 어떻게 가지고 갈 것인가에 대한 질문부터 시작해야 한다. "어떤 군사적 기능을, 어떤 수준에서, 얼마나 보유할 것인가?"라고 하는 국가안보의 큰 그림이 그려져야 한다(국방예산의 규모). 그 큰 그림이 그려지면, "필요한 무기체계를 해외 구매를 통해 확보할 것인가? 아니면 자체적으로 개발할 것인가?"에 대한 중간 그림이 그려져야 한다(방위력 개선 예산의 규모).

다음 단계는 국방R&D 재원의 적정성에 대한 담론이다(Sargent, 2016). 즉,

- 국방R&D 재원의 적정 규모는 얼마인가?

국방R&D 규모를 어느 수준으로 유지할 것인가? 하는 질문 자체는 국방R&D의 목적을 명확하게 규정해 주는 것은 아니다. 국방R&D의 필요성과 정확성에 대한 주관적인 가정에 따라 달라질 수 있기 때문이다. 이 문제는 방위력개선사업의 내용을 결정한다는 점에서 매우 중요함에도 불구하고 심층적으로 논의되는 경우란 거의 없다. 국가R&D에서는 전통적으로 정부 예산의 일정 비율을 배정하여 왔다.

- 국방S&T 재원의 적정 규모는 얼마인가?

6.1~6.3의 국방S&T의 규모를 어느 수준으로 유지할 것인가 하는 문제는 6.1 국방기초연구의 재원과 함께 고려해야 할 중요한 문제이다. 국방기초연구는 미래 핵심기술 개발의 씨앗이기 때문이다. 또한 6.1의 규모는 국방R&D가 대학 혹은 출연연구기관과의 협력의 정도와 범위를 결정한다. 국가R&D에서는 전통적으로 국가R&D 예산의 일정 비율을 배정하여 왔다.

- 미래에 부상할 것으로 예상하는 혁신적인 무기체계의 획득을 위해 필요한 점진적 개발과 파괴적 개발 간의 적정한 균형점은 어디인가?

파괴적 개발은 성공 가능성이 낮거나 실패 가능성이 높지만 성공할 경우 상당한 수준의 파괴력 있는 무기체계에 적용할 수 있기 때문에 "High risk, High reward"가 적용된다. 미국의 Defense Science Board의 경우 국방S&T 예산의 1/3 수준을 파괴적 기술개발에 투자하면서 DARPA와 군이 협력할 것을 권고하고 있다.

국방R&D는 인력 및 시설 그리고 무기체계의 해외 구매를 포함하는 비 국방R&D와 늘 재원 배분을 놓고 경쟁 관계에 있다. 위의 세 가지 담론은 결국 무기체계 획득에 있어서 자주성을 어느 수준으로 발전·유지할 것이며, 이를 위해 필요한 국방기초연구와 파괴적 무기체계개발의 의지를 피력하는 것이라고 하겠다.

그러면, 국방R&D 재원은 어떻게 배분되어야 할 것인가? 여기에는 몇 가지의 기준과 원칙이 있다.

첫째, 전술적－전략적, 단기적－장기적, 합동참모본부(합동차원)－육군－해군－공군－해병 등 다양한 수요 간의 균형, 무기체계개발에 필요한 핵심기술의 연계성, 다양한 영역 간의 시너지 창출, 기술 포트폴리오 상의 창조적이고 혁신적인 기술의 추구를 달성할 수 있는 기술 자원을 전개하는 것이다.

둘째, 현존의 무기체계와 기술의 유지·발전, 혁신적인 무기체계개발과 핵심기술의 확보, 방위력 향상에 필요한 군수지원 기능에 대한 지원이라는 요건을 충족시키는 것이다.

마지막 단계는 구체적으로 소요가 결정된 핵심기술과 무기체계개발사업의 예산을 추산하고 예산화하는 것이다.

모듈 2 총사업비 관리와 사업타당성조사

총사업비 관리

총사업비 관리 제도는 국가의 예산 또는 기금으로 시행하는 대규모 재정사업에 대해 기본설계·실시설계·계약·시공 등 사업추진 단계별로 변경요인이 발생한 경우 사업시행 부처와 기획재정부가 협의해 총사업비를 조정하는 제도이다. 「국가재정법」 제50조 및 동법 시행령 제21조·제22조의 규정에 의거해 총사업비를 합리적으로 조정·관리함으로써 재정지출의 효율성을 높이는 것을 목적으로 한다. 도로·철도·항만 등 대규모 사회간접자본(Social Overhead Capital: SOC) 건설사업의 추진과정에서 총사업비 증가를 엄격히 관리하고자 1994년 도입됐다.

기획재정부의 「국방사업 총사업비 관리지침」에서도 총사업비 관리의 목적을 "국방부 시설·정보화 사업 및 방위력개선사업의 총사업비를 사업추진 단계별로 합리적으로 관리하고 재정지출의 효율성을 제고함"(기획재정부 예규 위 관리지침 제1조)으로 규정하고 있으며, 2011년부터 본격적으로 적용되기 시작했다. 방위력개선사업 분야에서의 총사업비는 사업추진 방법(연구개발 또는 구매)에 따라 사업추진에 소요되는 재원을 의미한다. 무기체계를 연구개발에 의해 획득하는 사업의 경우에는 연구개발단계에서 소요되는 사업비와 양산단계에서 소요되는 사업비 모두를 총사업비로 정의하고 있다.

총사업비와 총수명주기비용에는 엄연한 차이가 있다. 총사업비는 해당 사업의 목적을 달성하기 위해 사업기간 동안 소요되는 연구개발비, 사업운영비, 전문기관 연구위탁비용, 장비 구매비, 시험평가비 등의 전체 비용을 의미한다면, 총수명주기비용은 획득비(위의 총사업비)와 장비 수명 기간 동안 소요되는 인건비, 장비운영유지비, 시설비,

폐기비 등의 비용을 의미한다.

총사업비 관리대상은 위의 획득비에 대해 총사업비 500억 원 이상인 연구개발사업과, 연구개발단계 총사업비는 500억 원 미만일지라도 양산단계 총사업비가 500억 원 이상이 되면 총사업비 관리대상에 포함된다. 신규 사업인 경우에는 최초 총사업비에 대해 사업타당성조사를 거쳐 확정하고, 계속사업인 경우에는 사업 착수 이후 변동요인이 발생하고 그 규모가 20% 이상이 경우 기획재정부와 협의 과정을 거쳐 사업타당성조사를 통한 재검증을 수행하게 된다.

사업을 수행하고 있는 부서에서는 총사업비 변동이 매년 발생하고 있기 때문에 총사업비 조정은 수시로 요구할 수 있다. 확정된 총사업비 대비 20% 이상의 변동 규모가 있는 경우에는 기획재정부와 협의해야 하며, 20% 미만인 경우에는 방위사업청에 위임하고 있다. 최초 총사업비 확정이나 총사업비 조정을 위해 각 사업팀들은 사업목적, 단가, 물량, 작전요구성능, 사업기간 등에 관한 자세한 사항과 그 사유를 제시하여야 한다. 총사업비에 대한 효율적인 관리를 위해 방위사업청에서는 총사업비 조정 소요가 있는 사업들을 종합하여 매년 2월 말까지 기획재정부(방위사업예산과)로 제출한다.

사업타당성조사

비닉사업을 제외한 모든 무기체계개발사업은「국가재정법」제50조와 동법 시행령 제21조,「기재부 국방사업 총사업비 관리지침」제11조에 따라 재정지출의 효율성을 제고하기 위해 예산편성 이전에 사업타당성조사[1]를 실시하여 개발 타당성 여부가 인정되어야 한다.

사업타당성조사는 특정 무기체계의 획득에 대한 예산 배분 직전에 수행하는 절차로서 군에서 제기한 무기체계 소요의 필요성을 객관적·과학적으로 검증하고, 사업추진계획의 적절성을 분석하여 정책적 대안을 제안함으로써 특정 획득사업이 실제 예산화되기 위한 마지막 관문이다. 국내개발을 통하여 무기체계를 확보하는 경우는 다음 [그림 7-1]에서 보는 바와 같이 개발단계 예산편성 이전과 양산단계 예산편성 이전에 사업

1 방위력개선사업에서 사업타당성조사 대상사업은 1. 방위사업청장이 책정한 사전 총사업비가 500억 원 이상인 사업, 2. 사전 총사업비가 500억 원 미만이나 후속 양산사업의 총사업비가 500억 원 이상인 연구개발사업이다.

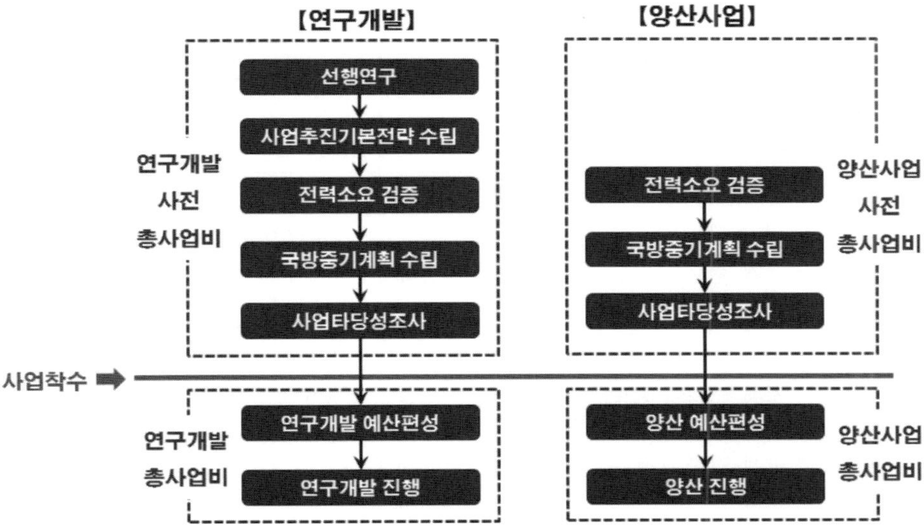

출처: 이현무· 양혜령, 2019: p.2.

[그림 7-1] 사업타당성조사 적용 시기

타당성조사를 수행한다. 사업타당성조사는 국가R&D의 예비타당성조사와 유사하다.

국방획득사업에 대한 타당성조사는 사업의 본질을 파악하고 대규모 정부예산 투입 준비 정도 및 대안 검토 등의 취지는 일반재정사업에 대한 타당성조사와 동일하지만, 검토 과정이나 검토 내용에서는 상이한 점들이 나타난다. 그 이유는 (1) 비용·편익 분석의 어려움, (2) 사업 미 시행을 대안으로 포함할 수 없다는 점이다. 또한 (3) 분석틀을 표준화하고 조사 결과의 산출과 적용에 차이(적시성, 신뢰성, 실행 가능성, 정량화된 결과 도출, 결과 공유와 공개 등)가 있다.

다음 <표 7-1>은 사업타당성조사와 예비타당성조사의 차이점을 비교해 주고 있다. 사업타당성조사와 예비타당성조사의 큰 차이점은 타당성 결과 도출이 예비타당성조사의 '종합평가에 의한 평점 도출'과 달리 사업타당성조사의 경우 '종합평가에 의한 정성결과 도출'이라는 점이다. 사업타당성조사와 예비타당성조사가 본질적으로 가지는 차이점이기도 한다. 그러나 사업타당성조사 대상 사업의 대부분이 적정한 것으로 판단되고 그 결과 사업타당성조사의 기능이 훼손될 가능성이 엿보이는 대목이기도 하다. 소요제기 → 소요결정 → 소요검증 → 중기계획재원 반영 → 사업타당성조사 → 예산(배분·조

〈표 7-1〉 예비타당성조사와 사업타당성조사의 비교

구 분	예비타당성조사	사업타당성조사
관련 근거	「국가재정법」 및 동법 시행령	기재부 예규 「국방사업총사업비관리지침」
분석 기관	KISTEP	KIDA
분석 대상 및 선정 방법	• 총사업비 500억 원 이상, 국고 300억 원 이상 • 부처 수요 조사 후 기술성평가를 통해 대상 사업 선정	• 총사업비 500억 원 이상 • 사업추진기본전략이 수립된 사업
분석 항목	• 과학기술적 타당성, 경제적 타당성, 정책적 타당성의 3개 항목 적용	• 소요검증, 경제성, 정책성, 국방 특수 평가항목 등의 다 기준 적용
과학기술적 타당성	• 문제/이슈 도출의 적절성, 사업목표의 적절성, 세부 활동 및 추진 전략의 적절성을 분석하여 평점 부여	• 핵심요소기술(CTE), 기술수준(TRL) 등의 항목을 적용 • 기술개발계획의 타당성을 검토하며 평점 부여는 없음
결과 도출	• 종합평가에 의한 평점 도출	• 종합평가에 의한 정성결과 도출

정·편성)의 과정을 밟는 무기체계개발사업의 성격을 볼 때, 소요 결정과 검증이 이루어졌다는 의미는 미래에 목표하는 군사력을 확보하기 위해서 꼭 확보되어야 하는 무기체계로 선정이 공식적으로 군 내부에서 이루어졌다는 것을 의미한다. 군에서 요구하는 특정 무기체계의 소요를 충족하기 위해서 해외 구매를 할 것인가 아니면 자체 개발을 할 것인가를 결정해야 한다는 의미다. 그렇다면 사업타당성조사가 해외 구매 vs 자체 개발과 같은 구체적인 결정을 할 수 있는 수준에서 이루어지는가?

국방R&D사업 사업타당성조사 주요 내용

국방R&D사업에 대한 사업타당성조사는 기획재정부가 KIDA에 위탁하여 실시하는데, 아래의 사항들을 점검한다.

- 연구개발, 구매(국내/국외), 선행연구 수행, 사업추진기본전략 구비 여부, 양산사업은 시험평가 완료
- 소요분석: 필요성(무기의 운용 개념, 타 무기와의 중복성 등), 작전운용성능, 소요량, 전

력화 시기 등 국방특수평가항목

- 사업추진계획 분석: 사업추진 준비도(핵심기술요소, 기술성숙도 등), 경제성 분석, 정책적 분석 및 종합평가, 차년도 예산 필요성
- 예산적절성 분석: 전력화 시기 기준으로 차년도 예산 시급성 분석
- 정책적 분석: 산업파급효과, 기술파급효과, 고용유발효과, 외교 사항 등
- 결론 및 정책 제안: 정성적 항목의 종합 평가, 사업추진 타당성 적정 여부, 비용절감방안, 사업추진시기 조정 등

사업타당성조사 대상에 포함되는 조건이 충족되면 소요분석, 사업추진계획 분석, 예산적절성 분석 순으로 조사를 진행한다. 각각의 조사 결과가 사업타당성을 판단하는데 독립적으로 영향을 미친다.

- 소요분석 결과에서 무기체계 소요량이나 작전운용성능에 문제가 있다고 판단할 경우, 국방 내부에서 소요검증을 받았다 하더라도 해당 무기체계개발사업 착수를 보류하거나 '소요 재검토'라는 조건부 의견을 제시한다.
- 사업추진계획 분석에서는 무기체계개발사업 진입에 필요한 기술성숙도 평가의 절차상 문제가 있는 경우 또는 사업추진기본전략 상의 사업추진 방법에 문제가 있는 경우에는 '사업추진계획 수정 후 추진' 등과 같은 조건부 의견을 제시하거나 사업추진계획 상의 중대한 문제가 있다고 조사된 경우에는 '보류' 의견을 제시한다.
- 예산적절성 분석 결과는 사업추진에 미치는 영향이 소요분석이나 사업추진계획 분석에 비해 상대적으로 적은 편이다. 이러한 이유로 예산적절성 분석 결과는 사업 추진에 필요한 총사업비 반영의 기준으로 활용된다. 만약 예산적절성 분석 결과가 중기계획보다 높을 경우에는 사업타당성조사 결과의 총사업비를 적용하고, 낮을 경우에는 중기계획의 총사업비를 적용하고 있다.

모듈 3 국방R&D 예산 편성절차

국방R&D 예산의 요구

국방S&T의 각 사업 예산과 무기체계개발의 각 사업 예산이 편성되고 확정되기 위해서는 일반 부처의 예산과 마찬가지로 예산 요구서 작성(방위사업청－각 소요군 및 합동참모본부, 국방부 직할기관은 전력화지원요소 분야 예산요구서를 작성하여 방위사업청으로 제출)－부처 예산요구서 검토와 부처 예산안 작성(기획재정부 예산실의 국방예산과 및 방위사업예산과)－예산안 확정(국회 및 예산정책처)의 과정을 거친다.

그러나 국방 획득(국방R&D를 포함) 예산은 다음 두 가지 점에서 다른 정부 부처의 예산 요구와는 다르다는 특징을 갖는다.

첫째, 국방R&D 예산의 경우 다른 정부 부처의 R&D 예산과 마찬가지로 부처 예산편성안 검토 과정에서 국가과학기술자문회의(심의회의)의 기술적 검토를 함께 받는다.

둘째, 다음 [그림 7－2]에서 보는 바와 같이 무기체계개발 및 전력화에 오랜 기간이 소요되는 점을 감안하여 국방부 및 방위사업청의 합동군사전력목표기획서－국방중기계획－예산요구서와 기획재정부(예산실)의 국가재정운영계획 간에는 밀접한 연계가 이루어지고 있다. 따라서 일반 정부 부처와 달리 특정 년도의 예산보다는 국방중기계획이 재원 확보 상에는 더욱 중요한 역할을 하고 있는 것이 사실이다.

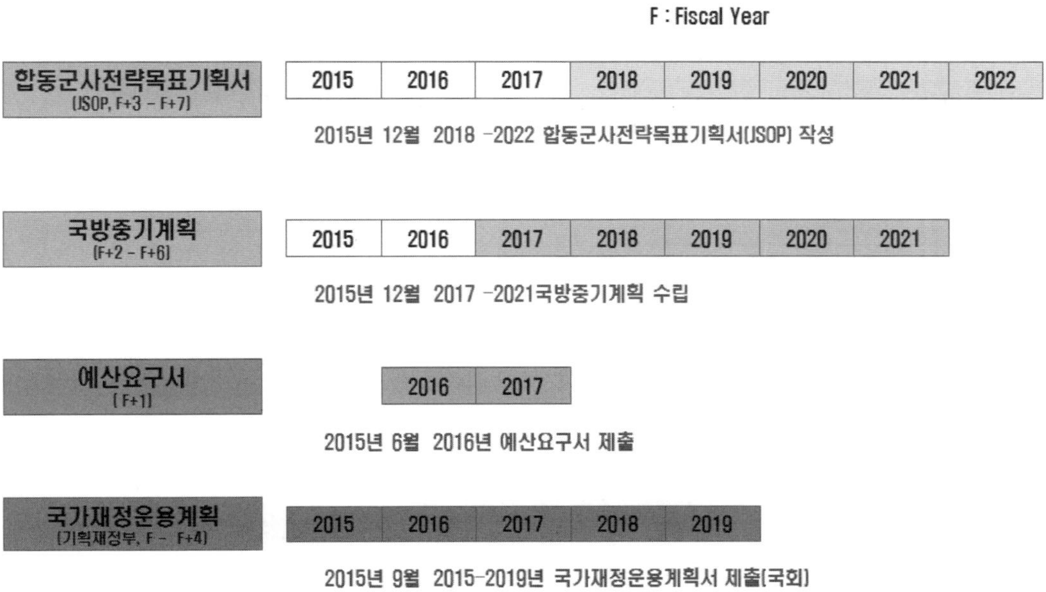

[그림 7-2] 국가재정운용계획과 국방예산 관계

다음 [그림 7-3]은 국방예산과 국방R&D 예산요구서의 작성절차를 보여 주고 있다. F-1년도 12월에 기획재정부 예산실에서 F+1년도 예산 편성지침이 통보되면, 각 소요군은 3월까지 전력화지원요소 예산요구안을 작성해서 방위사업청에 제출한다. 이를 바탕으로 방위사업청은 5월까지 방위력개선사업 예산요구서를 작성하여 6월까지 국방부 검토와 방위사업추진위원회 심의를 거쳐 기획재정부 예산실에 제출한다. 9월에 기획재정부가 국회에 F+1년도 예산안을 제출하면서 본격적인 국회의 예산안 심사가 시작된다.[2]

2 예산안은 9월 1일에 국회에 제출되지만 실제 국회 상임위 및 예산위의 심사는 국정감사가 끝나고 11월부터 시작된다. 9월~10월 기간에는 국회 예산정책처의 검토를 받는다.

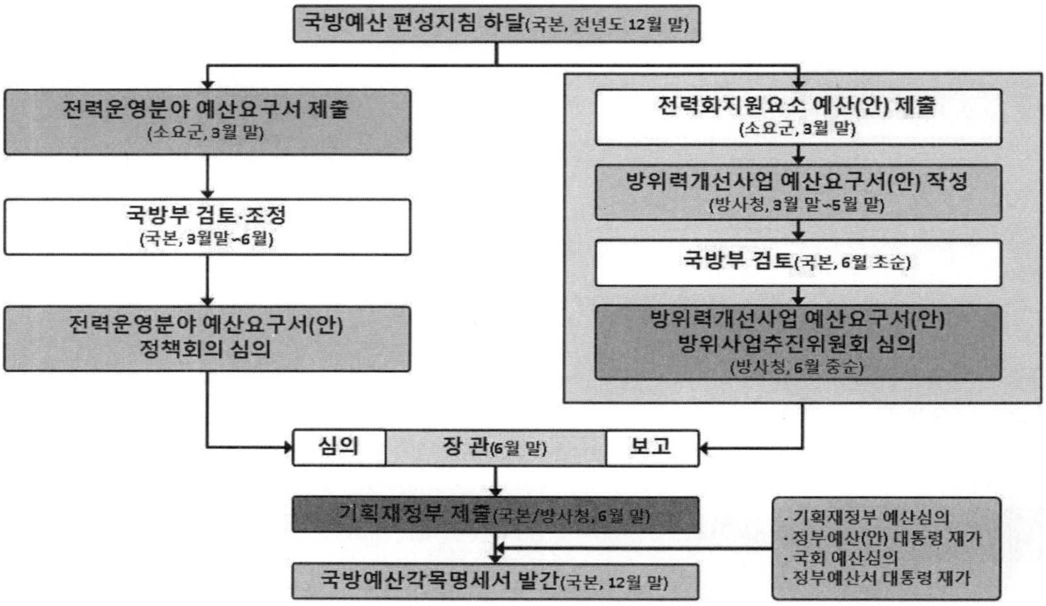

[그림 7-3] 국방R&D 예산요구서 작성 절차

▌예산 요구상의 합동참모회의 역할

합동참모본부 의장과 각 군 참모총장으로 구성된 합동참모회의는 「국군조직법」 제13조에 따라 군령에 관하여 국방부 장관을 보좌하고 주요 군사사항에 관한 심의기구이다. 합동참모회의는 각 군 및 국방부 직할부대, 국방 관련 기관에서 제기한 무기체계 전력 요구에 기초하여 방위력개선사업의 최초 소요가 되는 중·장기 신규 무기체계 소요를 결정한다. 또한, 소요 결정된 무기체계에 대한 소요 수정이 필요한 경우에도 합동참모회의 심의를 거쳐 수정할 수 있다. 합동참모본부가 주관한다.

예산 요구 과정에서의 합동참모회의 역할은 없다. 하지만 국방중기계획 작성을 통하여 무기체계 획득을 위한 소요 재원을 반영하고 예산을 편성하기 위해서는 그 원인이 되는 무기체계 소요 결정 또는 수정에 관한 심의를 한다는 측면에서 합동참모회의의 역할은 매우 중요하다. 특히, 적정 수준의 작전운용성능을 결정한다는 것은 전력화 시기와 비용요소를 고려한다는 의미에서 간접적인 예산 요구상의 역할을 하고 있다고 보아야 할 것이다.

방위사업추진위원회의 예산 요구상의 역할

방위사업추진위원회는「방위사업법」 제9조에 근거하여 국방부 장관 소속 하에 방위사업의 추진을 위한 주요 정책과 재원의 운용 등을 심의·조정하기 위하여 설치되었다.「방위사업법」 제14조 제1항의 규정에 의한 방위력개선사업의 예산편성에 관한 사항을 취급한다.

방위력개선사업 예산요구안에는 국방R&D 분야도 포함된다.「국방전력발전업무훈령」에서는 방위사업추진위원회 심의를 거쳐 예산요구안을 확정하고 국방부 장관에게 보고한 후 기획재정부로 제출하게 된다.

방위력개선사업에 대한 예산요구안은 해당 사업팀의 검토와 방위사업청 재정계획 담당부서의 조정을 거쳐 방위사업추진위원회에 상정되기 때문에 심의·조정 과정에서 예산요구안이 조정되거나 제외된 경우는 거의 없다. 다만, 방위사업추진위원회 상정을 위해 방위력개선사업 이해관계자의 요구사항을 검토하고 반영하는 과정을 거치게 하는 효과는 분명히 있다고 볼 수 있다.

모듈 4 예산요구서의 검토와 조정

국가과학기술자문회의(심의회의, 이하 국과심)는 정부 부처에서 제출된 예산 요구 중 R&D사업에 대한 예산 요구를 심의·조정한다. 2017년부터 국방R&D사업도 국과심 심의 대상에 포함되었다.

국과심은 「과학기술기본법」 제12조의2의 규정에 의해 과학기술정보통신부(이하 과기정통부)가 과학기술 주무 부처로서 국가R&D사업 예산의 배분·조정 업무를 수행하는 과정에서 활용하는 국가 위원회의 하나이다. 개방과 협력, 전문성, 창의성에 기반하여 실효성 있는 R&D 예산 배분·조정을 통해 연구개발 투자의 효율성을 극대화하고 주요 R&D 정책의 구체화 및 실행을 위한 부처의 실질적인 참여와 협력을 유도함으로써 실천력을 확보하기 위해 설치되었다.

정부 R&D 예산 배분·조정 과정은 다음 [그림 7-4]와 같다. 국과심은 국방R&D 예산 요구를 검토·심의하는 과정에서 국방R&D 투자방향 제시-국방R&D 예산 요구서 작성지침 제시 - 국방전문위 검토의견 제시의 과정을 거친다. 국과심의 검토 결과는 예산 편성과 직접적으로 연계되어 있는데, 과기정통부 R&D 예산 배분·조정 결과는 기획재정부 예산실의 정부 예산안 편성에 반영되기 때문이다. 2013~14년은 98~99%, 2015년 95.8%, 2016년 96.3%, 2017년 95.9%를 과기정통부에서 배분·조정한 결과대로 기획재정부 예산실에서 정부 예산(안)에 반영하였다.

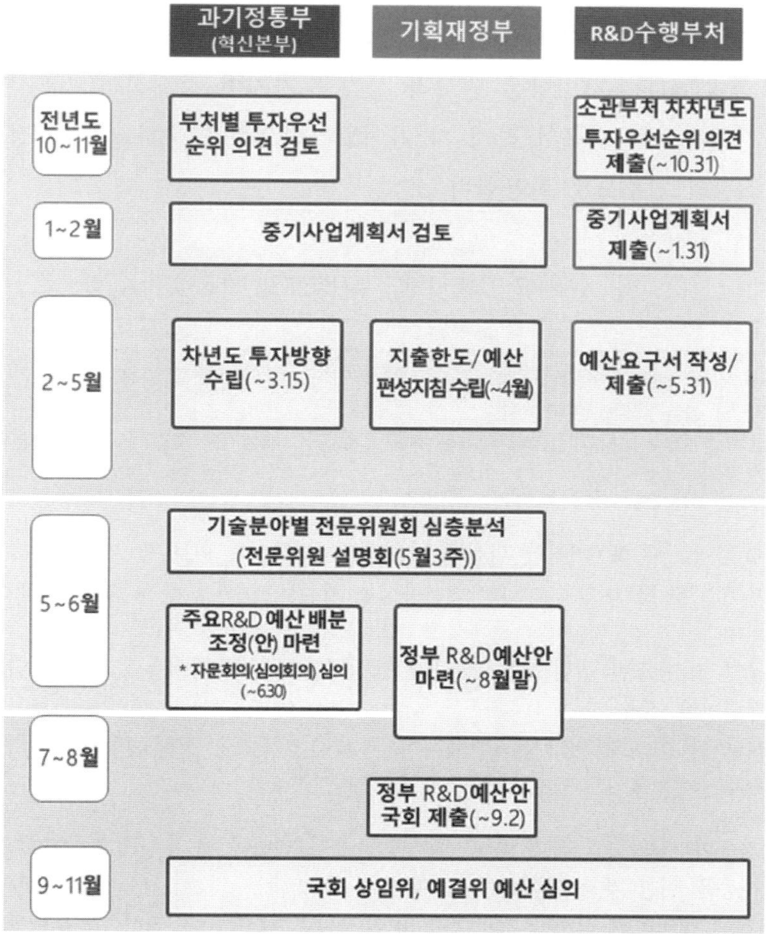

[그림 7-4] 정부 R&D 예산 배분·조정 절차도

▍국방R&D 투자방향

「과학기술기본법」 제12조의2(국가연구개발사업 예산의 배분·조정 등) 제3항에 의거, 과기정통부는 매년 3월 15일까지 F+1년도 정부연구개발투자의 방향과 기준을 담은 「정부연구개발 투자방향 및 기준」을 수립하여 관계부처에 통보한다. 그 내용은 투자현황, 주요 정책 및 사업, 투자성과 및 평가, 기술동향, F+1년도 투자방향, 투자 효율화 방향을 포함한다. 핵심부분인 투자방향은 <예시 7−1>과 같으며, 투자 효율화를 위한 제도 개선 방향은 <예시 7−2>에 제시된 것과 같다.

그러나 국방R&D 투자방향은 권고적 성격을 가지며 강제적인 것은 아니다. 국방부·합참·방사청은 예산요구서 작성 시 가이드라인으로 활용하고, 과기정통부는 R&D 예산 배분·조정의 기준으로 활용한다.

〈예시 7-1〉 F+1년도 투자방향(일반보고서)

◈ 북 핵·미사일 위협에 대한 방위체계의 조직 전력화 및 국방전력 강화를 위해 우선순위가 높은 무기체계의 개발 및 성능개량에 선별 투자

◈ 미래 첨단무기체계의 독자 개발능력 제고를 위해 기초연구, 핵심기술 개발 및 민군기술협력에 대한 전략적 지원 강화

■ (핵·WMD 대응) 북 핵·미사일 위협에 대응하기 위한 전력 확보 및 조기 전력화에 집중투자
- ○○○○○ 및 군 □□□□의 작전운용성능 재검토·보완을 통해 감시·정찰기술의 효과성 제고
- 적 항공기 및 탄도탄 위협으로부터 주요 핵심시설에 대한 방어능력 신장을 위해 ◇◇◇◇ 조기 전력화에 집중 지원
- 위성 개발 관련 ○○○○, 고속자세제어, □□□□ 등 군 정찰능력 제고를 위한 핵심기술 독자 확보 추진

■ (무인화·자동화) 전장공간 확대 및 군 병력 감소를 고려하여 군 통신체계 고도화 및 자동화 시스템 도입 등을 위한 투자 확대
- 사이버전에 대비하여 실시간 정보수집 및 분석능력 제고 등을 위한 군 통신체계 고도화 및 네트워크 성능개량 전략적 지원
- 첨단 전투수행능력 향상을 위해 ○○○○, △△△△, □□□□ 등 무인화 관련 투자 강화
- 미래 전장 환경 변화에 대응하기 위하여 인공지능(AI), 가상현실(VR) 등 4차 산업혁명 대표기술을 활용한 무기 스마트와 지원 확대

* (예시) 지능정보사회 추진과 연계하여 deep−learning 기법 등을 활용하여 가상전장공간에서의 훈련체계 및 의사결정 지원 체계 구축

〈예시 7-2〉 투자 효율화 방향(일반보고서)

◈ OOOO의 자율적·도전적 연구기능 강화 및 연구 몰입 환경 조성
◈ 민군기술협력의 실효성 제고 및 범위 확대를 통해 내실화
◈ ROC의 합리적인 관리 및 평가방식, 장비 도입절차, 신규 수행방식 개선 등을 위해 관련 제도 개선

■ (○○○○ 사업구조 개선) ○○○○의 자율적·도전적 연구기능을 강화하고 연구에 몰입할 수 있는 환경 조성
- 군 소요가 제기되지 않더라도 미래 핵심기술을 선제적으로 개발할 수 있도록 ○○○○의 고유사업비 비목 신설 검토
- ○○○○의 조직개편, 사업관리 전문기관 신설 등을 통해 연구원의 사업관리 및 감사 대비 등 행정업무 부담 경감

■ (민군기술협력 내실화) 민군기술협력의 실효성 및 범위를 확대하고, 부처별 민군기술협력사업을 '하나의 사업'으로 개편 추진
- 민군협력기술이 군 전력 강화에 실질적으로 기여하도록 군 소요 연계성이 높은 과제 우선 선정 및 개발기술의 군 활용성 평가 강화
- 소요제기 시 민군겸용성을 검토하여 민군겸용성이 인정되는 경우 민간으로 직접 출연하고, 개발에 성공할 경우 지식재산권 공동 소유
- 00개 부처에 산재된 사업/과제의 일원화된 관리를 통한 효율성 제고 및 성과창출 극대화

■ (ROC 유연성 제고) ROC가 기술발전 수준에 따라 합리적으로 수립되고 유연하게 변경될 수 있도록 관련 절차 개선

국방R&D 예산 요구서 작성지침

「국가재정법」 제29조(예산안편성지침의 통보)에 따라 기획재정부 예산실은 예산편성지침을 작성하여 각 정부 부처에 통보한다. 이에 따라 각 정부 기관은 부처 예산요구서를 법적으로 5월 31일까지 제출하도록 규정하고 있다. 그러나 정부 예산안의 국회 제출 시한인 9월 1일을 맞추기 위해 국과심 심의를 5월에 집중할 수밖에 없게 되어 법적 근거는 없으나 심의 일정상 필요하기 때문에 정부 부처에 1개월 정도 일찍 예산안을 제출하도록 요청하고 있다. 그 과정에서 기획재정부 예산실과 달리 과학기술정보통신부의 과학기술혁신본부에서는 필요한 부분을 추가한 자체적 예산요구서를 요구하고 있

다. 따라서 방위사업청의 경우에는 과기정통부의 과학기술혁신본부에 제출한 예산요구서와 기재부에 최종적으로 제출한 예산요구서 상의 양식 차이가 발생하게 된다.

국방R&D 예산 요구서 작성지침은 국방S&T와 무기체계개발이 약간 상이한데, 국방S&T 사업의 경우는 1. 사업 주요 내용, 2. 사업 예산 현황 및 계획, 3. 과제별 세부내용, 4. 외부 지적사항 및 쟁점사항 등이며, 무기체계개발사업의 경우는 1. 사업 배경 및 주요 기술(가. 사업 주요 내용, 나. 체계 성능, 다. 주요 개발항목 및 작동원리), 2. 사업추진 구조 및 국산화율 목표, 3. 사업추진 일정 및 예산 현황, 4. 외부 지적사항 및 쟁점사항(국회, 국회 예산정책처, 감사원, 언론보도) 등이 포함된다.

▌국방전문위원회 검토 및 조정

이미 앞에서 언급했다시피 국과심 국방전문위원회는 국방R&D 사업에 대한 예산요구에 대해 사업별로 검토의견서를 작성하고 예산 배분안에 대한 사전 검토를 진행한다. 특히 국방R&D 투자의 전문성 제고, 방위사업청과 타 정부 부처 사업 간의 유사·중복성 검토, 민·군 기술 간 융·복합 촉진 등을 면밀하게 검토한다. 이를 위해 다른 6개 위원회의 위원 1인씩을 겸직하여 국방전문위원회에서 활동하도록 하였다.

국방전문위원회는 이외에도 국과심 본회의 및 운영위원회에 상정된 안건에 대한 검토의견을 제시하거나 국방R&D 효율화 방안을 작성함으로써 국방R&D정책의 형성 과정에 참여하고 있다. 국방전문위원회의 연중 일정은 다음 <표 7-2>에 나타나 있다.

국방전문위의 국방R&D 예산 요구에 대한 검토는 국방기술개발, 업체주관 연구개발, 국책 연구개발, ADD 주관 연구개발, 연구개발 성능개량 등으로 나누어 진행된다. 검토의견서의 하이라이트인 '예산 배분방향'은 (1) 사업 타당성, (2) 예산 규모 적절성, (3) 다 부처 협업의 필요성, (4) 효율화 방안, (5) 종합 검토의견으로 나누어 검토된다. 그러나 국방R&D사업 중 무기체계개발의 경우는 사업 시작 전에 그 추진의 타당성이 신중하게 논의되었고, 대부분의 사업이 방위사업청 주관 하에 일사불란하게 수행되는 것이어서 큰 의미가 없는 형편이다. 예산규모의 적정성의 경우에도 총 소요 비용이 미리 산정되어 있고 배분된 각 년도 예산은 사용 후 정산되고 있기 때문에 진행 상황의 점검과 이에 대한 소요 비용을 검토하는 정도이다. 효율화 방안의 경우 사업이 일정에

〈표 7-2〉 국방전문위원회 연간 일정

	주요업무	전문위원회 역할
1~2월	중기사업계획 검토	각 부처 중기사업계획에 대한 의견 제시(필요시)
1~3월	투자방향 및 기준(안) 마련	기술분야별 투자방향 및 기준(안) 작성·검토
4~5월	R&D 예산 배분·조정	각 부처별 사업내용 청취 및 검토 사업별 예산요구에 대한 검토의견 작성
6월	R&D 예산 배분·조정(안) 확정	예산 배분·조정(안) 검토 ※ 국과심(본회의) 민간위원 간담회 개최
8~12월	R&D 효율화 방안 마련	세부 기술분야별 투자 효율화 방안 검토 ※ 심의과정 도출 과제, 법정부차원 연계투자 및 차년도 집중검토 사업 등

따라 정상적으로 진행되고 있는지 여부를 점검하고 정상 수행 상의 문제점들을 파악·개선하는 것이기 때문에 상당한 비중을 가지고 논의된다. 마지막으로 종합 검토의견은 매우 중요하다. 예산실에 대한 권고안이기 때문이다. 전문위 검토의견으로 나가는데, 그 형태는 '(요구예산 대비) 투자 유지', '(요구예산 대비) 투자 확대', '(요구예산 대비) 투자 축소'의 세 가지이다.

본 전문위 검토보고서는 과학기술혁신본부에서 보관하며, 일부 내용(종합 검토의견과 효율화 방안)만 방위사업청에 알려준다. 국방전문위원회의 R&D 심의 결과는 <예시 7-3>에 일부 제시하였다.

〈예시 7-3〉 국방전문위원회의 R&D 심의 결과(일반보고서)

3. 'ㅇㅇ년도 예산 배분방향

■ **사업 타당성**

ㅇ (사업목적 및 효과 명확성)

– 무기체계 개발/양산 과정상 핵심부품 국산화를 위해 방산업체 주관으로 국내 연구개발을 지원하는 사업임.

– 사업 특성상 무기체계 내 핵심구성품, 부품 개발 및 이에 대한 전력화를 위한 사업이라는 점에서 사업목적이 타당하고 효과가 명확한 것으로 판단됨.

ㅇ (정부지원 필요성)
- 무기체계에 포함되는 핵심구성품, 부품 개발을 위한 사업으로 정부 지원 필요성이 높은 것으로 평가

■ **예산 규모 적절성**

ㅇ (요구 규모의 적절성)
- 2018년도 요구예산 규모는 ○○○억 원으로 전년 대비 2.0% 증가
  • 연구수행주체별로는 중소기업이 ○○%로 가장 높고, 대기업, 중견기업은 각각 ○○%, ○○○% 수준
  • 총 과제수는 ○○개이며, 계속과제는 ○○개, 신규과제는 ○○개
- 무기체계 수출확대 및 선진국 기술이전 기피 증가 등에 따라 핵심부품 국산화 소요는 크게 증가하고 있으나, 이를 추진하기 위한 '핵심부품 국산화' 예산은 매우 미미하여 적절하다고 보기 어려움.

■ **(정부/민간 분담 규모의 적절성)**
- 정부 100% 출연 사업으로 추진되고 있어, 향후 민간 투자 확대를 위해서 정부-민간 간 매칭펀드 형태로의 사업 추진도 적극 검토할 필요가 있음.
- 민간 추자 확대를 위한 공동소유권 인정 등 인센티브 병행 필요
  * 주관연구기관이 연구개발 과정에서 획득되는 지식재산권을 공동으로 소유할 수 있도록 개선하여 기술사업화 확대 및 민간투자 유인('18년 국방 R&D 투자방향, 2017. 5.)

4. 종합 검토의견: 투자 확대

ㅇ 선진국에서 기술이전을 기피하는 핵심부품 국산화를 위한 투자를 집중해야 한다는 점에서 본 사업 예산 대폭 증액 필요
- 첨단무기체계의 수입대체 확대, 중소기업 지원 강화 등 새 정부 정책 추진에 부응하고, 선진국 대비 핵심 구성품/부품 경쟁력 강화, 전문 관리기관의 기술지원 능력 강화, 합리적인 사업추진비 확보 등을 위해 본 예산을 대폭 확대할 필요

▌국회 예산요구안 심의

정부 예산안이 국회에 제출되면, [그림 7-5]와 같은 절차를 거치면서 예산안 심의가 진행된다. 특히 관심을 기울여야 하는 부분은 국방R&D 예산안을 검토하는 국방위원회 전문위원실(수석전문위원, 전문위원, 입법조사관)과 국회의 국가 예·결산 심의를 지원하는 국회예산정책처(예산분석실 행정예산분석과)이다. 이들은 국방위원회 소속 국회의원을 직·간접적으로 지원하는 과정에서 상당한 영향력을 발휘한다.

다음 <예시 7-4>는 국회예산정책처의 국방R&D 예산안에 대한 검토서의 일부분을 보여주고 있다.

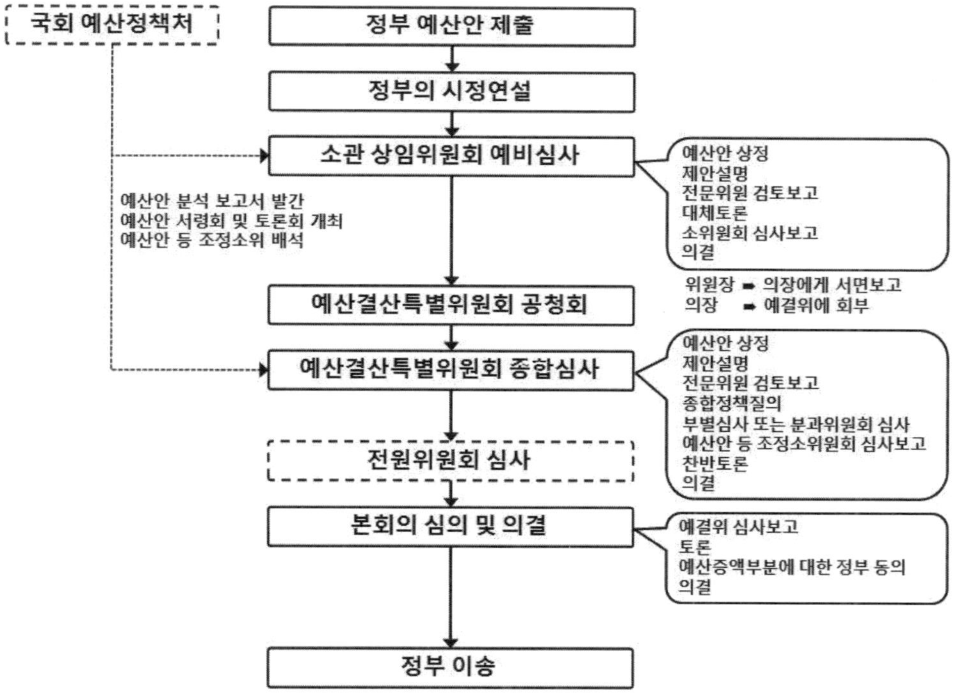

[그림 7-5] 국회 예산안 심의과정

〈예시 7-4〉 국회예산정책처 국방R&D 예산안 검토의견

제 8 장

국방R&D 효율화 방안의 모색

모듈 1. 국방R&D정책의 문제점이 방위력 개선에 미치는 영향

모듈 2. 국방R&D정책의 개선 방향

모듈 1 국방R&D정책의 문제점이 방위력 개선에 미치는 영향

국방R&D 3대 요소(설계, 제조, 검증 능력)의 균형된 발전 미흡

무기체계개발을 이끄는 국방R&D 발전의 3대 요소인 설계·제조·검증 능력이 균형적으로 발전하지 못하였다. 연구개발 능력은 특정 대상에 대해 설계할 수 있는 능력과 설계 결과대로 제조할 수 있는 능력(여기에는 인적 요소와 시설·장비에 해당하는 인프라적 요소가 함께 포함됨), 그리고 설계 결과를 검증할 수 있는 능력이다. 이 세 가지 요소가 균형되게 발전되어야만 연구개발 능력을 인정받을 수 있다.

우리나라의 경우 제조 능력은 매우 뛰어나지만 설계 능력은 상대적으로 뒤처진 측면이 있고, 분야별로 그 수준은 많은 차이가 있다. 검증 능력의 경우 대부분은 미국의 국방표준(MIL-STD)에 의해 수행하고 있고, 우리나라 환경에 적합한 환경시험을 위한 표준이 없어 미국의 국방표준을 테일러링[1]하여 사용하고 있다. 예를 들면 다련장 무기체계인 천무의 경우 국내에서는 시험을 할 수 없어 유도탄에 대한 정확도와 분산탄의 불발률 시험을 위해 이스라엘의 슈데마 시험장을 활용하고, 수리온의 체계결빙 시험은 알래스카에 있는 시험장을 활용한 바 있다. 또한, 시험 인프라는 부족하여 해외 시험장을 활용하여 검증하는 경우가 많다.

국방R&D 수행기관의 기술수준에 불균형 존재

국방R&D를 수행하는 각 기관의 역할에 대한 불균형이 존재한다. ADD가 압도적으

1 규범이나 지침 따위를 실제 업무에서 사용할 수 있도록 융통성 있게 바꾸는 일을 의미한다.

로 국방R&D 수행의 중심에 있다. 특정 무기체계의 경우 ADD가 개발하지 못하면 해외에서 도입하여야 한다. ADD는 첨단기술 개발에 집중하고 이를 기업에 확산하는 역할을 해야 하는데도 불구하고 그동안 무기체계 개발에 상당한 노력을 집중한 측면이 있다. 그동안 정부가 업체주관 무기체계 연구개발 활성화 정책을 지속적으로 추진하였음에도 불구하고 아직까지 활성화되지 못한 이유 중에는 일반 무기체계에 대한 기술개발 기회도 ADD가 독점하였기 때문이라는 주장도 나온다.

또 다른 측면에서의 기술수준에 대한 불균형은 국방R&D와 민간R&D의 관계에서 살펴볼 수 있다. 무기체계는 다수의 첨단기술의 집합체이다. 그럼에도 불구하고 몇몇 기술 분야의 경우 국방R&D 수행기관들이 민간R&D 수행기관들에 비해 과학기술력 수준이 낮게 평가되고 있다. 예를 들면 민간부문의 전자, ICT 분야 등은 세계적 수준의 기술력을 보유하고 있다.

이런 측면에서 국방R&D와 국가R&D 그리고 기업R&D의 연계와 협력이 매우 중요하다. 그럼에도 불구하고 보안상의 이유로 국방R&D－국가R&D 간의 연계와 협력은 미흡한 수준에 머무르고 있다. 특히 국방R&D－기업R&D 간의 연계와 협력은 '갑과 을'의 관계에서 이루어져 왔다.

협업이 미흡한 데에는 연구개발에 계약방식을 적용하고 있고 지식재산권의 국가 단독소유 구조에 기인한 바가 크다. 「국가를 당사자로 하는 계약에 관한 법률」에 따른 계약에서는 연구개발에 실패(성능 미달, 계획된 일정에 따라 개발을 하지 못한 경우)할 경우 지체상금 부과, 계약이행보증금(계약금액의 10%) 몰수, 부정당업자 제재에 의한 국가 조달사업 참여 제한, 개발비 환수 등이 참여 기업에게 부과된다. 매우 가혹한 벌칙이다. 연구개발은 실패 가능성이 높음에도 불구하고 계약 방식을 적용하기 때문에 이러한 벌칙이 부여될 수밖에 없는 구조다. 계약방식은 대학, 기업 연구소, 정부출연연구기관 등 다양한 Player들의 국방R&D 참여를 제한시키는 원인으로도 작용하고 있다.

지식재산권의 경우 「방위사업법」에 따라 연구개발 성과물은 모두 국가 소유가 되고 연구개발에 참여한 기관에게는 통상 실시권[2]을 부여하고 있다. 이런 구조로는 국방R&D의 성과물을 활용한 사업화나 수출을 위한 개조·개발 활성화가 이루어지기 어렵다. 국가R&D에서는 지식재산권의 소유권을 연구개발 참여기관에 부여함으로써 기술을

2 특허권자나 의장권자가 아닌 제3자가 허락이나 법률규정 또는 설정행위를 통하여 정해진 시간적·장소적·내용적 제약의 범위 안에서 특허발명·등록실용신안·등록의장 등을 업으로 실시할 수 있는 채권적 권리를 의미한다.

활용한 다양한 사업화가 가능한 구조를 가지고 있다.

혁신적인 기술에 기반한 기술주도형(technology-push) 무기체계 발전 제한

무기체계개발은 주로 군 소요제기에 의한 수요견인(demand-pull) 형태를 띠고 있다. 국방R&D 수행기관이나 방산업체의 혁신적인 기술개발 결과에 의한 새로운 무기체계가 개발되는 기술주도(technology-push) 형태는 거의 없는 상태이다. 즉, 첨단 과학기술 기반의 혁신적이고 와해적 무기체계개발 체계가 자리잡기 어려운 상황이다.

완제품 형태의 무기체계를 선호하고 핵심부품 개발을 등한시한다. 무기체계 획득을 위한 다수의 요소기술 중 일부 기술이 확보되지 않았을 경우 구매를 통한 무기체계 획득을 선호하는 이유가 여기에 있다. 최근에는 국산화 정책으로 이런 경향이 일부 해소되고 있지만, 군의 전력화 시기에 대한 강한 요구는 무기체계 획득 방법을 변경하게 하고, 무기체계개발에 대한 기회를 상실하게 하는 주된 원인이 되기도 한다.

기술이 소요를 선도하는 파괴적·혁신적 개발제도 도입이 미흡하다. ACTD라는 유사한 제도가 마련되었으나, 무기체계 소요로 연결되지 못하고 신기술에 의한 새로운 작전 개념을 만들어 낸다는 제도 운용 취지도 충족하지 못하여 결국 제도 폐지 순서를 밟고 있다.

4차 산업혁명과 관련된 신기술의 발전 속도는 과거의 기술 발전 속도에 비해 매우 빠르다. 하지만, 우리나라의 무기체계 획득 구조는 국방기획관리체계에 묶여 있어 최근에 개발되고 있는 신기술에는 적합하지 않다. 다양한 시도가 방위사업청에서 추진되고 있으나 합동참모본부의 무기체계 소요 기반 하에서 획득이 이루어지는 구조는 변함이 없다.

소요군의 책임 있고 적극적인 개발 참여 부족

소요군은 일단 무기체계에 대한 소요결정이 이루어진 이후에는 사업추진 방법을 결정하는 사업화 단계와 요구사항에 대한 검토가 이루어지는 설계단계에 대한 참여가 소극적이다. 또한, 군의 요구사항을 종합적으로 반영하고 무기체계 수명주기 동안의 운영 개념과 정비 개념을 정리한 운용요구서(ORD)에 대한 작성을 방위사업청과 개발기관에 맡기고 있다.

하지만 시험평가 과정에서는 개발 과정에서 검토되지 않은 요구사항을 '군 운용의 적합성'이라는 명목으로 제시하고 시험을 하여 결국 개발 실패로 이어지게 하는 경우도 발생한다. 무기체계개발의 초기 단계에서는 군의 불완전한 요구사항을 정제하면서 구체화하는 것이 필수적이다. 무기체계는 개발기간이 긴 반면 기술 발전속도는 빠르기 때문에 소요결정 단계에서 완벽한 요구사항을 제시할 수 없다. 특히 지금과 같이 기술발전의 속도가 빠른 경우 개발 초기단계에서 소요군의 적극적인 참여는 성공의 필수적 요소이다. 사용자와 개발자 간의 소통을 통하여 요구사항에 대한 정제가 이루어질 수 있도록 사업관리자의 엄격한 통제가 필수적이다.

감사, 수사 등에 의한 경직적 R&D 수행 환경

국방R&D 수행에 대해 감사나 수사에 의한 엄격한 사법적 잣대를 적용하고 있다. 연구개발에 대해 실패를 용인하는 환경이 조성되어야 하지만, 지금은 연구개발에 실패하였다고 하면 일단 패널티가 수반된다. 성과는 최하위 수준으로 평가된다. 참여 연구원은 왜 실패했는지에 대해 해명을 해야 한다.

이러한 행태가 나타나는 원인은 국가R&D와는 달리 국방R&D는 국방력 강화라는 대명제 하에 수행한다는 특수성에 기인한다. 실패를 허용하지 않고 참여 연구원에게 원인 규명을 요구하며, 원인 규명을 위해 감사, 수사 등의 수단을 이용하게 됨으로써 연구개발 수행 과정에 대해 엄격한 잣대를 적용할 수밖에 없는 환경이 되었다. 결국 감사나 수사가 연구개발 활동을 위축시키고 유연하고 자율적인 연구 분위기를 저해하는 부작용을 낳게 되었다.

수행 방법 측면에서 실패할 수 있다는 사실을 확인하는 그 자체도 연구개발의 일부이다. 가정을 수립할 때 미처 인지하지 못한 부분으로 인해 연구개발 실패로 나타날 수도 있다. 심지어는 연구개발에 성공했지만, 무기체계 양산단계 또는 운영·유지 단계에서 미처 식별하지 못한 오류가 나타나는 경우도 나타날 수 있다. 이 경우 연구개발 주관기관에 패널티를 부과하는 것이 지금의 국방R&D이다. 이러다 보니 도전적인 연구개발 목표를 수립하기 보다는 개발 가능한 수준의 목표를 제안하고 이를 개발한다. 개발 실패에 대한 책임을 묻는 상황이 계속된다면 도전적이고 창의적인 연구개발을 할 수 없는 구조가 지속된다. 패스트 팔로어는 가능하지만 퍼스트 무버의 역할은 기대할 수 없다.[3]

연구개발 과정에서 요구성능 수정의 어려움도 있다. 요구성능은 주로 작전운용성능의 형태로 제시된다. 국방R&D의 기술개발 목표가 되고 획득하고자 하는 무기체계의 주요 성능이 되는 작전운용성능은 무기체계 설계를 위한 군의 핵심적인 요구사항이다. 연구개발 과정에서 작전운용성능의 수정 소요는 계속 발생한다. 하지만 합동참모본부는 작전운용성능의 수정에 대해 부정적인 인식을 가지고 있다. 감사, 수사 등으로 인하여 합동참모본부는 작전운용성능 수정에 대한 상당한 부담감을 갖고 있기 때문이다. 결국 연구개발 과정의 이해관계자 간에 상당한 갈등이 나타나기도 한다.

기업의 국방R&D 수행 역량 부족

국방과학기술을 연구개발하는 전담조직은 ADD가 유일하다. 이러한 이유로 2010년대 이전까지의 무기체계개발은 ADD가 대부분 연구개발 주관기관을 담당하였다. 국방S&T의 경우도 기초연구를 제외한 대부분의 국방S&T는 ADD가 연구개발 주관기관으로 참여하고 있다.[4] 사실상의 기술 독점권을 누리고 있다. 전액 정부출연금을 받는 기관이면서 기술개발에 따른 기술료 징수에 대한 권한도 갖고 있다. 기업 입장에서는 무기체계 자체 개발이나 성능개량, 수출 등을 위해서는 ADD에 기술이전 신청을 하고 최종적으로는 방위사업청의 승인이 있어야 한다.

방산업체는 주로 ADD 시제업체로 참여하며 첨단기술 개발 능력은 부족하다. 지난 50년 가까이 방산업체는 자체 개발 역량을 높이고 도전적인 R&D를 수행하기보다는 ADD에서 주관하는 연구개발 사업의 시제업체로 참여하는 것을 선호해 왔다. 이 점은 국방R&D의 체질과도 연계되는데, R&D에 「국가를 당사자로 하는 계약에 관한 법률」에

---

3 Fast Follower: 새로운 제품, 기술을 빠르게 쫓아가는 전략 또는 그 기업. First Mover: 시장을 선도하는 기업 혹은 산업의 변화를 주도하는 기업을 의미한다.

4 2010년대 이후부터는 국방과학연구소는 첨단 신기술 및 비닉기술 개발에 집중하고 일반적인 기술개발과 무기체계 개발은 업체 주관으로 전환한다는 정책 방향이 수립되었지만 핵심기술 개발의 경우 2014~2018년간 기술개발 과제 소요결정에서 국과연이 주관기관으로 결정된 비율은 전체 과제의 약 70% 수준이다.

의한 계약 방식을 적용함에 따라 계약 목적물인 개발 성과물을 계약 시기에 맞게 납품하지 못하면 엄중한 책임이 뒤따르게 되기 때문이다. 지체상금 부과나 개발비 환수, 계약이행보증금 몰수, 부정당업자 제재, 후속사업에 패널티 부과 등은 기업에게 감당할 수 없는 수준이다. 국방R&D에 대한 사업비 규모가 크기 때문에 그에 대한 지체상금은 매우 큰 부담이다. 연구개발을 직접 주관하는 기관이 되기 보다는 ADD의 시제업체로 참여할 경우 직접 설계는 하지 않아도 되며, 패널티도 ADD에서만 부과하는 수준이다. ADD가 큰 방패막이 되면서 기업은 필요한 연구개발 역량을 간접적으로 높일 수 있기 때문에 굳이 직접 나설 이유가 없는 것이다.

▌ACTD와 같은 패스트 트랙을 적용할 수 없는 국방R&D 환경

신개념기술시범, 즉 ACTD 사업에 대해 실효성 문제가 지속적으로 제기되고 있다. ACTD는 민간의 성숙된 우수 기술을 활용하여 새로운 개념의 작전운용성능을 갖춘 무기체계를 단기간(3년 내) 시제제작하고 시범을 통해 군사적 실용성을 평가하고 조기에 소요화하여 전력화하는 제도로 2008년에 우리나라에 처음으로 도입되었다. 하지만 제도 도입의 취지와는 다르게 2018년까지 종료된 사업 23건 중 사업 성공에 해당하는 양산단계 전환은 6건뿐이며, 나머지 17건은 체계개발 단계 전환(10건) 또는 단계 전환 불가(7건) 판정을 받았다. 양산단계 전환 판정을 받았어도 실제 전력화까지 진행된 사업은 극소수[5]에 불가한 실정이다.

제도 도입의 취지에 맞지 않게 소요군이 시험평가, 종합군수지원요소, 추가 개발요소 제시 등의 사유로 인하여 일반 무기체계 개발 기간 이상 걸리는 경우도 있다. 차량탑재형 105밀리 곡사포사업의 경우 양산단계 전환 판정을 받았음에도 군은 차량에 대한 방호능력 변경으로 인하여 실제 새로이 개발하는 문제가 생겼다.

기술 선도에 의한 무기체계 도입이 주된 목적인 ACTD 사업이 성공하기 위해서는 무기체계를 점진적이고 단계적으로 획득하는 환경이 조성되어야 한다. 성능의 일괄획득 방식에 의한 무기체계 획득 환경이 지속되는 한 ACTD 제도가 취지에 맞게 정착되기는 어렵다.

---

5 합참의 소요결정과 방위사업청 IPT의 사업화 과정에 대한 추적조사 결과를 반영하는 부분이고, 전력화 현황을 포함하고 있어 이 책에서는 수치적 표현을 적용하지 않았다.

〈표 8-1〉 ACTD 사업 활용실적

착 수	과제명	기 간	군사적 실용성 판정 결과
'09년	다용도 Ear 마이크형 통신장비	'09.10~'10.10	체계개발 전환가능
	지향성 음파송신기	'09.6~'10.11	체계개발 전환가능
	항만경비정용 K-6 영상자동추적체계	'09.7~'11.2	양산 전환가능
	기뢰탐색용 고정밀 수중 초음파 카메라 시스템	'09.6~'11.10	단계전환 불가
'10년	차량탑재형 105밀리 곡사포 개발	'10.6~'12.9	양산 전환가능
	I/J-Band 동시대응 R-BOC탄	'10.6~'11.8	양산 전환가능
	K-4/6용 대구경 Dot-Sight	'10.11~'11.11	체계개발 전환가능
	전파빔 방식 근거리 이동물체 감시센서	'10.5~'11.12	단계전환 불가
'11년	나노소재를 이용한 폭발물 탐지기	'11.11~'13.12	단계전환 불가
	대전차지뢰 방호차량	'11.7~'13.11	체계개발 전환가능
	다목적 복합화기 원격운용체계	'11.11~'13.12	체계개발 전환가능
	레이저를 이용한 폭발물 처리기	'11.7~'12.11	단계전환 불가
	수중탐색용 자율무인잠수정	'11.11~'14.10	체계개발 전환가능
'12년	발칸포용 야간조준기	'12.7~'13.7	양산 전환가능
	소형 전자전 장비	'12.6~'13.6	양산 전환가능
	선체부착형 어뢰경보체계	'12.10~'14.10	단계전환 불가
	K계열 전차변속기 전자제어-유압식 무단조향장치	'12.11~'14.12	체계개발 전환가능
	선체부착형 수중탐색 음탐기	'12.12~'14.10	체계개발 전환가능
'13년	기뢰제거 처리기	'13.1~'17.12	단계전환 불가
'14년	관통력이 증가된 105mm 날개안정 철갑탄	'14.1~'17.12	단계전환 불가
'15년	화포탄용 전자식 다기능 신관	'15.12~계속	진행 중
'16년	20mm 팔랑스 대함용탄	'16.5~계속	진행 중

출처: 방위사업청, 2019b.

무기체계 소요를 담당하고 있는 소요군의 혁신적인 수용자세가 부족하다. 소요군은 100% 성능이 검증된 무기체계를 원한다. 무기체계 개발의 완결성 측면에서 요구하는 수준이 높다. 그러면서도 최근 소요군의 일부에서는 민간의 신기술이 접목된 무기체계를 신속히 배치해 주길 원한다. 이런 상반된 입장이 유지되는 경우 혁신적인 무기체계의 자체 개발은 영원히 힘들다.

진화적 개발이 가능하도록 하는 제도적 장치가 실질적으로 마련되어야 한다. 현재도 규정적으로는 마련되어 있으나, 소요군의 작전운용성능에 대한 일괄 획득 의지가 강한 이상 진화적 개발은 사실상 불가능한 형편이다. 이미 앞에서 언급한 것처럼 작전운용성능의 수정에 대한 유연성도 수반되어야 한다.

국방S&T를 위한 예산의 부족

기본적으로 국방R&D의 중심은 무기체계개발에 있다. 이에 따라 국방부문에서의 개발역량은 S&T보다 무기체계개발에 모아지는 경향을 보인다. 2019년 기준 국방R&D 예산 규모는 3조 2천억 원대이다. R&D 수행 부처 중 과기정통부 다음으로 R&D 예산규모가 크다. 그럼에도 불구하고 일반적으로 R&D 수행 부처에서 고려하는 S&T에 해당되는 재원은 전체 국방R&D 예산의 1/6 수준에 불과하다.

수치상으로 보이는 재원 규모가 적기 때문에 '국방기술개발'이라는 사업명 속에 ACTD와 민·군기술협력, 핵심SW, 부품 국산화 개발을 포함하여 외형을 키우고 있다. 또한 국방R&D 목적에 크게 기여하지 못하는 순수기초 분야를 기초연구에 포함하고 있다. 순수기초분야 연구는 국가R&D에서 담당하는 것이 오히려 더 적합하기 때문에 R&D 수행의 효율성을 높인다는 취지에서는 전향적으로 국가R&D에 맡기는 것을 검토하여야 한다.

최근에는 해군과 공군 중심의 첨단무기체계 소요 증가로 국방S&T 개발이나 다양한 무기체계 개발을 위한 예산 투입이 제한되고 있다. 예를 들어 KFX, 장보고-III 잠수함, 이지스체계를 갖춘 KDX-III 구축함, 정찰감시 자산으로 활용 예정인 425 위성체계 등은 수조 원대의 재원을 장기간 투입하여야 한다. 그 결과 국방S&T 개발이나 다양성에 기초한 무기체계 개발에 부정적인 영향을 주고 있다. 국방R&D 재원을 급격하게 확충하기 어려운 상황을 반영하여, 비균형성을 타파하기 위한 방법의 하나로 국방R&D예산의 일정비율을 국방S&T에 배정하는 방안을 모색해 볼 필요가 있다.

국방R&D에 공유경제를 만들 수 있는 생태계 조성 제한

무기체계는 소량 다품종의 특성을 가진다. 규모의 경제를 이루기 힘든 구조이다. 이러한 특성은 국방R&D 인프라 활용 측면에서 국방R&D 수행에 직접적으로 영향을 미친다. 각각의 무기체계를 개발하고 생산하는 기업은 1~2개 수준이다. 눈에 보이는 경쟁구도이기 때문에 공유경제는 생각할 수 없다. 그나마 ADD와 국방기술품질원이 보유하고 있는 각종 시험시설과 장비를 활용하는 수준이다.

방위산업을 수행하는 기업체가 보유하고 있는 R&D 인프라는 영업기밀에 해당하기 때문에 활용할 수 없다는 제약이 따른다. 이러한 문제를 일부 해결하기 위해 국가기술표준원에서 운영하는 KOLAS[6] 인정제도를 국방 분야에 2011년부터 도입하여 운영하고 있지만 주로 대기업 중심으로 구축하고 있어 사실상 활용성이 떨어진다. 또한 방산업체가 보유하고 있는 방위사업청 소유 자산의 활용성을 높이기 위해 2018년 DRES를 구축하여 서비스를 개시하고 있지만, 아직은 국방출연기관 중심으로 구축되어 기업이 활용하는 데는 한계가 있다.

국방R&D의 폐쇄성

지금까지의 국방R&D는 안보는 국방에서 전담해야 한다는 인식 하에 독자적인 체계를 구축하면서 발전되어 왔다. 보안을 이유로 매우 폐쇄적인 구조로 R&D를 수행하였다. 또한, 국방R&D는 ADD를 중심으로 수행환경이 조성되었다. 방위산업체는 ADD의 기술개발에 필요한 시제품 제작을 통하여 참여하였다. 산·학·연이 연구개발 주관기관

---

6 한국인정기구(KOLAS)는 국가표준제도의 확립 및 산업표준화제도 운영, 공산품의 안전/품질 및 계량·측정에 관한 사항, 산업기반 기술 및 공업기술의 조사/연구 개발 및 지원, 시험, 교정, 검사, 표준물질 생산, 메디컬 시험, 숙련도시험 인정제도의 운영, 표준화관련 국가간 또는 국제기구와의 협력 및 교류에 관한 사항 등의 업무를 관장하는 국가기술표준원 조직으로서, 국가기술표준원장이 KOLAS의 기구장 역할을 수행한다(https://www.knab.go.kr/usr/gud/abt/Introduce.do).

으로 참여하는 것은 어려운 환경이어서 적극적인 참여를 기피하였다.

최근 들어 전자·통신·SW·바이오·신소재 등의 기술분야에서도 민간영역이 국방보다 기술 발전 속도가 빠르게 변화되면서 국방 자체만으로의 R&D를 수행할 수 없는 환경이 되었다. 국가R&D에서 투자하는 예산 규모가 2020년 기준으로 24조 원을 넘고 있고, 일부 정부 부처는 국방R&D와 유사한 과제를 수행하고 있다. 더 이상 보안을 이유로 독자적인 국방R&D를 유지하는 것은 한계에 도달했다.

그러나 국가R&D의 다양한 기관들이 국방R&D에 참여하기 위해서는 그에 맞는 R&D 수행 환경이 조성되어야 한다. 하지만 국가R&D와 국방R&D 간의 추진절차나 적용규정이 달라 상호간 협력을 위한 소통 자체에도 많은 시간이 소요되며, 기술개발에 필요한 정보공유 또한 쉽지 않다. 큰 걸림돌 중의 하나가 지식재산권의 소유에 대한 문제다. 「방위사업법」에 따라 국방R&D에서는 국가가 지식재산권을 갖게 된다. 약정 방식도 계약을 적용하고 있다. 개발 실패의 경우 매우 강한 제재가 부여된다. 국방R&D의 개발 성공은 시험평가를 통과하여야 인정된다. 몇 편의 논문 발표나 특허 출원으로 인정받을 수 없는 구조다. 국가R&D의 핵심 연구자들이 참여하기에는 상당히 가혹한 환경이다.

국가R&D와 국방R&D의 유기적 협업도 부족한 실정이다. 국방은 무기체계 적용이라는 목적 달성을 위한 R&D를 수행하는 반면 국방을 제외한 부처는 과학기술 진흥이나 산업기술 혁신이라는 목적으로 R&D를 수행하고, 그 결과물을 이용하여 사업화하는 것은 기업의 몫으로 남겨두고 있어 협업을 추진하기 어려운 환경이다. 최근 들어 기초연구 분야에 대한 협업을 추진하고 있지만, R&D 수행 목적이 상이하기 때문에 활성화에는 한계가 있다.

방산기업의 소극적 R&D 인식 환경

방산기업은 주로 ADD의 시제업체로 참여함에 따라 국방 수요에 따라 국방R&D를 수행함으로써 기술주도형의 R&D 환경 조성은 제한된다. 방산기업은 정부와의 공동투자 또는 자체 투자에 의한 국방R&D 수행 인식이 부족하다. 대부분의 무기체계개발사업이나 국방S&T는 정부가 전액 투자하고 있다. 설령 기업이 일부 또는 전액 부담하는 공동투자·업체투자 연구개발의 경우에도 양산 단계에서는 원가로 모두 인정하여 보상해주고 있어 시기만 다를 뿐 사실상 정부가 전액 투자하는 형태이다.

이런 문제로 인하여 군이 기업이 R&D에 투자할 필요성을 느끼지 못하고 있다. 보다 더 근본적인 원인은 소요군이 무기체계 소요에 대한 독점권을 가지고 있기 때문에 기업이 자체적으로 기획을 하고 개발할 수 있는 환경이 조성되지 않는다는 점이다. 기업이 사업화하기 위한 노력을 하지 않아도 정부에서 적절한 수준의 무기체계 소요를 만들어 주기 때문에 수출이나 민수 이전을 위한 노력을 하지 않아도 되는 것도 또 하나의 원인이다.

▌군의 작전운용성능(ROC) 수정 기피 및 일괄 획득 기조

국방R&D의 가장 큰 장애물은 군의 양보 없는 작전운용성능 요구다. 군에서는 작전운용 개념을 수치나 기능으로 변환한 것이 작전운용성능이기 때문에 이를 수정하는 것에 대해서는 매우 부정적 인식을 가지고 있다. '업체 봐주기'라는 오해를 받고 싶지 않은 분위기도 일조를 한다. 사업 추진과정에서 개발능력 한계로 인하여 수정이 불가피함에도 불구하고 일단 시험평가 수행 후 그 결과에 따라 수정 검토를 진행한다.

군은 소요결정 단계에서 확정된 작전운용성능을 한 번에 개발하는 일괄개발 방식을 선호하고 있다. 대체로 선진국에서 이미 개발하였거나 개발 중인 무기체계의 성능을 고려하여 동급 최고 성능을 요구하여 왔다. 전력화 시기를 충족하지 못하거나 기술력의 한계로 특정 요구성능에 대해서는 개발할 수 없는 경우 해외 구매까지 고려한다.

진화적 개발 방식에 대한 국민적 인식 구조도 문제가 되고 있다. 요구성능을 일괄 개발하지 못하고 단계적으로 개발할 경우 예산 낭비라는 문제를 제기한다. 목표 성능보다 낮은 수준의 성능을 갖춘 무기체계를 개발할 경우 전력 배치를 할 수 없다는 인식을 갖는다. 여유를 가지면서 믿고 기다리지 않는 분위기다.

모듈 2 국방R&D정책의 개선 방향

국방이 국가안보의 최전선에 서 있다는 점에서 국방력을 뒷받침하는 국방R&D의 지속적인 확대와 효율화는 매우 필요하다. 이를 위해서 2017년 가을 국가과학기술심의회(현재 '국가과학기술자문회의'로 명칭 변경) 국방전문위원회는 「국방 R&D 효율화를 위한 제언」을 통해 아래와 같이 국방R&D의 효율화 방향을 제시한 바 있다.

첫째, 군 병력이 감소하는 가운데, 강력한 국방력에 기초한 굳건한 안보 태세를 유지하기 위해서는 국방과학기술 확보에 기반이 되는 국방R&D 체계에 대한 국가 차원의 미래지향적 발전 계획 수립이 필요하다. 이에 따라, 4대 열강들의 치열한 경쟁과 호전적인 북한의 도발이 빈번하게 발생하는 열악한 안보환경 하에서 국가 안보라는 국가적 과제를 효율적으로 달성하기 위해서는 강력한 국방력 확보의 핵심요소인 국방R&D 체계에 대한 전향적인 패러다임 변환이 필요하다.

둘째, 이번에 추진될 국방R&D 효율화 노력은, 기존 체계를 개선하는 수준을 뛰어넘어 국가적 차원에서 미래전 승리에 꼭 필요한 제5세대형 무기체계 개발을 가능케 하는 획기적인 국방R&D 체계 구축에 중점을 두고 추진되어야 한다.

셋째, 미래 전쟁 상황에 대비하기 위한 적절한 무기체계의 포트폴리오를 가지기 위한 근본적인 소요 제기 및 기획에 대한 체계를 재정비하고, 국방R&D 종사자의 사기를 위축시키고 전력화를 지체시키는 불필요한 행정절차는 근절되어야 한다.

이와 함께, 그 실천 전략으로서

- ROC 관리 방법 개선을 통한 전력화 개발기간의 단축
- 제5세대형 국방R&D 사업 추진체계 구축
- 민간부문의 R&D 역량의 활용 극대화를 위한 생태계 구축

• 국방 핵심기술 개발역량 강화

• 국방R&D 연구자의 자긍심을 존중하는 감사제도의 구축

등을 제시하였다.

한편 국방R&D 전문가들은 다음의 사항들에 대한 변화가 이루어질 때 우리나라 국방R&D의 수준을 한 단계 높일 수 있다고 주장하고 있다.

R&D 3대 요소(설계, 제조, 검증)의 균형적 발전 필요

국방R&D의 균형된 발전을 위해 3대 요소에 대한 기반 인프라 투자, 인력 양성을 위해 노력하여야 한다. 설계와 제조 능력은 어느 정도 수준에 다다랐다고 평가되고 있다. 하지만 부족한 검증 능력을 높이기 위해 관련된 기술개발이나 기반 인프라 투자, 인력 양성을 위해 집중해야 한다.

국내 시험 인프라를 구축하지 못하는 경우에는 외국과의 협력을 통하여 상호보완적으로 발전시켜야 한다. 우리나라 지형적 특성이나 기후환경에 적합한 환경시험 기준과 절차도 마련하여야 한다. 시험기준과 절차를 어떻게 정하느냐에 따라 연구개발 성공 여부를 평가할 수 있다. 과도한 개발도 방지할 수 있다.

국방R&D 참여 기관의 역할 재정립을 통한 기관의 균형된 연구개발 역량 제고

ADD가 모든 국방R&D를 수행해야 한다는 인식을 버려야 한다. 국내 다수의 방위산업에 참여하고 있는 기업과의 역할 관계를 정립하고 투자 중점을 설정하여야 한다. ADD는 첨단기술 개발과 비닉무기체계 개발에 집중하고 일반적인 국방기술개발과 무기체계개발은 산·학·연으로 전환한다고 선언한 바 있다. 하지만 지금까지 기술개발 기회가 주로 ADD로 주어졌기 때문에 산·학·연은 상대적으로 기술보유 수준이 낮을 수밖에 없다. 이러한 이유로 일반 무기체계 개발은 계속 ADD로 의존하게 되는 것이다. 산·학·연에게 기술개발에 참여할 수 있는 기회를 혁신적으로 부여하고, ADD는 산·

학·연에서 할 수 없는 10~20년 이후 예상되는 첨단기술 개발에 집중하여 개발된 성과물이 추후 기업에서 무기체계개발에 활용될 수 있도록 하여야 한다. 또한 현존하는 외부의 위협에 즉시 대비하고 군사전략적으로 우위를 차지할 수 있도록 비닉무기체계 개발에 집중하여야 한다.

국방R&D－국가R&D 및 국방R&D－기업R&D 간 연계와 협력을 통한 R&D 전반의 수행역량을 높일 필요가 있다. R&D 수행주체별 강점이 되는 분야를 분석하여 상호보완적으로 활용할 수 있어야 한다. 주지하다시피, 국가R&D의 규모는 연간 20조 원을 훨씬 상회하고 있다. 그 반면 국방기술개발을 위한 재원은 연간 0.5조 원 수준에 머무르고 있다. 국방R&D가 국가R&D를 활용할 수 있는 제도와 시스템을 마련할 필요가 있는 것이다. 이것이 국방R&D의 효율화를 높이는 손쉬운 수단이 될 수 있다.

혁신적인 기술 수용을 위한 기술주도형 국방R&D 확대

무기체계 소요에 기초해서 실시되는 국방R&D는 국방기획관리체계에서 출발한다. 국방기획관리체계의 근본적인 취지는 재원의 효율적 활용이기 때문에 사전 예측하고 기획된 과정에서 소요가 결정되지 않으면 국방R&D의 재원을 투자할 수 없게 된다. 이는 40~50년 전 기계 중심의 재래전 환경에서는 매우 효과적인 시스템이라고 판단된다. 그러나 기술발전 속도가 과거의 기계 중심 기술환경이 아닌 정보통신 기술이 중심이 되는 현재의 환경이나 4차 산업혁명 관련 기술이 중심이 되는 미래의 환경에서도 과연 효과적인 시스템이 될 수 있을지는 의문이 들 수 있다.

따라서 소요에 기초한 국방R&D뿐만 아니라 기술주도에 의한 국방R&D를 병행하여 수행할 필요가 있다. 현재 가장 대표적인 기술주도형의 국방R&D는 2019년부터 정식으로 착수한 '미래도전국방기술개발'이 있다. 기존의 핵심기술 개발 제도의 틀 속에서 적용하고 있는 '선도형 핵심기술 개발'이나 '선행 핵심기술 개발'도 있다. 무기체계 획득과 관련하여서는 ACTD사업이 있었으나, 제도 도입의 목적에 부합하지 않아 2020년에 폐지하고, ACTD사업의 추진과정에서 나타난 문제점을 보완하여 '신속시범획득' 사업을 새롭게 추진하고 있다.

〈표 8-2〉 미국의 'Middle Tier' 제도

구 분	주요 내용
요구 지침	이 법안이 제정되고 180일 이내에 AT&L 국방차관[7]은 DoD 회계감사국 및 합참부위원장과 함께 Middle Tier 획득사업은 2년에서 5년 사이에 완료되어야 한다는 지침을 마련해야 함.
획득 경로	신속 시제품(Rapid Prototyping): 전장 환경에서 운용될 수 있는 시제품을 배치하기 위해 혁신적 기술을 사용하며, 승인 이후 5년 이내에 요구능력을 제공.
	신속 배치(Rapid Fielding): 검증된 기술을 사용하여 최소 요구사항으로 개발된 새로운 혹은 성능 개량된 체계를 승인후 6개월에서 5년 이내에 전력화.
추진 절차	각 사업은 JCIDS Manual이나 DoDD 5000.01[8]을 따르지 않지만 AT&L 국방차관하에 설립된 Middle Tier 지침을 따르도록 함.

출처: 안보경영연구원, 2017.

미국은 Middle Tier,[9] SCO(Strategic Capability Office), DIU(Defense Innovation Unit), DARPA 등의 제도를 마련하여 기술 발전 속도에 부합되는 국방R&D를 추진하기 위해 노력하고 있다. Middle Tier 제도는 <표 8-2>에서 보는 바와 같다. SCO는 2012년에 국방부 획득군수차관실에 설치하여 민간 첨단기술을 기존 무기체계에 접목함으로써 새로운 능력을 신속히 창출할 수 있도록 하였으며, DIU는 2015년에 국방혁신실험사업단(Defense Innovation Unit Experimental: DIUx)으로 출범하여 민간의 기술적 성과를 국방에 상시 도입, 채택하는 시스템이다(한윤주·이상경, 2018).

군사 선진국인 미국의 사례를 통해 얻을 수 있는 시사점은 미국 역시 민간의 혁신적인 기술을 신속히 도입할 수 있도록 필요한 조직을 설치하고 이를 운영하기 위한 제도를 마련하고 있다는 것이다. 우리도 4차 산업혁명 관련 기술을 포함하여 민간의 기술을 신속히 도입하여 우리 국방력 강화를 위해 활용할 수 있는 체계가 마련되어야 한다. 특히 종래의 체계에서 벗어나 소요 기반의 국방R&D를 유지한 가운데 기술주도의 국방

7 2018년 2월 이전까지 미국 국방부의 국방획득업무를 총괄하던 차관급 조직이며, 2016년 미국 의회가 국방수권법(NDAA)을 통해 획득기술·군수 차관실(USD AT&L)을 연구·공학 차관실(USD R&E)과 획득·운영유지 차관실(USD A&S) 등 2개의 조직으로 분리할 것을 권고한 이후, 2018년 2월 정식 출범하였다.

8 美 국방부의 국방획득체계(The Defense Acquisition System) 전반에 대한 내용을 담은 지침.

9 미국의 National Defense Authorization Act for Fiscal Year 2016(이하 FY16 NDAA)의 Sec. 804에는 Middle tier of Acquisition for Rapid Prototyping and Rapid Fielding을 명시하여 신속 시제품(Rapid Prototyping) 및 신속 배치(Rapid Fielding)에 대한 정의 및 지침을 공식화하고 있다.

R&D를 확대하는 Two-track(두 가지 경로) 전략을 조화롭게 적용할 필요가 있다.

▌개발 초기단계부터 소요군의 책임 있고 적극적인 참여 환경 조성과 제도 마련

무기체계 연구개발에 있어서 가장 중요한 것은 사업관리와 개발자, 소요군 간의 요구사항에 대한 명확한 이해와 정의이다. 과거의 무기체계 연구개발은 사업 초기단계에서 수행하는 활동 중의 하나인 소요군 요구사항에 대한 명확한 이해와 정의가 이루어지지 않은 상태에서 연구개발을 시작함으로써 개발 중에 요구사항에 대한 변경이 발생할 경우 비용과 기간이 최초 예상했던 규모보다 증가하게 되는 현상이 발생하였다. 불명확한 요구사항도 설계의 기본이 되는 체계 요구조건의 부실로 이어지는 사업 실패의 주요 요인 중 하나가 되고 있다.

이러한 문제를 해소하기 위해 최근에는 시스템 엔지니어링에 기초한 사업관리를 적용하고 있다. 제6장에서 제시한 시스템 엔지니어링 개념과 체계에 맞춰 R&D를 추진함으로써 사업 실패를 줄일 수 있다.

시스템 엔지니어링의 핵심은 사업관리자-개발자-소요군의 협업과 소요군의 사업초기단계부터 적극적인 참여라고 볼 수 있다. 무기체계에 대한 수명주기비용은 사업 초기단계인 개념연구 단계에서 수명주기비용의 70%가 결정되고, 개발단계에서 수명주기비용의 95%가 결정되는 것으로 알려져 있다. 초기단계부터 소요군의 적극적인 참여하에 체계적인 요구사항 분석과 정의는 매우 중요하다는 점을 시사하고 있다.

소요군의 특성상 1~2년마다 보직 변경이 발생하기 때문에 무기체계 연구개발과 같이 장기간 사업이 진행될 경우 소요군의 책임 있는 사업 참여를 요구하는 것은 한계가 있다. 따라서 소요군의 요구사항을 체계적으로 관리하고 시험평가 단계에 참여할 수 있도록 군무원과 같은 한 자리에 장기간 보직되어 활용될 수 있는 인원을 지정하여 운용할 필요가 있다. 또한 소요군의 책임 있는 참여를 위해 사업 초기단계부터 사업관리자와 개발자, 소요군이 합의한 요구사항 정의 문서에 대해서는 법적 효력 수준으로 강력한 권한을 부여하여 시험평가 단계에서 적용할 수 있도록 강제할 필요가 있다.

다양한 국가R&D 수행기관들의 국방R&D 참여를 위한 유연한 R&D 환경 조성

연구개발 환경을 유연하게 만들기 위해서는 계약방식보다는 협약방식 적용이 필요하다. 대부분의 국가R&D에서는 이미 협약방식 적용을 통하여 유연하고 도전적이며 실패를 용인할 수 있는 연구개발 환경을 조성하여 왔다. 국방R&D에서는 협약방식 적용에 대한 찬반이 있지만 최소한 기술개발에서는 협약방식 적용이 필요하다.

무기체계개발의 경우 전력화 시기와 작전운용성능에 대한 충족의 절대성이 존재하기 때문에 개발과정에서 최초 개발계획의 수정 가능성이 있는 협약방식이 적절한가에 대해서는 아직 의문이 있다. 그러나 무기체계개발은 첨단기술의 집합체이기 때문에 수정의 유연성이 필요하다. 협약방식 적용을 위한 기준을 마련하고 무기체계개발을 위한 사업추진 기본전략 수립 단계에서 적용 여부를 결정하면 된다.

국방R&D 참여를 위한 동기부여가 될 수 있는 지식재산권에 대한 소유권 전환에 대해서도 면밀하게 검토할 필요가 있다. 국가의 필요성에 의해 개발되고 그 결과물을 사용하는 것도 국가이기 때문에 지식재산권 소유는 국가가 되어야 한다는 것도 논리상 옳은 주장이다. 하지만 최소한 연구개발에 참여한 기관이 개발된 기술을 잘 활용할 수 있도록 필요한 제도는 마련되어야 한다.

패스트 트랙 적용이 가능한 국방R&D 제도 마련

기존의 Fast Track에 의한 획득 방식은 ACTD 제도이다. 하지만 이 제도는 2020년에 폐지하고 신속시범획득을 도입하여 운영할 예정이다. 사실상의 ACTD 제도의 실패라고 볼 수 있다. 실패의 가장 근본적인 원인은 무기체계 소요로 연결이 되기 어려운 구조였기 때문이다. 아무리 ACTD 제도를 통하여 사업을 성공적으로 마무리하였다 하더라도 합참에서 무기체계 소요로 이어주지 않으면 획득할 수 없는 구조다. 설사 합참에서 소요로 연결시켜 주더라도 군의 시험평가와 종합군수지원요소에 대한 추가 개발이 필요한 이유로 결국 새로운 연구개발 프로세스를 거치게 되어 기존의 무기체계 연구개발 기간보다 더 긴 기간을 통해 획득하는 구조가 되었다.

따라서 기술주도에 의한 무기체계개발이 진행되었다면, 특별한 사유가 없는 한 개발 결과물을 변경하거나 추가적인 개발 없이 바로 무기체계로 활용할 수 있도록 소요결정하는 제도를 마련하여야 한다. 또한, 소요결정된 무기체계의 추가 개발 소요는 진화적 개발 개념을 적용하여 계속 개발할 수 있는 제도 마련이 필요하다. 즉, Fast Track을 통한 국방R&D 성과물의 무기체계 적용을 위해서는 진화적 개발 방식 적용이 필수적인 요소라고 볼 수 있다. 이것이 체계화되지 않는다면 무기체계 획득에 있어서 기술진보를 따라갈 수 없는 환경이 될 것이다.

▮ 국가R&D와 국방R&D 간 분업·협업에 의한 국방S&T 예산 부족 문제 해결

국방R&D는 목적성 연구개발의 성격을 띠고 있으며, 정부 수요에 따라 수행하는 특성을 갖고 있다. 하지만 대부분의 재원은 무기체계 연구개발에 투입되고 있기 때문에 국방기술개발을 위한 재원은 상대적으로 부족하기 마련이다. 기술의 원리와 특성을 고려하면 무기체계 적용기술이든 민수용 제품 개발에 적용하는 기술이든 원리와 본질 측면에서는 상호 활용할 수 있는 가능성이 있다.

지난 2018년 국방부·방위사업청은 과학기술정보통신부와 상호협업을 위한 협약을 체결한 가운데 2019년부터 시범사업으로 기초연구 분야에 대한 '미래국방혁신기술개발' 사업을 추진하고 있다. 기술성숙도 수준에서 기초연구에 해당하는 국방기술은 과기정통부에서 추진하는 국가R&D의 S&T 개발 성과물을 활용하고, 대신 국방R&D에서는 무기체계 연구개발에 직접적으로 적용되는 기술개발에 집중함으로써 예산의 효율적 활용과 R&D에서 상호 강점을 100% 활용한다는 취지다. '민군기술협력사업'도 유사한 맥락에서 출발하였으며, 일정 수준에서는 성과를 창출하고 있다.

그러나 기술의 융합과 초연결, 민·군 활용의 중복성이 과거보다는 폭넓게 발생하고 있어 국가R&D와의 협업은 필수적이다. 특히 4차 산업혁명 관련 기술은 국방과 민수 간의 경계선을 긋기가 매우 어렵기 때문에 국가R&D와 국방R&D간 특성을 보다 깊이 있게 분석하여 상호 강점을 활용함으로써 R&D의 시너지 창출은 물론 국가 예산의 효율성을 도모하여야 한다.

국방R&D는 실용화를 전제로 수행하기 때문에 적용성이 높은 특성이 있고, 기술성숙도 수준 측면에서는 상당한 수준의 검증력을 보유하고 있다. 반면 국가R&D는 국가 전체의 과학기술진흥 측면에서 수행하기 때문에 기술의 다양성 측면에서 강점을 가지고 있다. 따라서 국방R&D는 군 소요에 기초한 R&D에 집중하는 반면, 국가R&D와 중복성이 있거나 높은 기술분야는 과감히 국가R&D 성과물을 활용하는 체계로 전환할 필요가 있다. 이에 추가하여 기업R&D 성과물에 대한 스핀 온 체계를 활성화하여 민간의 성숙된 기술이나 제품이 국방R&D의 틈새를 메꾸어 줌으로써 국가 과학기술 전반이 국방력 강화에 기여하는 구조가 되도록 하여야 한다.

국방R&D 자산의 활용성 제고 및 국방R&D 수행 환경 개선

국방R&D를 통해 얻어지는 자산으로는 시제품, 기술자료, 시험자료, 연구시설·장비 등과 같은 유형의 자산이 있으며, 노하우와 같은 무형의 자산이 있다. 이 중 시험시설과 같은 연구시설·장비는 DRES 구축을 통해 공유할 수 있는 여건이 확보되었다. 방위사업청은 2020년부터 국방연구개발을 통해 확보된 연구시설과 장비는 기업에서 확보한 경우라도 기본적으로 등록하도록 하였으며, 절충교역에 의해 확보한 자산도 필히 등록하도록 하였다. 따라서 앞으로는 이 시스템을 활용한 중복투자 방지와 더불어 타 기관에서 확보한 자산의 공동 활용이 될 수 있도록 '고시'와 같은 제도 도입을 통하여 시설·장비 활용의 효율성을 높일 수 있다.

국방R&D에서 지식재산권은 정부 또는 ADD 소유를 통하여 공유할 수 있는 기반이 만들어져 있다. 하지만, 최근에는 정부 또는 ADD 단독소유로 인하여 기업의 자유로운 기업R&D 수행 환경 저해 원인이 되고 있다는 지적도 함께 제기되고 있다. 즉, 기업이 국방R&D에 참여하였다 하더라도 국가R&D와는 다르게 지식재산권을 정부 또는 ADD가 갖게 됨으로 인하여 성능개량이나 수출과 같은 새로운 기업 이윤 창출의 기회를 만들 수 없고, 정부 수요에 의존하는 환경이 된다는 것이다.

지식재산권을 정부가 보유하는 주된 이유는 무기체계 연구개발에 있어서 특정 기업에만 참여할 수 있는 기회를 주지 않기 위함이다. 특정 무기체계 연구개발에 있어서는 기업의 독점적 사업 참여 행위를 차단할 목적도 있다. 하지만 이것이 잘 작동될 경우에는 문제가 없지만, 부작용으로는 다른 기업의 사업 참여 기회를 차단하고 진입 장벽으로 작용할 수 있다는 것이다. 따라서 지식재산권을 정부가 보유하는 목적도 살리고 다른 기업의 진입장벽 해소를 함께 해결하는 방안으로는 지식재산권의 공동소유와 제3자에 대한 통상실시권을 정부가 갖도록 하는 것이다. 이렇게 되면 공동소유로 있는 기업의 자유로운 성능개량과 수출용 버전의 무기체계 연구개발 환경 조성과 더불어 제3의 기업이 해당 무기체계 연구개발에 대한 진입 가능성을 열어 놓기 때문에 기존 기업에 대한 경쟁 환경 조성과 더불어 제3의 기업에 대한 진입장벽 해소 역할을 함께 해결할 수 있다.

국방R&D 자산의 공동 활용을 위해 해결해야 하는 문제는 기술력을 보유한 중소업체를 체계개발업체와 공유시켜 주는 것이다. 현재는 특정 체계개발업체와 협력업체는 서로 한 팀처럼 연결되어 있어 정부에서 추진하는 사업에 탈락할 경우 연결된 협력업체도 함께 탈락하게 되어 우수한 기술력을 보유한 협력업체를 활용할 수 없게 된다. 이를 해결하기 위해서는 우수한 기술력을 보유한 협력업체를 정부가 관리하면서 특정 사업이 발주하게 되면 체계개발업체를 선정하고 정부와 체계개발업체가 함께 무기체계 연구개발 성공을 위해 기술분야별 최적의 협력업체를 함께 선정하는 제도를 구축하여야 한다. 즉, 국가의 국방R&D 자산관리 측면에서 접근할 필요가 있다는 것이다.

방산기업의 국방R&D 참여 활성화를 위한 환경 조성

무기체계 연구개발은 업체가 연구개발 주관기관으로 참여하도록 권장하고 있다. 하지만 업체가 무기체계 연구개발사업에 주관기관으로 참여하기 위해서는 선행하여 해결할 문제가 있다. 첫째는 해당 무기체계 연구개발을 위한 사전 기술개발을 위한 기회를 부여하고 역량을 제고시켜야 한다. 국방R&D는 목적성 연구개발이라는 특성이 있기 때문에 해당 무기체계 연구개발에 필요로 하는 핵심기술과 마찬가지로 정부 투자에 의해 확보되어야 한다. 이 경우 지금까지는 ADD가 주로 기술개발 기회를 가졌으며, 이로 인하여 업체에 비하여 상대적으로 높은 기술수준을 보유하게 되었다. 이는 자연스럽게 대부분의 무기체계 연구개발에 대해서는 ADD가 연구개발 주관기관을 담당하게 된 것이다.

방산기업이 무기체계 연구개발에 적극적으로 참여할 수 있도록 하기 위해서는 먼저 핵심기술에 대한 개발 기회를 지금보다 과감히 높은 비율로 기업에게 부여하여야 하며, ADD는 기업R&D에 해당되지 않는 첨단국방기술 개발이나 기업이 다룰 수 없는 R&D에 집중하도록 하여야 한다. 이를 위해서는 현재 적용되고 있는 핵심기술 연구개발 주관기관 선정 기준[10]에 대한 전면적이 검토가 이루어져야 한다.

또한, 이미 앞에서 언급하였지만 국방R&D의 유연한 연구개발 환경 조성을 위해 지금의 계약 방식이 아닌 협약 방식의 도입이 필요하며, 지식재산권에 대한 공동소유, 성실수행인정 제도의 도입이 필요하다. 즉, 국가R&D에서 수행하고 있는 수준의 연구개발 수행 환경 조성이 필요한 것이다. 다만, 무기체계 연구개발은 국방기술개발과 비교할 때 조금은 달리 고려할 필요가 있다. 즉, 군 소요에 의해 성능과 수량이 결정되고 전력화 시기가 엄격히 요구되고 있기 때문에 협약 혹은 계약 방식의 적용에 대해서는 무기체계 특성을 고려하여 선택적으로 적용할 필요가 있다. 예를 들면, 시제품이 바로 전력화되는 함정이나 C4I 체계의 경우는 성능 충족, 전력화 시기, 비용 통제 등을 고려하여 계약 방식을 적용할 필요가 있는 것이다.

기업은 이윤을 추구하는 조직이기 때문에 매출이 발생하는 환경이 되면 대부분의 R&D에서 선제적으로 투자한다. 그런데 국방R&D는 궁극적으로 핵심기술 개발 → 무기체계 연구개발 → 양산으로 이어지는 산업구조이기 때문에 핵심기술 개발 단계부터 기업에 무기체계 소요에 대한 약속이 가능하다. 만약, 소요결정된 무기체계에 대해 '업체에 의한 국내 연구개발과 국산화 추진'이라는 정책을 추진한다면 기업은 사전에 필요한 핵심기술을 자체 R&D 투자를 통하여 선제적으로 확보하게 할 수 있는 환경을 만들 수 있다. 이는 곧 필요한 무기체계의 적기 전력화에 기여하게 되며, 기업은 연구개발 실패에 대한 위험을 사전에 감소시킴으로써 지체상금과 같은 부수적인 비용에 대해 고민하지 않아도 된다. 양산을 통한 정부 재정이 기업으로 투영되고 기업은 이를 활용하여 R&D에 재투자하는 선순환 구조를 만들어 자연스럽게 기업에 의한 국방R&D 활성화가 가능하게 되는 것이다.

---

10 방위사업청 예규 「핵심기술 연구개발 업무처리 지침」에 의하면 국방과학연구소를 주관기관으로 선정하는 예외적 기준으로는 "1. 보안이 필요한 고도·첨단 기술분야, 2. 높은 실패위험과 낮은 경제성 등의 사유로 산학연이 기피하는 기술분야, 3. 군전용기술로서 민간의 기술수준이 낮은 분야 등"이다.

▌진화적 개발 방식 적용에 의한 무기체계 획득

무기체계를 진화적 개발에 의해 획득하기 위해서는 첫째, 소요군이 항상 요구하는 최상급 작전운용성능을 보유한 무기체계를 일괄 획득하겠다는 인식에서 과감히 탈피하여야 한다. 지금도 진화적 개발을 통한 획득방법에 대한 적용 근거가 마련되어 있음에도 불구하고, 대부분은 일괄 획득 방식을 선호하고 있다. 일괄 획득을 요구하는 주된 이유는 작전운용성능 설정에 대한 전문성 부족이다. 소요군에서 무기체계 전력 업무를 담당하고 있는 장교는 1~2년마다 보직을 변경하기 때문에 전문성을 유지하기 매우 어렵다. 또한 작전운용성능 설정을 위해 기술적으로 이를 지원할 수 있는 기관도 ADD를 제외하면 부재한 실정이다. 따라서 소요군은 작전운용성능 설정을 위한 전문성 확보는 물론 작전운용성능 확정 과정에 사업관리자와 산·학·연의 기술적 역량이 뛰어난 전문가를 초빙하여 참여시키고 비용, 일정 등에 대한 현실적 논의를 병행함으로써 소요군의 전문성 부족 문제를 해결하여야 한다.

둘째, 작전운용성능 수정을 위한 유연한 연구개발 환경 조성도 필요하다. 유연성에는 두 가지 측면을 고려할 수 있다. 작전운용성능 결정 환경의 유연성과 개발 과정에서의 '수정환경'의 유연성으로 볼 수 있는데, 결정 환경은 무기체계 소요결정으로부터 무기체계의 체계개발 단계 진입 이전까지의 과정이며, '수정환경'은 체계개발 진입 이후부터 개발 완료까지의 과정이다. <표 8-2>에서 보는 바와 같이 작전운용성능의 결정환경은 소요결정 이후부터 3차례의 공식적인 단계적 결정을 통하여 완전성과 실현 가능성을 높이는 행위라고 볼 수 있다. 반면에 작전운용성능의 수정환경은 체계개발 과정에서 발생하는 예측하지 못한 상황이나 기술력의 부족으로 부득이하게 작전운용성능을 수정할 경우 이를 계약 방식에 따른 귀책 유무 등을 고려하지 않고 사업관리자-개발자-소요군의 상호 합의에 근거한 수정이 가능하도록 하여야 한다. 이를 위해서는 협약방식이 적절하지만 계약 방식에 대해서는 「국가를 당사자로 하는 계약에 관한 법률」의 예외적 조항을 「방위사업법」에 특례조항으로 반영함으로써 해결할 수 있다.

셋째, 진화적 개발에 적합한 획득 제도를 마련하여야 한다. 진화적 개발 방식의 장점은 최단기간에 최소 수준의 성능을 갖춘 무기체계의 전력화가 가능한 반면, 단점은 최종 성능을 갖춘 무기체계 전력화까지 장기간 시간이 소요되고 비용이 증가하며 사업관리가 복잡할 수 있다. 따라서 모든 무기체계에 대해 진화적 개발 방식을 적용하는 것은 부적절하지만, 무기체계의 기술적 난이도와 복잡도, 사업규모, 전력화 시기, 긴급도, 사업비용 등을 고려하여 진화적 개발 방식 적용 여부를 검토하여야 한다. 또한 진화적 개발의 최초단계 개발 결과와 최종단계 개발 결과의 성능 차이를 해결하기 위한 최초 및 중간단계 개발 결과의 성능개선 계획도 반영하여야 한다.

참고문헌

1. 국내 자료

[단행본]

국방부(2019), 「2018 국방백서」.

______(2019), 「19－33 국방과학기술진흥정책서」.

국방기술품질원(2011), 「국방과학기술용어사전」.

______(2018a), 「2018 국방과학기술조사서」.

______(2018b), 「2018년 국가별 국방과학기술수준조사서」.

국방연구원(2017), 「국방전력발전업무 10년 평가 및 국방획득관리체계 종합발전방안 연구」.

국회예산정책처(2015), 「국방연구개발 실태 및 개선방안」.

김갑수(2002), 「연구기획시스템의 Best Practice 모형에 관한 연구」, 과학기술정책연구원.

김갑수 외(2002), 「국가기술혁신시스템의 창조성과 협동성 발전 연구」, 과학기술정책연구원.

방위사업청(2008), 「방위사업개론」.

______(2012), 「무기체계 시험평가 실무 가이드북」.

______(2015), 「국방기술 연구개발 소개」.

______(2017a), 「SE기반의 기술검토회의 가이드북」.

______(2017b), 「2018년 방위력개선비 예산」.

______(2019a), 「2019년 국방과학기술진흥실행계획」.

______(2019b), 「2019년도 방위사업 통계연보」.

______ 기동화력사업부(2016), 「방위력개선 사업관리 지식창고」.

변도영 외(2001), 「연구기획평가를 위한 방법론 개발 및 사례에 관한 연구」, 연구보고 2001－02, 한국과학기술기획평가원.

산업연구원(2013), 「2013~2017 방산부품 국산화 종합계획」.

______(2019), 「주요 선진국의 방산수출 파이낸싱 정책과 발전과제」.

안보경영연구원(2011), 「연구개발사업의 신뢰성 보장을 위한 기술성숙도 평가방법 및 활용방안 연구」, 용역보고서.

______(2017), 「주요국 선진국의 획득제도 사례분석을 통한 시사점 연구」, 용역보고서.
양희승(2001), 「기업성장과 기술혁신」, 한일미디어.
양희승·김진(1997), 「미국의 국방과학기술개발사업」, 과학기술처 용역 보고서.
유형곤(2012), 「방위력개선사업에서 기술성숙도평가(TRA) 방법론의 효과적인 적용방안」, 안보경영연구원.
이경재(2007), 「획득기획의 이론과 실제」, 대한출판사.
이내주(2017), 「전쟁과 무기의 세계사」, 채륜서.
이상경 외(2017), 「국방전력발전업무 10년 평가 및 국방획득관리체계 종합발전방안 연구」, 한국국방연구원.
이효은(2018), 「혁신 아이콘 60년, DARPA의 평가 및 PM 제도 분석」, 『ICT Spot Issue』 2018-07호, 정보통신기술진흥센터.
장원준 외(2016), 「국방연구개발체제의 환경 변화와 발전 과제」, 연구보고서 2016-786, 산업연구원
천종웅 외(2017), 「합리적 작전운용성능(ROC) 설정 및 수정체계 구축」, 안보경영연구원.
하태정 외(2015), 「국방연구개발 실태 및 개선방안」, 용역보고서, 국회예산정책처.
______(2017), 「국방과학기술기본법 제정을 통한 국방연구개발 혁신방안 연구」, 용역보고서, 과학기술정책연구원.
한국과학기술기획평가원(2016), 「정부연구개발예산 현황분석」.
______(2017), 「정부연구개발예산 현황분석」.
______(2018), 「정부연구개발예산 현황분석」.
한국국방연구원(2018), 「2019 국방정책 환경 전망 및 과제」.

[논 문]
김동규 외(2011), "TRL을 이용한 유도무기체계 연구개발 비용추정 보정계수에 관한 연구", 「한국방위산업학회지」, 제18권 제2호, 한국방위산업학회.
손병호·현재호(1999), "창조적 혁신을 위한 국가연구개발사업 연구추진체제의 설계: 창의적 연구진흥사업 사례", 「기술혁신연구」, 제7권, 제1호. 기술경영경제학회.
이현무·양혜령(2019), "사전총사업비 관리에 대한 이해와 신뢰성 제고 방안", 「국방논단」 제1747호, 한국국방연구원.
한윤주·이상경(2018), "2018년 미 국방부 획득조직 개편 경과와 시사점", 「국방논단」 제1730호(18-29).
황승구(2017), "미래국방기초·원천기술R&D 혁신제안", 『미래국방정책토론회』, 2017. 9. 26.

[기타 자료]
방위사업청(2017), 「국가과학심의회 운영위원회 보고 문건」.
______(2017), '기술관리' 실무과정 강의자료.

장원준(2015), '민군기술협력' 국방대학원 석사과정 강의자료, 2015. 4. 15.
______(2017a), 'ACTD(신개념 기술시범) 제도', 국방대학원 석사과정 강의자료, 2017. 10. 25.
______(2017b), '주요국 방위산업 정책변화와 우리나라 국방R&D 발전과제를 중심으로', 국방대학원 석사과정 강의자료, 2017. 11. 22.

[신문/잡지]

국방부·방위사업청 공동보도자료(2018. 9. 14.)「국방산업진흥회의」.
과학기술정보통신부·산업통상자원부·방위사업청 공동 보도자료(2018. 7. 11.), "민간과 국방, 과학기술의 연구개발 벽을 허물다".
김홍준(2019. 8. 3.), "세계 수출 6위 강국이지만…더 닦고 조여야 하는 한국 방산", 중앙 SUNDAY.
박재훈(2019. 10. 6.), "1180억 들인 무인정찰기, 실전사용 불가 판정", 조선일보.
방위사업청 보도자료(2018. 8. 2.), "방위사업 혁신, 속도보다 '방향', 빠름보다 '바름' 지향해 나갈 것".
______(2019. 12. 15.), "무인지상감시센서 체계개발사업에 협약방식 첫 적용".
이근평(2020. 2. 10.), '韓방산 큰손' 인도의 속사정 "22조 예산 90% 빚 갚는데 쓸 판", 중앙일보.
이수진(2019. 1. 7.), "美－中 해양분쟁 '불씨'…한반도에 '불똥' 예의주시", 국방일보.
자이한 피터(2019. 11. 4.), "美, 동맹애정 식어···방위비 50억 달러? 참 싸다", 중앙일보.
정현용(2019. 12. 6.), "하늘도 경제도 지키는 KFX… 무기 국산화·수출 함께 뜬다", 서울신문.

[법 규]

『과학기술기본법』(2019. 8. 27. 법률 제16526호).
『국가 연구개발 사업관리 등에 관한 규정』(2020. 3. 17. 대통령령 제30528호).
국방부 훈령 제2266호(2019. 3. 19.)『국방전력발전업무훈령』.
기획재정부 예규『국방사업 총사업비 관리지침』.
『민·군기술협력사업 촉진법』(2018. 12. 31. 법률 제16172호).
『방위사업법』(2017. 11. 28. 법률 제15051호).
______ 시행령(2019. 12. 3. 대통령령 제30225호).
______ 시행규칙(2020. 2. 3. 국방부령 제1010호).
방위사업청,『종합군수지원요소 개발 실무지침서』, 2009.
방위사업청 예규 제2012－13호 (2012. 4. 12.),『상호운용성 관리지침』.
______ 제471호(2018. 11. 28.),『신개념기술시범(ACTD)사업 업무관리 지침』.
______ 제492호 (2019. 2. 22.),『핵심기술 연구개발 업무처리지침』.
방위사업청 훈령 제497호(2019. 3. 25.),『방위사업관리규정』.
______ 제551호 (2019. 9. 18.),『방위사업관리규정』.
______ 제571호 (2019. 12. 31.),『방위사업관리규정』.

[인터넷 검색]

https://neverlike.tistory.com/11, 2020년 4월 21일자.

국방과학연구소 인터넷 홈페이지(www.add.re.kr).

미국 DARPA 인터넷 홈페이지(www.darpa.mil).

한국인정기구(KOLAS) 인터넷 홈페이지(www.knab.go.kr/usr/gud/abt/Introduce.do)

2. 해외 자료

Daffix, Sylvain and Yves Jacquin(2009), "Defense R&D and national R&D systems: a European out-look", *The Economics of Peace and Security Journal*, Vol. 4, No. 1. pp. 13-22.

Department of Defense(2012), *Design Criteria Standard: Human Engineering*, MIL-STD-1472G.

______(2019), *Test Method Standard: Environmental Engineering Considerations and Laboratory Tests*, MIL-STD-810G.

GAO(2016), *Technology Readiness Assessment Guide*, GAO-16-410G, August 2016, Washington, D.C.

______(2017), *DEFENSE SCIENCE AND TECHNOLOGY: Adopting Best Practices Can Improve Innovation Investments and Management*, GAO-17-499, June 2017, Washington, D.C.

______(2017a), *Defense Acquisitions: Assessments of Selected Weapons Programs*, GAO-17-333SP, March 2017, Washington, D.C.

______(2017b), *Analysis of Department of Defense science and technology management process*, GAO-17-499, June 2017, Washington, D.C.

Hagelin, Bjorn(2004), "Science-and technology-based military innovation: the United States and Europe", SIPRI Yearbook.

Hill, Charles(2007). *International Business Competing in the Global Marketplace*, 6th ed. McGraw-Hill.

ISO(2015), *System and software engineering-System life cycle processes*, ISO/IEC/IEEE 15288

Jermalavičius, Tomas(2009), *Defence Research & Development: Lessons from NATO Allies, Internal Centre for Defense Studies*, Project Report, November.

Mahfoud, Tara, Christine Aicardi, Saheli Datta, and Nikolas Rose(2018). "The Limits of Dual Use." *Issues in Science and Technology*, Vol. 34, No. 4.

Moore, Geoffrey A(1991). *Crossing the Chasm*, New York: Harper Business

OECD, FRASCATI manual

PriceWaterhouseCoopers(2005), *The Defence Industry in the 21st Century*

Roberts, Edward(1977), "Generating Effective Corporate Innovation", *Technology Review*, October/

November

Sargent Jr., John F(2016), *Department of Defense Research, Development, Test, and Evaluation (RDT&E): Appropriations Structure*, Congressional Research Service.

https://www.dau.mil/tools/t/ILC

https://www.britannica.com/topic/The-Fourth-Industrial-Revolution-2119734, Klaus Schwab, "The Fourth Industrial Revolution"

영문약어

ACTD	Advanced Concept Technology Demonstration	신개념기술시범
ADD	Agency for Defense Development	국방과학연구소
AEO	Adaptive Executive office	DARPA 적응실행실
AFCCS	Air Force Command and Control System	공군전술C4I체계
AFRL	Air Force Research Laboratory	(미) 공군연구소
AI	Artificial Intelligence	인공지능
AKJCCS	Allied Korea Joint Command and Control System	연합지휘통제체계
APO	Aerospace Project Office	DARPA 우주프로젝트실
ARL	Army Research Laboratory	(미) 육군연구소
AS	After-sales Service	애프터서비스
AT&L	Acquisition, Technology and Logistics	(미) 획득기술군수차관
ATCIS	Army Tactical Command Information System	지상전술C4I체계
B2CS	Battalion Battle Command System	대대급 이하 전투지휘체계
BTO	Biological Technology Office	DARPA 바이오기술실
C4I	Command, Control, Communication, Computer and Intelligence	전술지휘자동화체계
CDR	Critical Design Review	상세설계검토
CTE	Critical Technology Elements	핵심기술요소
DARPA	Defense Advanced Research Projects Agency	(미) 국방고등기술국
DBDD	Database Design Description	데이터베이스 설계기술서
DDR&D	Directorate for Defense Research and Development	(이스라엘) 국방부 연구개발국
DIU	Defense Innovation Unit	(미) 국방혁신사업단
DIUx	Defense Innovation Unit Experimental	(미) 국방혁신실험사업단
DoDD	Department of Defense Directive	(미) 국방부지침
DRES	Defense R&D Equipment information Service	국방연구개발시설장비정보서비스
DSO	Defense Science Office	DARPA 방위과학실
DSTL	Defence Science and Technology Laboratory	(영) 국방과학연구소
DT	Developemt Test	개발시험

DT&E	Development Test and Evaluation	개발시험평가
DTaQ	Defense Agency for Technology and Quality	국방기술품질원
E/L	Export License	수출승인
EMP	Electro－Magnetic Pulse	전자기펄스탄
EO/IR	Electro－Optical/Infra－Red	전자광학 및 적외선
EPP	Engineering Pilot Production	공학적 파일럿 생산
FCA	Functional Configuration Audit	기능적 형상확인
FMS	Foreign Military Sales	대외군사판매
FOC	Final Operation Capability	최종운용능력
FRS	Functional Requirement Spec.	기능적요구성능
FT	Field Test	야전운용시험
G2	Group of Two	G2국가
GAO	Government Accountability Office	(미) 회계감사실
HDD	HW Design Description	하드웨어 설계기술서
HMI	Human－Machine Interface	인간과 기계간 인터페이스
HRS	HW Requirements Specification	하드웨어 요구사항명세서
I2O	Information Innovation Office	DARPA 정보혁신실
IBR	Integration Baseline Review	통합기준선검토
ICBM	Intercontinental ballistic missile	대륙간탄도미사일
ICD	Interface Control Document	연동통제문서
ICT	Information and Communication Technology	정보통신기술
ICT	Integrated Concept Team	합동참모본부의 통합개념팀
IDD	Interface Design Description	인터페이스 설계기술서
IEC	International Electrotechnical Commission	국제전기기술위원회
IEEE	Institute of Electrical and Electronics Engineers	전기전자기술자협회
ILS－MT	Integrated Logistics Support Management Team	종합군수지원요소 실무조정회의
IOC	Initial Operation Capability	전력화평가, 최초운용능력
IPLC	International Product Life Cycle	국제제품주기
IPT	Integrated Project Team	통합사업관리팀
IR&D	Independent Research and Development	자체연구개발
IRBM	Intermediate－range ballistic missile	중거리탄도미사일
ISO	International Standard Organization	국제표준화기구
JCIDS	Joint Capabilities Integration and Development System	(미) 합동능력통합발전체계
JFOS－K	Joint Fire Operating System-Korea	전구합동화력운용체계
JMS	Joint Military Strategy	합동군사전략서
JSF	Joint Strike Fighter	합동타격전투기

JSOP	Joint Strategy Objective Plan	합동군사전략목표기획서
JTDLS	Joint Tactical Data Link System	합동전술데이터링크체계
KDX	Korean Destroyer eXperimental	한국형구축함사업
KFX	Korean Fighter eXperimental	한국형전투기
KIDA	Korea Institute for Defense Analyses	한국국방연구원
KISTEP	Korean Institute of Science and Technology Evaluation and Planning	한국과학기술기획평가원
KJCCS	Korea Joint Command and Control System	합동지휘통제체계
KNCCS	Korean Navy Command and Control System	해군전술C4I체계
KNTDS	Korean Navy Tactical Data System	해군전술자료처리체계
KOLAS	Korea Laboratory Accreditation Scheme	한국인정기구
KVMF	Korean Variable Message Format	지상전술데이터링크
LDC	Logistics Data Check	군수제원점검회의
LISI	Levels of Information Systems Interoperability	상호운용성수준
LPP	Line Pilot Production	초도 파일럿 생산
M&S	Modeling and Simulation	모델링 및 시뮬레이션
MCRC	Master Control and Reporting Center	중앙방공통제소
MIL–STD	Military Standard	(미) 군사표준
MIMS	Military Intelligence Management system	군사정보통합처리체계
MIS	Management Information Systems	경영정보시스템
MRA	Manufaturing Readiness Assessment	제조성숙도평가
MTO	Microsystem Technology Office	DARPA 마이크로시스템실
MUAV	Medium Altitude Unmanned Aerial Vehicle	중고도무인항공기
NCW	Network Cetric Warfare	네트워크중심전
NIH	National Institute of Health	국립보건원
NRL	Naval Research Laboratory	(미) 해군연구소
NSF	National Science Foundation	국립과학재단
OECD	Organization for Economic Cooperation and Development	경제협력개발기구
OMS/MP	Operational Mode Summary and Mission Profile	작전운용형태요약 및 임무유형
ORD	Operational Requirements Document	운용요구서
ORR	Operational Readiness Review	운영준비검토
OT	Operational Test	운용시험
OT&E	Operational Test and Evaluation	운용시험평가
PCA	Physical Configuration Audit	물리적 형상확인
PDR	Preliminary Design Review	기본설계검토
PLM	Product Lifecycle Management	제품수명주기관리
PM	Project Manager	사업관리자

PMR	Project(Program) Management Review	사업관리회의
PRR	Product Readiness Review	생산준비검토
P-TEMP	Pre-Test and Evaluation Master Plan	예비시험평가기본계획서
R&D	Research and Development	연구개발
RDT&E	Research, Development, Test and Evaluation	연구·개발·시험·평가
RFP	Request for Proposal	제안요청서
ROC	Required Operational Capability	작전운용성능
S&T	Science and Technology	과학기술
SAR	Synthetic Aperture Radar	합성개구면레이더
SCO	Strategic Capability Office	(미) 전략능력실
SDD	SW Design Description	소프트웨어 설계기술서
SDP	Software Development Plan	소프트웨어 개발계획
SE	System Engineering	시스템공학
SEMP	System Engineering Management Plan	체계공학관리계획
SEP	System Engineering Plan	체계공학계획
SFR	System Function Review	체계기능검토
SLBM	Submarine-launched ballistic missile	잠수함발사탄도미사일
SOC	Social Overhead Capital	사회간접자본
SRBM	Short-range ballistic missile	단거리탄도미사일
SRR	System Requirements Review	체계요구조건검토
SRS	SW Requirements Specification	SW요구사항명세서
SSDD	System/Subsystem Design Description	체계/부체계설계기술서
SSRS	System/Subsystem Requirements Specification	체계/부체계 요구사항명세서
SSS	System/Subsystem Specification	체계/부체계규격서
STO	Strategic Technology Office	DARPA 전략기술실
TEMP	Test and Evaluation Master Plan	시험평가기본계획서
TMP	Technology Maturation Plan	기술성숙계획
TRA	Technology Readiness Assessment	기술성숙도평가
TRL	Technology Readiness Level	기술성숙도수준
TRM	Technology Road Map	기술로드맵
TTO	Tactical Technology Office	DARPA 전술기술실
UAV	Unmanned Aerial Vehicle	무인항공기
USD A&S	Under Secretary of Defense for Acquisition and Sustaining	(미) 국방부 획득운영유지차관
USD R&E	Under Secretary of Defense for Research and Engineering	(미) 국방부 연구공학차관
VR	Virtual Reality	가상현실
WMD	Weapons of Mass Destruction	대량살상무기

[저자 약력]

양 희 승

서울대학교 공과대학 및 행정대학원, 조지워싱턴대학교(경영학박사, 기술경영)
現 미래기술경영 대표, 국방대학교 겸임교수
前 과학기술정책연구원 기술경영연구실장, 한국산업기술평가관리원 연구관리부장, 한국과학기술기획평가원 조사평가단장
前 세종대학교 경영전문대학원 정교수, 경희대학교·고려대학교 초빙교수
前 상공부·통상산업부 장관자문관
前 아시아개발은행(ADB) 선임자문역
前 국가과학기술심의회 국방전문위원장

조 현 기

육군사관학교, 서울과학기술대학교(공학박사, 산업정보시스템)
현역 육군 대령
現 방위사업청 국방기술보호국 기술정책과장
前 방위사업청 지상지휘통제감시사업팀장, 획득정책과장, 청장 비서실장
前 대포병탐지레이더사업·AN/TPQ－36 및 37 성능개량사업 담당, K55A1 자주포 성능개량사업·천무개발사업·K56 탄약운반차개발사업 시험평가 담당
前 육군 전력개발관리단 기술관리장교

국방R&D정책

초판인쇄 2020년 8월 15일
초판발행 2020년 8월 20일

지은이 양희승·조현기
펴낸이 박노일

총괄기획 김중용·최준규
편 집 심성보·김인숙

펴낸곳 피앤씨미디어
경기도 고양시 일산동구 강송로 153 310-1501
등록 제396-2012-000203호
전 화 070)7550-3758 팩 스 02)718-8554
홈페이지 www.pncmedia.co.kr 이메일 pnc@pncmedia.co.kr
ISBN 979-11-5730-753-1 93350

정 가 20,000원